"十三五"国家重点出版物出版规划项目

卓越工程能力培养与工程教育专业认证系列规划教材

（电气工程及其自动化、自动化专业）

电力系统继电保护

卢继平　沈智健　编

机 械 工 业 出 版 社

本书着重介绍电力系统继电保护的基本原理、分析方法和工程应用过程。第 1 章为绪论，第 2～5 章分别介绍了电力系统输电线路相间故障保护、接地故障保护、距离保护和纵联保护，第 6 章介绍了自动重合闸，第 7～9 章介绍了元件保护，包括变压器保护、发电机保护和母线保护，第 10 章介绍了计算机保护的软硬件基础。每章后有习题及思考题。

本书可作为高等院校电气工程及其自动化专业的本科生教学用书，也可供本专业的专科学生、研究生以及从事电力系统继电保护工作的工程技术人员参考。

图书在版编目（CIP）数据

电力系统继电保护/卢继平，沈智健编. —北京：机械工业出版社，2019.6(2024.8 重印)

"十三五"国家重点出版物出版规划项目 卓越工程能力培养与工程教育专业认证系列规划教材. (电气工程及其自动化、自动化专业)

ISBN 978-7-111-62544-5

Ⅰ. ①电… Ⅱ. ①卢… ②沈… Ⅲ. ①电力系统-继电保护-高等学校-教材 Ⅳ. ①TM77

中国版本图书馆 CIP 数据核字 (2019) 第 072566 号

机械工业出版社(北京市百万庄大街 22 号 邮政编码 100037)
策划编辑：王雅新 责任编辑：王雅新 刘丽敏
责任校对：樊钟英 封面设计：鞠 杨
责任印制：张 博
北京建宏印刷有限公司印刷
2024 年 8 月第 1 版第 6 次印刷
184mm×260mm · 15 印张 · 371 千字
标准书号：ISBN 978-7-111-62544-5
定价：39.80 元

凡购本书，如有缺页、倒页、脱页，由本社发行部调换
电话服务 网络服务
客服电话：010-88361066 机 工 官 网：www.cmpbook.com
　　　　　010-88379833 机 工 官 博：weibo.com/cmp1952
　　　　　010-68326294 金 书 网：www.golden-book.com
封面无防伪标均为盗版 机工教育服务网：www.cmpedu.com

序

工程教育在我国高等教育中占有重要地位，高素质工程科技人才是支撑产业转型升级、实施国家重大发展战略的重要保障。当前，世界范围内新一轮科技革命和产业变革加速进行，以新技术、新业态、新产业、新模式为特点的新经济蓬勃发展，迫切需要培养、造就一大批多样化、创新型卓越工程科技人才。目前，我国高等工程教育规模世界第一。我国工科本科在校生约占我国本科在校生总数的1/3，近年来我国每年工科本科毕业生占世界总数的1/3以上。如何保证和提高高等工程教育质量，如何适应国家战略需求和企业需要，一直受到教育界、工程界和社会各方面的关注。多年以来，我国一直致力于提高高等教育的质量，组织并实施了多项重大工程，包括卓越工程师教育培养计划（以下简称卓越计划）、工程教育专业认证和新工科建设等。

卓越计划的主要任务是探索建立高校与行业企业联合培养人才的新机制，创新工程教育人才培养模式，建设高水平工程教育教师队伍，扩大工程教育的对外开放。计划实施以来，各相关部门建立了协同育人机制。卓越计划要求试点专业要大力改革课程体系和教学形式，依据卓越计划培养标准，遵循工程的集成与创新特征，以强化工程实践能力、工程设计能力与工程创新能力为核心，重构课程体系和教学内容；加强跨专业、跨学科的复合型人才培养；着力推动基于问题的学习、基于项目的学习、基于案例的学习等多种研究性学习方法，加强学生创新能力训练，"真刀真枪"做毕业设计。卓越计划实施以来，培养了一批获得行业认可、具备很好的国际视野和创新能力、适应经济社会发展需要的各类型高质量人才，教育培养模式改革创新取得突破，教师队伍建设初见成效，为卓越计划的后续实施和最终目标的达成奠定了坚实基础。各高校以卓越计划为突破口，逐渐形成各具特色的人才培养模式。

2016年6月2日，我国正式成为工程教育"华盛顿协议"第18个成员，标志着我国工程教育真正融入世界工程教育，人才培养质量开始与其他成员达到了实质等效，同时，也为以后我国参加国际工程师认证奠定了基础，为我国工程师走向世界创造了条件。专业认证把以学生为中心、以产出为导向和持续改进作为三大基本理念，与传统的内容驱动、重视投入的教育形成了鲜明对比，是一种教育范式的革新。通过专业认证，把先进的教育理念引入了我国工程教育，有力地推动了我国工程教育专业教学改革，逐步引导我国高等工程教育实现从课程导向向产出导向转变、从以教师为中心向以学生为中心转变、从质量监控向持续改进转变。

在实施卓越计划和开展工程教育专业认证的过程中，许多高校的电气工程及其自动化、自动化专业结合自身的办学特色，引入先进的教育理念，在专业建设、人才培养模式、教学内容、教学方法、课程建设等方面积极开展教学改革，取得了较好的效果，建设了一大批优质课程。为了将这些优秀的教学改革经验和教学内容推广给广大高校，中国工程教育专业认证协会电子信息与电气工程类专业认证分委员会、教育部高等学校电气类专业教学指导委员会、教育部高等学校自动化类专业教学指导委员会、中国机械工业教育协会自动化学科教学委员会、中国机械工业教育协会电气工程及其自动化学科教学委员会联合组织规划了"卓越工程能力培养与工程教育专业认证系列规划教材（电气工程及其自动化、自动化专业）"。本套教材通过国家新闻出版广电总局的评审,入选了"十三五"国家重点图书。本套教材密切联系行业和市场需求,以学生工程能力培养为主线,以教育培养优秀工程师为目标,突出对学生工程理念、工程思维和工程能力的培养。本套教材在广泛吸纳相关学校在"卓越工程师教育培养计划"实施和工程教育专业认证过程中的经验和成果的基础上,针对目前同类教材存在的内容滞后、与工程脱节等问题,紧密结合工程应用和行业企业需求,突出实际工程案例,强化学生工程能力的教育培养,积极进行教材内容、结构、体系和展现形式的改革。

经过全体教材编审委员会委员和编者的努力,本套教材陆续跟读者见面了。由于时间紧迫,各校相关专业教学改革推进的程度不同,本套教材还存在许多问题。希望各位老师对本套教材多提宝贵意见,以使教材内容不断完善提高。也希望通过本套教材在高校的推广使用,促进我国高等工程教育教学质量的提高,为实现高等教育的内涵式发展贡献一份力量。

卓越工程能力培养与工程教育专业认证系列规划教材
(电气工程及其自动化、自动化专业)
编审委员会

前　言

本书是在参阅诸多已出版的《电力系统继电保护》教材和多个厂家继电保护产品资料的基础上编写而成的。重点介绍电力系统继电保护的基本原理和应用方法。由于目前在电力系统中广泛使用的是计算机（微机）继电保护，其继电保护的大部分功能是由计算机软件实现的，但考虑到叙述方便和照顾习惯，在进行继电保护功能等方面的介绍时，还是沿用了许多传统的继电保护词汇。书中不区分是用硬件（模拟式）还是用计算机软件来实现的这些继电保护功能。考虑到目前学生对计算机的知识较为熟悉，本书中重点讲述了利用计算机（微机）实现保护的相关软硬件技术。实际工程应用中需要综合考虑继电保护的可靠性、经济性等方面的因素，确定继电保护的实现方式。

电力系统是由众多不同原理、不同结构的设备组成的规模庞大的复杂系统，继电保护设备是保障电力系统安全稳定运行的关键设备之一，其基本原理是利用被保护设备在正常运行时与故障发生时的电气量的差异而设计实现的保护方案。因此本书对各种保护的论述，基本按照被保护设备的故障特征分析、保护算法原理、实现方式、整定计算、动作行为影响因素的顺序进行。在实际教学中，可以根据学时的不同进行内容的选择和详略安排。

参考已有教材，按照继电保护装置的研究方法和论证过程，本书对第 2 章中的功率继电器的相关内容进行了较大的改动，这些修改有利于学生更容易掌握和理解功率继电器的基本原理和应用方法。

书中第 1~6 章、第 10 章由重庆大学卢继平编写，第 7~9 章由重庆大学沈智健编写。全书由卢继平负责统编与定稿。

在本书编写过程中，许多同学和朋友提供了诸多帮助，包括提供资料及文字编辑等，在此一并表示感谢。对参考文献的作者和编者，也表示衷心的感谢！

由于编写人员的技术水平和经验的局限，书中难免有缺点和错误，恳请读者批评指正。

编　者

目　　录

第1章
绪　论

1.1　电力系统的运行状态

电力系统承担着向广大用户提供优质稳定电能的任务，面对千变万化的运行环境，电力系统会呈现不同的运行状态。电力系统运行状态是指系统在不同运行条件(如负荷水平、出力配置、系统接线、故障等)下，系统与设备的工作状况。根据不同的运行条件，可以将电力系统的运行状态分为正常状态、不正常状态和故障状态。电力系统运行控制的目的就是通过自动的和人工的控制，使系统尽快摆脱不正常状态和故障状态，能够长时间在正常状态下运行。

1. 正常状态

在正常状态下运行的电力系统，能以足够的电功率满足负荷对电能的需求；电力系统中各发电、输电和用电设备均在规定的长期安全工作限额内运行；电力系统中各母线电压和频率均在允许的偏差范围内，提供合格的电能。一般在正常状态下的电力系统，其发电、输电和变电设备还保持一定的备用容量，能满足负荷随机变化的需要，同时在保证安全的条件下，可以实现经济运行；能承受常见的干扰(如部分设备的正常和故障操作)，从一个正常状态或不正常状态或故障状态，通过预定的控制，连续变化到另一个正常状态，避免产生有害的后果。

2. 不正常状态

电力系统不正常运行状态是指系统的正常工作受到干扰，使运行参数偏离正常值。例如，因负荷潮流超过电力设备的额定上限造成的电流升高（又称为过负荷），系统中出现功率缺额而引起的频率降低，发电机突然甩负荷引起的发电机频率升高，中性点不接地系统和非有效接地系统中的单相接地引起的非接地相对地电压的升高，以及电力系统发生振荡等，都属于不正常运行状态。

3. 故障状态

电力系统的所有一次设备在运行过程中，由于外力、绝缘老化、过电压、误操作、设计制造缺陷等原因，都会发生如短路、断线等故障。最常见同时也是最危险的故障是发生各种类型的短路，比如三相短路、两相短路、两相接地短路和单相接地短路。在发生短路时可能产生以下后果：

(1)通过故障点产生很大的短路电流及所燃起的电弧会损坏故障元件及设备，甚至导致火灾或爆炸等更严重后果。

(2)从电源到短路点间流过的短路电流引起的发热和电动力，将造成在该路径中非故障元件和设备的损坏。

(3)靠近故障点的部分地区电压大幅下降，使用户的正常工作遭到破坏或影响产品质量。

(4)破坏电力系统中各发电厂之间并列运行的稳定性，引起系统振荡，甚至使系统瓦解、崩溃。

不正常运行状态和故障状态都可能在电力系统中引起事故。事故是指电力系统或其中一部分的正常工作遭到破坏，并造成对用户少送电或电能质量变坏到不能允许的地步，甚至造成人身伤亡和电气设备损坏的事件。

1.2 继电保护的作用和任务

随着自动化技术的发展，电力系统的正常运行、故障期间以及故障后的恢复过程中，许多控制操作日趋高度自动化。这些控制操作的技术与装备大致可分为两大类：其一是为保证电力系统正常运行的经济性和电能质量的自动化技术与装备，主要进行电能生产过程的连续自动调节，动作速度相对迟缓，调节稳定性高，把整个电力系统或其中的一部分作为调节对象，这就是通常理解的"电力系统自动化(控制)"；其二是当电网或电力设备发生故障，或出现影响安全运行的异常情况时，能够自动切除故障设备和消除异常情况的技术与装备，其特点是动作速度快，其性质是非调节性的，这就是通常理解的"电力系统继电保护与安全自动装置"。

为了在故障后迅速恢复电力系统的正常运行，或尽快消除运行中的异常情况，以防止大面积的停电和保证对重要用户的连续供电，常采用以下的自动化措施，如输电线路自动重合闸、备用电源自动投入、低电压切负荷、按频率自动减负荷、电气制动、振荡解列以及为维持系统的暂态稳定而配备的稳定性紧急控制系统，完成这些任务的自动装置统称为电网安全自动装置。

电力系统中的发电机、变压器、输电线路、母线以及用电设备，一旦发生故障，迅速而有选择性地切除故障设备，既能保护电力设备免遭损坏，又能提高电力系统运行的稳定性，是保证电力系统及其设备安全运行最有效的方法之一。切除故障的时间通常要求小到几十毫秒到几百毫秒，实践证明，只有装设在每个电力元件上的继电保护装置，才有可能完成这个任务，继电保护装置(Relay Protection)，就是指能反应电力系统中电气设备发生故障或不正常运行状态，并动作于断路器跳闸或发出信号的一种自动装置。

电力系统继电保护(Power System Protection)泛指继电保护技术和由各种继电保护装置组成的继电保护系统，包括继电保护的原理设计、配置、整定、调试等技术，也包括由获取电量信息的电压、电流互感器二次回路，经过继电保护装置到断路器跳闸线圈的一整套具体设备，如果需要利用通信手段传送信息，还包括通信设备。

电力系统继电保护的基本任务是：

(1)自动、迅速、有选择性地将故障元件从电力系统中切除，使故障元件损坏程度尽可能降低，保证系统中非故障部分迅速恢复正常运行。

(2)反应电力设备的不正常运行状态，并根据运行维护条件，而动作于发出信号或跳闸。此时一般不要求迅速动作，而是根据对电力系统及其元件的危害程度规定一定的延时，以免短暂的运行波动造成不必要的保护动作跳闸，同时避免干扰引起的保护误动。

1.3　继电保护的基本原理和构成

1.3.1　继电保护的基本原理

1. 继电器的原理和特性

继电器的基本原理是：当输入信号达到某一定值或由某一定值突跳到零时，继电器就动作，使被控制回路通断，如触点打开、闭合或电平由高变低等，能使其输出的被控制量发生预计的状态变化，从而实现对被控制电路"通""断"控制的作用。

继电器的继电特性是指继电器的输入量和输出量在整个变化过程中的相互关系。对于电流继电器，其继电特性如图 1.1 所示。

动作电流（$I_{\text{op.r}}$）：能使继电器动作的最小电流值。当继电器的输入电流 $I_r < I_{\text{op.r}}$ 时，继电器不动作；而当 $I_r \geq I_{\text{op.r}}$ 时，继电器能够突然迅速地动作。动作后，当保持 $I_r > I_{\text{op.r}}$ 时，继电器保持动作后状态。

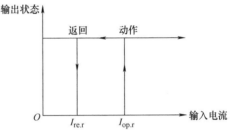

图 1.1　继电器的继电特性

返回电流（$I_{\text{re.r}}$）：能使继电器返回原位的最大电流值。当电流减小到 $I_r \leq I_{\text{re.r}}$ 时，继电器能立即返回原位。无论启动和返回，继电器的动作都是明确干脆的，它不可能停留在某个中间位置。这种特性称为"继电特性"。

返回系数：即继电器的返回电流与动作电流的比值。可表示为：

$$K_{\text{re}} = \frac{I_{\text{re.r}}}{I_{\text{op.r}}} \tag{1.1}$$

显然，反映电气量增长而动作的继电器（如电流继电器）的 K_{re} 小于 1，称过量继电器；而反映电气量降低而动作的继电器（如低电压继电器），其 K_{re} 必大于 1，称欠量继电器。在实际应用中，常常要求电流继电器有较高的返回系数，如 0.8～0.9。

2. 继电保护装置的分类

继电保护装置要起到反事故的自动装置的作用，必须正确的区分"正常"与"不正常"运行状态、被保护元件的"外部故障"与"内部故障"，以实现继电保护的功能。依据反映的物理量不同，保护装置可以构成下述各种原理的保护：

（1）反映电气量的保护

电力系统发生故障时，通常伴有电流增大、电压降低以及电流与电压的比值（阻抗）和它们之间的相位角改变等现象。通过检测被保护对象的相关电气量，比较发生故障或不正常运行时这些电气量与正常运行时的差别，从而构成各种不同原理的继电保护装置。例如，反映电流增大构成过电流保护；反映电压降低（或升高）构成低电压（或过电压）保护；反映电流与电压间的相位角变化构成功率方向保护；反映电压与电流的比值构成距离保护。除此以外，还可根据在被保护元件内部和外部短路时，被保护元件两端电流相位或功率方向的差别，分别构成差动保护、方向保护等。同理，由于序分量保护灵敏度高，构成的保护也得到了广泛应用。

（2）反映非电气量的保护

如反应温度、压力、流量等非电气量变化的可以构成反映非电气量特征的保护。例如，当变压器油箱内部的绕组短路时，反应于变压器油受热分解所产生的气体，构成气体保护（俗称瓦斯保护）；反应于电动机绕组温度的升高而构成的过热保护等。

1.3.2　保护装置的构成

常规的继电保护装置，一般包括测量部分、逻辑部分和执行部分，如图1.2所示。

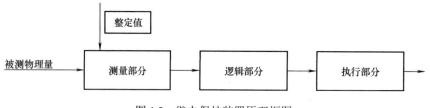

图 1.2　继电保护装置原理框图

1. 测量比较元件

在电力系统继电保护回路中，使用的继电器按输入信号的性质可分为电量继电器（如电流继电器、电压继电器、功率继电器、阻抗继电器等）和非电量继电器（如温度继电器、压力继电器、速度继电器、气体继电器等）两类；按工作原理可分为电磁式、感应式、电动式、电子式（如晶体管型）、整流式、热式（利用电流热效应的原理）、数字式等；按输出形式可分为有触点式和无触点式；按用途可分为控制继电器（用于自动控制电路中）和保护继电器（用于继电保护电路中）。保护继电器按其在继电保护装置中的功能，可分为主继电器（如电流继电器、电压继电器、阻抗继电器等）和辅助继电器（如时间继电器、信号继电器、中间继电器等）。

测量比较元件用于测量被保护电力设备的物理参量，并与整定值进行比较，根据比较的结果，给出"是""非"或"0""1"性质的一组逻辑信号，从而判断保护装置是否应该启动。根据需要，继电保护装置往往有一个或多个测量比较元件。常用的测量比较元件有：被测电气量超过整定值动作的过量继电器，如过电流继电器、过电压继电器、高周波继电器等；被测电气量低于给定值动作的欠量继电器，如低电压继电器、阻抗继电器、低周波继电器等；被测电压、电流之间相位角满足一定值而动作的功率方向继电器等。

2. 逻辑判断元件

逻辑判断元件是根据测量比较元件输出逻辑信号的性质、先后顺序、持续时间等，使保护装置按一定的逻辑关系判定故障的类型和范围，最后确定是否应该使断路器跳闸、发出信号或不动作，并将对应的指令传给执行输出部分。

3. 执行输出元件

执行输出元件根据逻辑判断部分传来的指令，发出跳开断路器的跳闸脉冲及相应的动作信息、发出警报等。

需要说明的是，在微机保护中，电流、电压以及故障距离的测量和计算功能是由软件算法实现的。这时传统意义上的"继电器"或"元件"已不存在，但为了叙述方便，仍然把实现这些功能算法的软件模块称为继电器或元件。

1.4　对继电保护的性能要求

动作于跳闸的继电保护，在技术上一般应满足以下四个基本要求：

（1）可靠性

可靠性包括安全性和信赖性，是对继电保护性能的最根本要求。所谓安全性，是要求继电保护在不需要它动作时不动作，即不发生误动作。所谓信赖性，是要求继电保护在规定的保护范围内发生了应该动作的故障时可靠动作，即不发生拒绝动作。

可靠性取决于保护装置本身的设计、制造、安装、运行维护等因素。一般来说，保护装置的组成元件质量越好、接线越简单、回路继电器的触点和接插件数越少，保护装置就越可靠。同时，保护装置恰当的配置与选用、正确的安装与调试、良好的运行维护，对于提高保护的可靠性也具有重要的作用。

为保证可靠性，宜选用性能满足要求、原理尽可能简单的保护方案，应采用由可靠的硬件和软件构成的装置，并应具有必要的自动检测、闭锁、告警等措施，以及便于整定、调试和运行维护。

（2）选择性

选择性的基本含义是保护装置动作时仅将故障从电力系统中切除，使停电范围尽量减小，以保证系统中非故障部分继续安全运行，如图 1.3 所示。

当 k_3 发生故障时，则应由保护装置 4 动作切除 4QF，仅使本线路停电，停电范围最小，其余非故障部分可继续运行，这就是有选择性的动作。若 k_1 点发生故障，

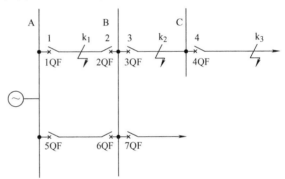

图 1.3　保护选择性说明图

应由保护装置 1 和 2 动作，断路器 1QF、2QF 跳闸以切除故障线路，也满足选择性的要求。若此时断路器 5QF 或 6QF 也跳闸，则扩大了电网停电范围，这种情况就属于非选择性动作。

但是，当 k_3 点发生短路，如果保护 4 或断路器 4QF 由于某种原因拒绝动作，而由保护 3 动作使断路器 3QF 跳闸，从而切除故障线路 BC，也是有选择性的。此时，虽然切除了一部分非故障线路，但在 4QF 或保护 4 拒动的情况下，达到了尽可能缩小停电范围的目的。因此，把它称为下一段线路保护或断路器拒动的"后备"保护。

为保证选择性，对相邻设备和线路有配合要求的保护和同一保护内有配合要求的两元件（如起动与跳闸元件、闭锁与动作元件），其灵敏系数及动作时间应相互配合。

对每个被保护设备（或称元件）上装设着分别起主保护和后备保护作用的独立的两套保护。"就近"实现后备，不依靠相邻的上一个元件的保护，称"近后备"保护。断路器拒动则由本站装设的断路器失灵保护（也称近后备接线）动作切除连接在该段母线上的其他断路器。

在远处实现的"后备"称远后备。显然，远后备保护的功能比较完备，它对相邻元件的保护装置、断路器二次回路和故障所引起的拒动都能起到后备作用，同时它比较简单、经济。

因此，远后备宜优先采用。只有当远后备保护不能满足灵敏度要求时，再考虑采用"近后备"的方式。

辅助保护为补充主保护某种保护性能的不足（如方向性元件的电压死区）或加速切除某部分故障而装设的简单保护（如无时限电流速断）。

（3）速动性

速动性是指继电保护装置应以尽可能快的速度断开故障元件。这样就能降低故障设备的损坏程度，减少用户在低电压情况下的工作时间，提高电力系统运行的稳定性，缩小故障波及范围，提高自动重合闸和备用电源或备用设备自动投入的效果等。

快速切除故障，可提高发电厂并列运行的稳定性。如图1.4所示，若A厂母线附近k点发生三相短路时，A厂母线会因其电压大大下降而卸去母线上的负荷，但发电厂调速系统来不及作相应调整，则A厂发电机转速必然升高。此时，B厂母线还有较高残余电压，故B厂卸去的负荷不多，发电机转速变化较小。这样，A、B两厂的发电机就产生转速差而失去同步。若切除故障时间短，则转差小，很容易恢复同步运行；若切除故障时间长，则两厂容易发生失步解列（联络线断开）。

故障切除时间等于保护装置和断路器动作时间之和。目前保护动作速度最快的约为 0.01～0.02s，加上快速断路器的动作时间，可在 0.04～0.06s 以内切除故障。

应考虑不同电网对故障切除时间的具体要求和经济性、运行维护水平等条件，以便确定合理的保护动作时间。

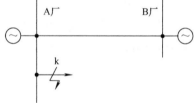

图 1.4　电力系统并列运行示意图

（4）灵敏性

保护装置对其保护范围内的故障或不正常运行状态的反应能力称为灵敏性（灵敏度）。

灵敏性常用灵敏系数来衡量。它是在确定了保护装置测量元件的动作值后，按最不利的运行方式、故障类型、保护范围内的指定点发生故障进行校验，并满足相关的标准。它主要取决于被保护元件和电力系统的参数和运行方式。

对继电保护装置的四项基本要求是分析研究继电保护的基础，也是贯穿全书的主线，必须反复地深刻领会。要注意的是在实践中，这四项基本要求之间往往有矛盾的一面，需要综合考虑。

1.5　继电保护技术发展简介

电力系统继电保护技术是伴随着电力系统的发展壮大而同步发展的，在电力系统的正常运行中起着至关重要的作用。

熔断器是最早出现的简单过电流保护，19世纪初，熔断器被广泛应用于电力系统的保护，被认为是继电保护技术发展的开端。时至今日仍广泛应用于低压线路和用电设备。由于电力行业的发展，用电设备功率、发电机的容量不断增大，发电厂、变电所和供电网的接线不断变化，电力系统中正常工作电流和短路电流都不断增大，单纯的熔断器保护早已无法满足要求。电力系统的发展对电力系统继电保护不断提出新的要求。电子技术、计算机技术和通信技术的不断进步也为继电保护技术的发展提供了新的可能性，并注入了新的活力。继电保护技术的发展大致可分为以下四个阶段：

1. 机电式继电保护

机电式保护装置由具有机械转动部件带动触点开、合的机电式继电器组成。

机电式继电器是基于电磁力或电磁感应作用产生机械动作的原理制作而成，常见的有电磁型和感应型继电器。这种保护装置工作比较可靠且不需外加工作电源，抗干扰性能好，使用了相当长的时间。但这种保护装置体积大、动作速度慢、触点易磨损和粘连，难以满足超高压、大容量电力系统对继电保护快速性和灵敏性等方面的要求。

2. 晶体管式继电保护

20 世纪 50 年代，随着晶体管的发展，出现了晶体管式继电保护。这种保护装置体积小、功率消耗小、动作速度快、无机械转动部分、无触点。20 世纪 60 年代中期到 20 世纪 80 年代中期是晶体管继电保护蓬勃发展和广泛采用的时代，满足了当时电力系统向超高压、大容量方向发展的需要。

晶体管式继电保护的核心部分是晶体管电子电路，它主要由晶体三极管、二极管、稳压管和电阻、电容、电感等构成。

晶体管也存在着抗干扰性能差、元件比较容易损坏以及可能因制造工艺不良而引起动作不够可靠等缺点。

3. 集成电路保护

20 世纪 70 年代中期，集成电路技术发展起来，它可将数百或更多的晶体管集成在一个半导体芯片上，因此人们已开始研究基于集成运算放大器的集成电路保护；20 世纪 80 年代末集成电路保护已形成完整系列，逐渐取代晶体管保护；20 世纪 90 年代初集成电路保护的研制、生产、应用仍处于主导地位，这是集成电路保护的时代。集成电路保护提高了晶体管型保护的可靠性，其调试和维护也更加方便。

4. 微机保护

计算机技术在 20 世纪 70 年代初期和中期出现了重大突破，大规模集成电路技术的飞速发展，使得微型处理器和微型计算机进入了实用阶段。价格的大幅度下降，可靠性、运算速度的大幅度提高，促使计算机继电保护的研究出现了高潮。在 70 年代后期，出现了比较完善的微机保护样机，并投入到电力系统中试运行。80 年代，微机保护在硬件结构和软件技术方面日趋成熟，并已在一些国家推广应用。90 年代，电力系统继电保护技术发展到了微机保护时代。

微机保护是用微型计算机构成的继电保护，微机保护装置硬件是以微处理器（单片机）为核心，还包括输入通道、输出通道、人机接口和通信接口等。

微机保护具有高可靠性、高选择性、高灵敏度的保护性能，无论是从动作速度还是可靠性等方面都远超传统保护。这种保护可用相同的硬件实现不同原理的保护，使制造简化、生产标准化和批量化，可以实现复杂原理的保护。除了实现保护功能外，还兼有故障录波、故障测距和事件顺序记录等功能。

随着电力系统的快速发展，继电保护学科也将会不断发展、不断创新、不断前进，确保电力系统的安全稳定运行和国民经济的持续、有效、健康增长。

习题及思考题

1.1　简述电力系统的三种运行状态。

1.2　若没有继电保护装置，电力系统将会出现什么状况？

1.3　电力系统继电保护的基本任务是什么？

1.4　继电保护装置由哪些部分构成？每个部分分别起着什么作用？

1.5　阐述继电保护在性能上的四项基本要求，这些要求相互之间是矛盾的吗？如何判断是否满足各项要求？

1.6　简述继电保护技术发展历史。

第2章
输电线路相间故障的保护

电网在运行过程中，输电线路发生短路故障时，其主要特征就是电流增加和电压降低。利用这两个特征，可以构成电流、电压保护。

2.1 线路的阶段式电流保护方案

2.1.1 无时限电流速断保护（Ⅰ段）

无时限电流速断保护又称为Ⅰ段电流保护或瞬时电流速断保护。

根据对继电保护速动性的要求，保护装置动作切除故障的时间，必须满足系统稳定和保证重要用户供电可靠性。在简单、可靠和保证选择性的前提下，原则上总是越快越好。因此，应力求装设快速动作的继电保护，无时限电流速断保护就是这样的保护。它是反映电流增大而瞬时动作的电流保护，故而又简称为电流速断保护。

以图 2.1 所示的单侧电源网络接线为例，假定在每条线路始端均装有电流速断保护，当线路 AB 上发生故障时，希望保护 2 能瞬时动作，而当线路 BC 上故障时，希望保护 1 能瞬时动作，它们的保护范围最好能达到本线路全长的 100%。但是这种愿望能否实现，需要具体分析。

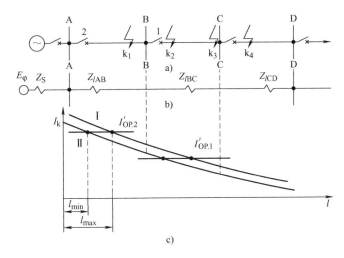

图 2.1　电流速断保护动作特性的分析

a) 单侧网络接线图　b) 网络阻抗图　c) 整定情况

以保护 2 为例，当线路 AB 末端点 k_1 短路时，希望速断保护 2 能够瞬时动作切除故障，而当相邻线路 BC 的出口处（即始端）k_2 点短路时，按照选择性的要求，速断保护 2 不应该动作,应由速断保护 1 切除故障,进而 AB 线路能够正常运行,保障了故障的最小影响范围。但实际上,k_1 点和 k_2 点短路时,速断保护 2 流过的短路电流数值几乎一样。因此,k_1 点短路时速断保护 2 能动作,而 k_2 点短路时保护 2 又不动作的要求不可能同时得到满足。同理,速断保护 1 也无法区别 k_2 和 k_4 点的短路,这就产生了矛盾。

为了解决这个矛盾,通常的方法是优先保证动作的选择性,从保护装置启动参数的整定上保证下一条线路出口处短路时不启动。对于反应电流升高而动作的电流速断保护而言,能使该保护装置启动的最小电流值称为保护装置的启动电流(动作电流) I_{op}^{I},是用电力系统一次侧的参数表示的。显然,只有当实际的短路电流 $I_k \geqslant I_{op}^{I}$ 时,保护装置才能启动。

现在分析在单侧电源情况下电流速断保护的整定计算原则。

以图 2.1a 为例,正常运行下,各条线路中流过负荷电流,越靠近电源侧的线路流过的电流越大。

由电力系统故障分析可知,当供电网络中任意点发生三相和两相短路时,流过短路点与电源间线路中的短路电流包括工频周期分量、暂态高频分量和非周期分量。由于暂态高频分量所占比例较小,非周期分量衰减较快,短路电流计算只计算工频周期分量,其计算式为

$$I_k = \frac{K_k E_\varphi}{Z_\Sigma} = \frac{K_k E_\varphi}{Z_S + Z_k} \tag{2.1}$$

式中,E_φ 为系统等效电源的相电势;Z_k 为短路点至保护安装处之间的阻抗;Z_S 为保护安装处到系统等效电源之间的阻抗;K_k 为短路类型系数,三相短路取 1,两相短路取 $\sqrt{3}/2$。

在一定的系统运行方式下,E_φ 和 Z_S 等于常数。当 k_1、k_2 短路时,$Z_k = Z_{IAB}$;当 k_3、k_4 短路时,$Z_k = Z_{IAB} + Z_{IBC}$,如图 2.1b 所示。此时 I_k 将随 Z_k 的增大而减小,因此可以经计算后绘出 $I_k = f(l)$ 的变化曲线,如图 2.1c 所示。

当电源开机方式、保护安装处到电源之间电网的网络拓扑变化时,称为运行方式变化。Z_S 随运行方式变化而变化。当系统运行方式及短路类型改变时,I_k 都将随之改变。对每一套保护装置来讲,通过该保护装置的短路电流最大的方式称为保护的系统最大运行方式,而短路电流最小的方式称为保护的系统最小运行方式。对不同安装地点的保护装置,应根据网络接线的实际情况选取其最大和最小运行方式。在最大运行方式三相短路时,$Z_S = Z_{S \cdot min}$,$K_k = 1$,通过保护装置的短路电流为最大;而在最小运行方式下两相短路时,$Z_S = Z_{S \cdot max}$,$K_k = \sqrt{3}/2$,短路电流为最小。这两种情况下,短路电流的变化如图 2.1c 中的曲线 I 和曲线 II 所示。

为了保证电流速断保护动作的选择性,对于保护 1 来讲,其启动电流必须整定得大于 k_4 点短路时可能出现的最大短路电流,即在最大运行方式下 C 母线上三相短路时的电流 $I_{k \cdot C \cdot max}$,亦即

$$I_{op.1}^{I} > I_{k.C.max} \tag{2.2}$$

引入可靠系数 $K_{rel}^{I} = 1.2 \sim 1.3$,则上式可写为

$$I_{op.1}^{I} = K_{rel}^{I} \cdot I_{k.C.max} \tag{2.3}$$

引入可靠系数 K_{rel}^{I} 的原因是必须考虑短路电流计算误差、电流互感器传变误差、继电器动作电流误差、短路电流中非周期分量的影响和一定的裕度等因素。

对于保护 2，按照同样的原则，其启动电流应整定得大于 k_2 点短路时的最大短路电流 $I_{k.B.max}$，即

$$I_{op.2}^{I} = K_{rel}^{I} \cdot I_{k.B.max} = \frac{K_{rel}^{I} E_\varphi}{Z_{S \cdot min} + Z_{l \cdot AB}} \tag{2.4}$$

通过上式可知，启动电流的整定值与 Z_k 无关，所以在图 2.1c 上是一条直线，它与曲线 I 和曲线 II 各有一个交点。在交点以前(图中左边为前)短路，保护装置都能动作。而在交点以后(图中右边为后)短路时，由于短路电流小于启动电流，保护将不能启动。由此可见，有选择性的电流速断保护不可能保护本线路的全长。

速断保护对于保护线路内部故障的反应能力又称为灵敏性，只能用保护范围的大小来衡量，此保护范围通常用线路全长的百分数来表示。由图 2.1c 可见，当系统为最大运行方式且发生三相短路故障时，电流速断的保护范围为最大，当出现其他运行方式或两相短路时，速断保护范围都要减小，而当出现系统最小运行方式下的两相短路时，电流速断的保护范围为最小。一般情况下，应按最小运行方式下两相短路来校验保护范围。最小保护范围不应小于线路全长的15%～20%，最小保护范围计算式为

$$I_{op \cdot 2}^{I} = I_{k \cdot l \cdot min} = \frac{\sqrt{3}}{2} \frac{E_\varphi}{Z_{S \cdot max} + Z_l l_{min}} \tag{2.5}$$

式中，l_{min} 为电流速断保护的最小保护范围长度；Z_l 为线路单位长度的正序阻抗。

由式 (2.5) 得 $l_{min} = \frac{1}{Z_l} \left(\frac{\sqrt{3} E_\varphi}{2 I_{op \cdot 2}^{I}} - Z_{S \cdot max} \right)$，$\frac{l_{min}}{l_{AB}} \times 100\%$ 即为保护 2 的最小保护范围。

无时限电流速断保护的单相原理接线如图 2.2 所示。电流继电器接于电流互感器 TA 的二次侧。正常运行时，负荷电流流过线路，反映电流继电器中的电流小于 KA 的启动电流，KA 不动作，其常开触点是断开的，断路器主触头闭合处于送电状态。当线路短路时，短路电流超过保护装置的启动电流 I_{op}^{I}，比较环节 KA 有输出。在某些特殊情况下需要闭锁跳闸回路，设置闭锁环节。闭锁环节在保护不需要闭锁时输出为 1，在保护需要闭锁时输

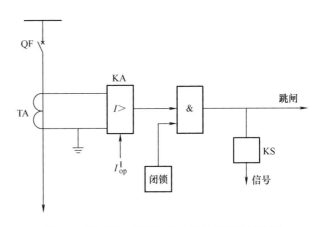

图 2.2　无时限电流速断保护的单相原理接线图

出为 0。当比较环节 KA 有输出并且不被闭锁时，与门有输出，发出跳闸命令的同时，启动信号回路的信号继电器 KS。

信号继电器的作用是用于指示该保护动作，以便运行人员处理和分析故障。

理论上来说，无时限电流速断保护的动作时间是 0 秒，但在实际应用中考虑管型避雷器的放电时间(为 0.04～0.06s)，一般要给无时限电流速断保护的动作加入一定的延时，防止避雷器放电引起保护误动。

无时限电流速断保护的主要优点是简单可靠，动作迅速，因而获得了广泛的应用。它的缺点是不可能保护线路的全长，并且保护范围直接受运行方式变化的影响。当系统运行方式变化很大，或者被保护线路的长度很短时，无时限电流速断保护就可能没有保护范围，因而影响在这些情况下的使用。

但在个别情况下，电流速断保护也可以保护线路的全长，例如，当电网的终端线路上采用线路—变压器组的接线方式时(如图 2.3 所示)，由于线路和变压器可以看成一个元件，而速断保护就可以按照躲开变压器低压侧出口处 k_1 点的短路来整定，由于变压器的阻抗一般较大，因此，k_1 点的短路电流就大为减小，这样整定之后，电流速断就可以保护线路 AB 的全长，并能保护变压器的一部分。

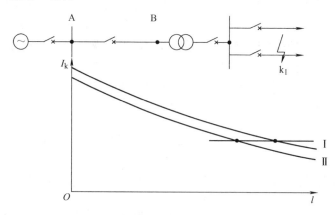

图 2.3   线路—变压器的电流速断保护

总而言之，电流速断保护有选择性，动作速度快，接线简单且可靠，其缺点是不可能保护线路全长，保护范围受系统运行方式变化的影响比较大。

当按照上述方法整定的无时限电流速断保护在最小运行方式下，保护范围较小或者没有保护范围时，可考虑采用电流电压联锁速断保护。它是兼用短路故障时电流增大和电压下降两种特征，以取得本线路故障的较高灵敏度和防止下一级线路故障时的误动作。电流电压联锁速断保护的单相原理接线如图 2.4 所示。由电压互感器 TV 供给低电压继电器($U<$)以母线残压，由电流互感器 TA 供给电流继电器 KA 以相电流，只有当低电压继电器和电流继电器同时动作时，才能启动中间继电器 KM，从而启动信号继电器 KS，至断路器的跳闸线圈，执行跳闸动作。继电器的动作电流和动作电压有多种整定方法。图 2.5 中表示了沿线路 AB 各点发生相间短路时的短路电流 I_k 和母线残压 U_k，其中，曲线 1、4 是最大运行方式，2、5 是经常运行方式，3、6 是最小运行方式。电流电压联锁速断保护的一种整定原则是确保在经常运行方

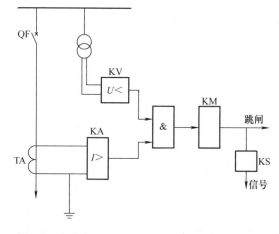

图 2.4   电流电压联锁速断保护的单相原理接线图

式下有较大的保护范围。例如，被保护线路全长为 l，经常运行方式的保护区 $l'=75\%l$，取电流继电器的动作电流为 I_{op}^U，则有：

$$I_{op}^U = \frac{E_\varphi}{Z_S + Z_k} \qquad (2.6)$$

式中，E_φ 为系统等效电源相电势；Z_S 为保护安装处至等效电源之间的阻抗；$Z_k = Z_1 l'$，Z_1 为被保护线路每公里正序阻抗值，l' 为经常运行方式下的保护范围。

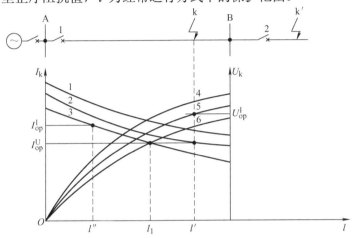

图 2.5 电流电压联锁速断保护的动作特性分析

式 (2.6) 即经常运行方式下线路 k 点三相短路电流值，此时保护应能动作，所以，低电压继电器的动作电压应取为：

$$U_{op}^I = \sqrt{3}I_{op}^U l'Z_1 \qquad (2.7)$$

式 (2.7) 即经常运行方式下线路 k 点三相短路时的残余线电压。图 2.5 中已标出 I_{op}^U 和 U_{op}^I；同时，也标出了 I 段的电流速断保护的动作电流 I_{op}^I；由 U_{op}^I 与曲线 5 相交得电流电压联锁速断保护的整定保护区（l' 即 75%l）；使由 I_{op}^U 于曲线 3 相交得该保护的实际最小保护区 l_1；由 I_{op}^I 于曲线 3 相交得电流速断保护的最小保护区 l''，所以电流速断保护的灵敏度比电流电压联锁速断保护的灵敏度差一些。

在图 2.5 中，在最大运行方式下 k' 点短路时，电流继电器可能动作，但此时母线残压高于 U_{op}^I，低电压继电器不动作，电流电压联锁速断保护也就不会动作。在最小运行方式下 k' 点短路时，低电压继电器可能动作，但电流继电器不动作，同时保证了整个保护不动作。

2.1.2 限时电流速断保护（Ⅱ段）

由于有选择性的电流速断保护不能保护本线路的全长，可考虑增设一段新的保护，用来切除本线路上速断范围以外的故障，同时也作为速断保护的后备，这就是限时电流速断保护。

对这个保护的要求，首先是在任何情况下能保护本线路的全长，并且有足够的灵敏性；其次力求具有最小的动作时限，在下一条线路短路时，保证下一条线路保护优先切除故障，满足选择性的要求。

1. 工作原理和整定计算的基本原则

要求限时电流速断保护必须保护本线路的全长，因此它的保护范围必然要延伸到下一条线路中去。为了保证动作的选择性，就必须使保护的动作带有一定的时限，此时限的大小与其延伸的范围有关。为尽量缩短此时限，首先规定其整定计算原则为限时电流速断的保护范围不超出下一条线路电流速断的保护范围；同时，动作时限比下一条线路的电流速断保护高出一个 Δt 的时间阶段，如图 2.6 所示。

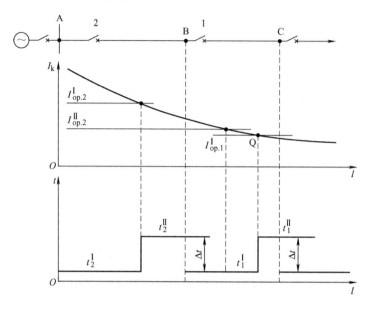

图 2.6 单侧电源线路限时电流速断保护的配合整定

在图 2.6 中，保护 1 和保护 2 均装有电流速断和限时电流速断保护，启动电流的标注如图所示，为平行于横坐标的直线。图上 Q 点为保护 1 电流速断保护的保护范围，在此点发生短路故障时，电流速断保护刚好能动作，根据限时电流速断保护的整定计算原则，保护 2 的限时电流速断不能超出保护 1 电流速断的范围，因此，在单侧电源供电的情况下，它的启动电流就应该整定为：

$$I_{op.2}^{II} > I_{op.1}^{I} \tag{2.8}$$

引入可靠系数 K_{rel}^{II}，则得：

$$I_{op.2}^{II} = K_{rel}^{II} I_{op.1}^{I} \tag{2.9}$$

式中，K_{rel}^{II} 考虑到短路电流中的非周期分量已经衰减，故可选取得比速断保护的 K_{rel}^{I} 小些，一般取 1.1～1.2。

2. 动作时限的选择

由图 2.6，保护 2 限时电流速断保护的动作时限 t_2^{II} 应选择得比下一条线路速断保护的动作时限 t_1^{I} 高出一个时间阶段 Δt，即

$$t_2^{II} = t_1^{I} + \Delta t \tag{2.10}$$

从尽快切除故障的观点看，Δt 应越小越好，但是，为了保证两个保护之间的动作的选择性，其值又不能选择得太小，现以线路 BC 上发生故障时，保护 2 与保护 1 的配合关系为例，说明确定 Δt 的原则：

$$\Delta t = t_{QF1} + t_{t1} + t_{t2} + t_{g2} + t_{Y} \tag{2.11}$$

式中，t_{QF1} 为故障线路断路器 1 的跳闸时间，即从操作电流送入跳闸线圈 TQ 的时间算起，直到电弧熄灭的时间为止；t_{t1} 为考虑故障线路保护 1 中的时间继电器实际动作时间比整定值 t'_1 要大 t_{t1}；t_{t2} 为考虑保护 2 中的时间继电器可能比预定的时间提早 t_{t2}；t_{g2} 为保护 2 中的测量元件(电流继电器)在外部故障切除后延迟返回的时间；t_{Y} 为裕度时间。

按上式计算，Δt 的数值一般为 0.35～0.6 s，通常取 0.5s(微机保护取 0.3s 左右)。按此原则整定的时限特性如图 2.6 所示，在保护 1 电流速断范围以内的故障，将以 t'_1 的时间被切除，此时，保护 2 的限时速断虽然可能启动，但由于 t''_2 较 t'_1 大 Δt，因而从时间上保证了选择性。当故障发生在保护 2 电流速断的范围以内时，则将以 t'_2 的时间被切除，而当故障发生在速断保护的范围以外同时又在线路 AB 的范围以内时，则将以 t''_2 的时间被切除。

由此可见，在线路上装设了无时限电流速断和限时电流速断保护以后，它们的联合工作就可以保证全线路范围内的故障都能在 0.5s 的时间内予以切除，在一般情况下都能满足速动性的要求。具有这种性能的保护称为该线路的主保护。

3. 保护装置灵敏性的校验

为了能够保护本线路的全长，限时电流速断保护必须在系统最小运行方式下，线路末端发生两相短路时，具有足够的反应能力，这个能力通常用灵敏系数 K_{sen} 来衡量。

对于反应于数值上升而动作的过量保护装置，灵敏系数的含义是

$$K_{sen} = \frac{保护范围内发生金属性短路时故障参数最小计算值}{保护装置的动作参数} \tag{2.12}$$

式 (2.12) 中故障参数(如电流、电压等)的计算值，应根据实际情况采用保护的系统最小运行方式和最不利的故障类型来选定，但不必考虑可能性很小的特殊情况。

对保护 2 的限时电流速断而言，即应采用最小运行方式下线路 AB 末端发生两相短路作为故障电流的计算值。设此电流为 $I_{k\cdot B\cdot min}$，代入上式中则灵敏系数为

$$K_{sen} = \frac{I_{k\cdot B\cdot min}}{I^{II}_{op.2}} \tag{2.13}$$

式中，$I_{k\cdot B\cdot min}$ 为保护的系统最小运行方式下线路 AB 末端发生两相短路时的短路电流；$I^{II}_{op.2}$ 为保护 2 限时电流速断的整定电流值。

为了保证在线路末端短路时，保护装置一定能够动作，对限时电流速断保护要求 $K_{sen} \geqslant 1.3$ (其值在规程中有规定，当线路长度小于 50km 时，$K_{sen} \geqslant 1.5$；当线路长度在 50～200km 时，$K_{sen} \geqslant 1.4$；当长度大于 200km 时，$K_{sen} \geqslant 1.3$)。

要求灵敏系数大于 1 的原因是考虑到当线路末端短路时，可能会出现一些不利于保护启动的因素。而在实际中存在这些因素时，为了使保护仍然能够动作，显然就必须留一定的裕度。不利于保护启动的因素如下：

1)故障点一般不都是金属性短路，而是存在弧光过渡电阻或接地过渡电阻，它将使短路

电流减小，因而不利于保护装置动作。

2）实际的短路电流由于计算误差或其他原因而小于计算值。

3）保护装置所使用的电流互感器，在短路电流通过的情况下，一般都具有负误差，因此使实际流入保护装置的电流小于按额定电流比折算的数值。

4）保护装置中的继电器，其实际启动数值可能具有正误差。

5）考虑一定的裕度。

当校验系数不能满足要求时，就可能出现发生内部故障时保护启动不了的情况，这样就达不到保护线路全长的目的，这是不允许的。因此，通常考虑进一步延伸限时电流速断的保护范围，使之与下一条线路的限时电流速断保护相配合，这样其动作时限就应该选择得比下一条线路限时速断的时限再高出一个 Δt ，一般取为 $1\sim1.2\mathrm{s}$ 。这就是限时电流速断保护的整定原则之二，按此原则的整定计算公式为

$$I_{\mathrm{op.2}}^{\mathrm{II}} = K_{\mathrm{rel}}^{\mathrm{II}} I_{\mathrm{op.1}}^{\mathrm{II}} \tag{2.14}$$

$$t_2^{\mathrm{II}} = t_1^{\mathrm{II}} + \Delta t \tag{2.15}$$

4. 限时电流速断保护的单相原理接线图

限时电流速断保护的单相原理接线图如图 2.7 所示，它和电流速断保护接线（见图 2.2）的主要区别是增加了时间继电器，当电流继电器动作后，还必须经过时间继电器的延时 t_2^{II} 才能动作于跳闸。如果在 t_2^{II} 以前故障已经切除，则电流继电器立即返回，整个保护随即复归原状，而不会造成误动作。

2.1.3 定时限过电流保护（Ⅲ段）

前面介绍的无时限电流速断保护和限时电流速断保护的动作电流，都是按某点的短路电流整定得到。虽然无时限电流速断保

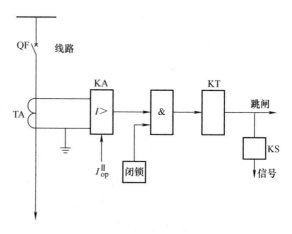

图 2.7 限时电流速断保护的单相原理接线图

护可无时限地切除故障线路，但它不能保护线路全长。限时电流速断保护虽然可以较小的时限切除线路全长上任一点的故障，但它不能作相邻线路故障的后备。因此，引入定时限过电流保护，它是指启动电流按照躲开最大负荷电流来整定的一种保护装置。它在正常运行时不应该启动，而在电网发生故障时，则能反应于电流的增大而动作。在一般情况下，它不仅能保护本线路的全长而且也能保护相邻线路的全长，以起到后备保护的作用。

1. 工作原理和整定计算的基本原则

为了保证在正常运行情况下过电流保护不动作，保护装置的启动电流必须整定得大于该线路上可能出现的最大负荷电流 $I_{\mathrm{L.max}}$ 。同时，在确定保护装置的启动电流时，还必须考虑在外部故障切除后，保护装置是否能返回的问题。

如图 2.8 所示的单侧电源网络接线中，当 k_1 短路时，短路电流将通过保护 5、4、3，这些保护都要启动，但是按照选择性的要求应由保护 3 动作切除故障，然后保护 4 和 5 由于电

流减小而立即返回原位。实际
上，当外部故障切除后，保护 4
的电流为系统运行中的负荷电
流。此时，还需要考虑由于短路
时电压降低，变电所 B 母线上所
接负荷的电动机被制动，在故障
切除后电压恢复时，电动机有一

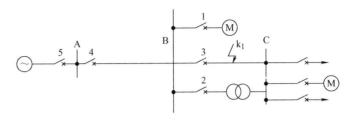

图 2.8 定时限过电流保护启动电流和动作时限的配合

个自起动的过程，而电动机的自起动电流大于正常的工作电流。引入一个自起动系数 K_{st} 来
表示自起动时最大负荷电流 $I_{st.max}$ 与正常运行时最大负荷电流 $I_{L.max}$ 之比，即

$$I_{st.max} = K_{st}I_{L.max} \tag{2.16}$$

式中，K_{st} 一般取 $1.5 \sim 3$ 。

为保证过电流保护在正常运行时不动作，其起动电流 I_{op}^{III} 应大于最大负荷电流 $I_{L.max}$ ，即

$$I_{op}^{III} > I_{L.max} \tag{2.17}$$

为保证在相邻线路故障切除后保护能可靠返回，其返回电流应大于外部短路故障切除后
流过保护的最大自起动电流，即：

$$I_{re} > I_{st.max} \tag{2.18}$$

由此在式 (2.18) 中引入可靠系数 K_{rel}^{III} ，并代入式 (2.16) ，即

$$I_{re} = K_{rel}^{III}K_{st}I_{L.max} \tag{2.19}$$

由式 (1.1) ，引入返回系数 K_{re} ，得

$$K_{re} = \frac{I_{re}}{I_{op}^{III}} \tag{2.20}$$

即

$$I_{op}^{III} = \frac{I_{re}}{K_{re}} = \frac{K_{rel}^{III}K_{st}}{K_{re}}I_{L.max} \tag{2.21}$$

式 (2.21) 为定时限过电流保护的启动电流计算公式。

式中，K_{rel}^{III} 为可靠系数，考虑继电器启动电流误差和负荷电流计算不准确等因素而引入的大
于 1 的系数，一般取 $1.15 \sim 1.25$ 。K_{re} 为返回系数，一般取 0.85 。

由上式可见，当 K_{re} 减小时，保护装置的启动电流越大，因而其灵敏性越差，这就是为
什么要求过电流继电器应有较高的返回系数的原因。

最大负荷电流 $I_{L.max}$ 必须按实际可能的严重情况确定。例如，图 2.9a 所示的平行线路，
应考虑某一条线路断开时另一条负荷电流增大一倍；图 2.9b 所示的装有备用电源自动投入装
置 (BZT) 的情况，当一条线路因故障断开后，BZT 动作将 QF 投入时，应考虑另一条线路出
现的最大负荷电流。

2. 按选择性的要求整定过电流保护的动作时限

如图 2.10 所示，假定在每条线路上均装有定时限过电流保护，各保护装置的启动电流均

按照躲开被保护线路上的最大负荷电流来整定。当 k₁ 点短路时，保护1～5 在短路电流的作用下都可能启动，但按照选择性的要求，应该只有保护 1 动作，切除故障，而保护2～5 在故障切除后应立即返回。这个要求只有依靠使各保护装置带有不同的时限来满足。

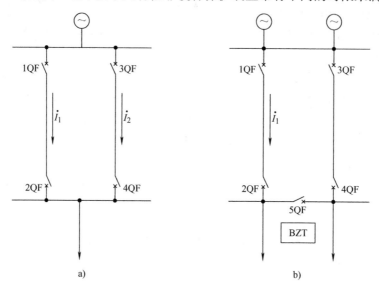

图2.9 最大负荷电流说明图

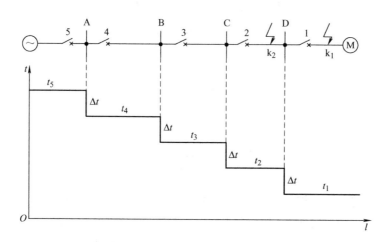

图2.10 单侧电源串联线路中各过电流保护动作时限的确定

保护 1 位于线路 1 的最末端，只要电动机内部发生故障，它就可以瞬时动作予以切除，t_1 即为保护装置本身的固有动作时间。对保护 2 来讲，为了保证 k₁ 点短路时动作的选择性，则应整定其动作时限 t_2，使 $t_2 > t_1$，引入 Δt，则保护 2 的动作时限为

$$t_2 = t_1 + \Delta t \tag{2.22}$$

保护 2 的动作时限确定以后，当 k₂ 点短路时。它将以 t_2 的时限切除故障，此时，为了保证保护 3 动作的选择性，必须整定 t_3，使 $t_3 > t_2$，引入 Δt，有

$$t_3 = t_2 + \Delta t \tag{2.23}$$

依此类推，保护 4、5 的动作时限分别为

$$\left.\begin{array}{l} t_4 = t_3 + \Delta t \\ t_5 = t_4 + \Delta t \end{array}\right\} \tag{2.24}$$

一般来说，任一过电流保护的动作时限，应比下一级线路过电流保护的动作时限高出至少一个 Δt，这样才能充分保证动作的选择性。如在图 2.10 中，对保护 4 而言应同时满足以下要求：

$$\left.\begin{array}{l} t_4 = t_1 + \Delta t \\ t_4 = t_3 + \Delta t \\ t_4 = t_2 + \Delta t \end{array}\right\} \tag{2.25}$$

实际上，t_4 应取其中的最大值，此保护的动作时限经整定计算确定之后，即由专门的时间继电器予以保证，其动作时限与短路电流的大小无关，因此称为定时限过电流保护。定时限过电流保护的单相原理接线与图 2.7 相同。

当故障越靠近电源端时，短路电流越大，而由以上分析可见，此时过电流保护动作切除故障的时限反而越长，这是很大的一个缺点。因此，在电网中广泛采用电流速断和限时电流速断来作为线路的主保护，以快速切除故障，利用过电流保护来作为本线路和相邻元件的后备保护。由于它作为相邻元件的后备保护的作用是在远处实现的，所以它属于远后备保护。

由以上分析也可以看出，处于电网终端附近的保护装置(如图 2.10 中的保护 1 或 2)，其过电流保护的动作时限并不长，在这种情况下，它可以作为主保护。

3. 过电流保护灵敏系数的校验

过电流保护灵敏系数的校验类似式 (2.13)，当过电流保护作为本线路的主保护时，应采用最小运行方式下本线路末端两相短路时的电流进行校验，要求 $K_{sen} \geq 1.3$；当作为相邻线路的远后备保护时，应采用最小运行方式下相邻线路末端两相短路时的电流进行校验，此时要求 $K_{sen} \geq 1.2$。校验公式与式 (2.13) 相同。

此外，在各个过电流保护之间，还必须要求灵敏系数相互配合，即对同一故障点而言，要求越靠近故障点的保护应具有越高的灵敏系数。如图 2.10 所示，当 k_1 点短路时，应要求各保护的灵敏系数之间有下列关系：

$$K_{sen.1} > K_{sen.2} > K_{sen.3} > K_{sen.4} > K_{sen.5} \tag{2.26}$$

在单侧电源的网络接线中，由于越靠近电源端时保护装置的整定电流值越大，而发生故障后，各保护装置均流过同一个短路电流，因此，上述灵敏系数应互相配合的要求自然能被满足。

当过电流保护的灵敏系数不能满足要求时，应采用性能更好的其他保护方式。

2.1.4 三段式电流保护的应用

电流速断、限时电流速断和过电流保护都是反映电流升高而动作的保护装置。它们之间的区别主要在于按照不同的原则选择启动电流。速断是按照躲开某一点的最大短路电流来整定，限时电流速断保护是按照躲开下一级相邻元件电流速断保护的动作电流整定，而过电流保护则是按照躲开最大负荷电流来整定。

由于电流速断不能保护线路全长，限时电流速断又不能作为相邻线路全线的后备保护，因此，为保证迅速而有选择地切除故障，常将电流速断、限时电流速断和过电流保护组合在一起，构成三段式电流保护。具体应用时，可以只采用速断加过电流保护，或限时电流速断加过电流保护，也可以三者同时采用。如图 2.11 所示的网络接线图：在电网的最末端—用户的电动机或其他受电设备上，保护 1 采用瞬时动作的过电流保护即可满足要求，其启动电流按躲开电动机起动时的最大电流整定，与电网中其他保护在定值和时限上都没有配合关系。在电网的倒数第二级上，保护 2 应首先考虑采用 0.5s 的过电流保护，如果在电网中对线路 CD 上的故障没有提出瞬时切除的要求，则保护 2 只装设一个 0.5s 的过电流保护也是完全允许的，而如果要求线路 CD 上的故障必须快速切除，则可增设一个电流速断，此时，保护 2 就是一个速断加过电流保护的两段式保护。继续分析保护 3，其过电流保护由于要和保护 2 配合，因此，动作时限要整定为 1~1.2s，一般情况下，需要考虑增设电流速断或同时装设电流速断和限时电流速断，此时，保护 3 可能是两段式也可能是三段式。越靠近电源端，则过电流保护的动作时限就越长，因此，一般都需要装设三段式的保护。

具有上述配合关系的保护装置配置情况，以及各点短路时实际切除故障的时间也相应地表示在图 2.11 上。由图可见，当全系统任意一点发生短路时，如果不发生保护或断路器拒绝动作的情况，则故障都可以在 0.5s 以内的时间予以切除。

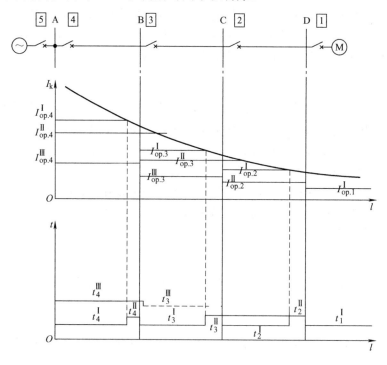

图 2.11 阶段式电流保护的配合和实际动作时间的示意图

具有电流速断、限时电流速断和过电流保护的单相原理接线如图 2.12 所示，电流速断部分由电流元件 KA^I 和信号元件 KS^I 组成；限时电流速断部分由电流元件 KA^{II}、时间元件 KT^{II} 和信号元件 KS^{II} 组成；过电流部分则由电流元件 KA^{III}、时间元件 KT^{III} 和信号元件 KS^{III} 组成。而信号继电器 3、6 和 9 则分别用以发出 Ⅰ、Ⅱ、Ⅲ 段动作的信号。

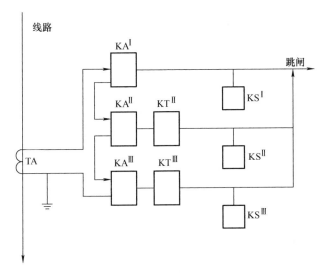

图 2.12　具有电流速断、限时电流速断和过电流保护的单相原理接线图

使用 Ⅰ、Ⅱ、Ⅲ 段组成的阶段式电流保护，其主要的优点就是简单、可靠，并且在一般情况下也能够满足快速切除故障的要求。因此，在电网中特别是 35kV 及以下较低电压的网络中获得了广泛的应用。此种保护的缺点是：容易受电网的接线以及电力系统运行方式变化的影响。例如，整定值必须按最大运行方式来选择，而灵敏性必须用系统最小运行方式来校验，这就使它往往不易满足灵敏系数或保护范围的要求。

2.1.5　反时限过电流保护

1. 构成反时限特性的基本方法

为缩短Ⅲ段电流保护动作时限，可采用反时限特性，当故障点越靠近电源，流过保护的短路电流越大，保护的动作时限越短，其动作特性曲线如图 2.13 所示。反时限过电流保护在一定程度上具有三段式电流保护的功能，即近处故障时动作时限短，在远处故障时动作时限自动加长，可以同时满足速动性和选择性。

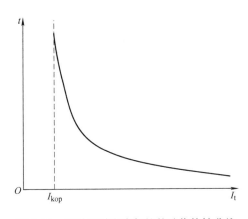

图 2.13　反时限过电流保护的动作特性曲线

原理上，在微机保护中可以实现任何反时限特性。以下为常用的三种典型反时限特性。

1）常规反时限特性 NI（Normal Inverse Time），即

$$t = \frac{0.14 t_{\mathrm{p}}}{(I / I_{\mathrm{op}})^{0.02} - 1} \tag{2.27}$$

2）甚反时限特性 VI（Very Inverse Time），即

$$t = \frac{13.5 t_{\mathrm{p}}}{(I / I_{\mathrm{op}}) - 1} \tag{2.28}$$

3)高度反时限特性 EI(Extreme Inverse Time)，即

$$t = \frac{80t_p}{(I/I_{op})^2 - 1}$$

（2.29）

式中，I 为通过保护的短路电流；I_{op} 为电流基准值，一般为第Ⅲ段的电流定值；t_p 为时间常数，一般取第Ⅲ段的动作时限；t 为反时限保护的动作时间。

2. 反时限过电流保护的整定计算

反时限过电流保护的启动电流定值按躲过线路最大负载电流条件整定，本线路末端短路故障时灵敏系数不小于1.5，相邻线路末端故障时灵敏系数最好不小于1.2。

3. 反时限过电流保护的配合

反时限过电流保护最主要的问题是相互配合，以下做具体说明。

1)与相邻上一级(或下一级)反时限过电流保护的配合。以图2.14中保护1(上一级)与保护2(下一级)间的配合为例加以说明。

保护1反时限过电流保护特性(图2.14中曲线1)应高于保护2反时限过电流保护特性(图2.14中曲线2)，即保护的电流定值应配合，满足

$$I_{op.1}^{III} = K_{rel}^{III} I_{op.2}^{III}$$

（2.30）

保护2出口三相短路故障(图2.14中 k_2 点)，保护1与保护2的反时限过电流保护通过相同最大短路电流时，所对应的动作时间应配合，配合级差 $\Delta t_2 \geq 0.5$（充分考虑试验误差、动作时间误差、继电器的返回时间、断路器动作时间和适当时间裕度等）。

当保护2的电流速断保护长期投入时，保护2与保护1的反时限过电流保护配合点可选在保护2速断保护区末端(图2.14中 k_1 点)。k_1 点短路故障时，保护1与保护2通过最大短路电流时，Δt_1 应不小于0.5～0.7s；同时，还应校核在常见运行方式下，k_2 点短路故障时 Δt_2 不小于一个时间级差。

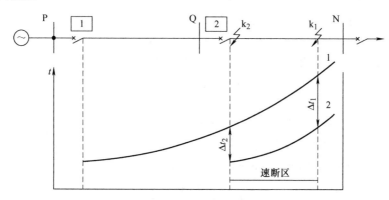

图 2.14 反时限过电流保护间的配合说明

2)与上一级定时限过电流保护(Ⅲ段)的配合。以图2.15中保护2(下一级)反时限过电流保护与保护1(上一级)定时限过电流保护间的配合为例加以说明。

保护1的Ⅲ段与保护2反时限过电流的启动电流定值配合，应符合保护1的定值大于保护2定值一定的可靠倍数，与式(2.30)类似。

其次，动作时限也要配合。图 2.15 中阶梯形曲线 1 为保护 1 的时限特性。设 k_3 点为保护 1 第Ⅲ段电流保护范围末端，当在该点短路故障时，流过保护 2 反时限过电流保护的动作时间，应小于保护 1 过电流保护的动作时间，配合级差 $\Delta t_3 \geqslant 0.5s$。

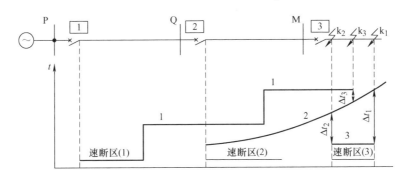

图 2.15　反时限过电流保护与定时限过电流保护间的配合说明

3) 与下一级定时限过电流保护(Ⅲ段)的配合。以图 2.15 中保护 2(上一级)反时限过电流保护与保护 3(下一级)定时限过电流保护间的配合为例加以说明。

保护 2 的反时限过电流的启动电流与保护 3 的Ⅲ段定值配合，应符合保护 2 的定值大于保护 3 的定值一定的可靠倍数，与式(2.30)类似。

动作时限也要配合，保护 2 反时限过电流保护特性如图 2.15 中曲线 2，当保护 2 出口三相短路故障(图 2.15 中 k_2 点)，保护 2 与保护 3 通过相同最大电流时，保护 2 与保护 3 第Ⅲ段时间的级差 Δt_2 应不小于0.5s。

当保护 3 的电流速断保护长期投入时，保护 2 与保护 3 配合点可选在保护 3 速断保护区末端(图 2.15 中 k_1 点)。k_1 点短路故障时，保护 3 与保护 2 通过最大短路电流时，Δt_1 应不小于 0.5s；同时，在常见运行方式下，k_2 点短路故障时 Δt_2 不小于一个时间级差。

反时限保护的缺点是整定配合比较复杂，以及当系统最小运行方式下短路时，其动作时限可能较长。因此它主要用于单侧电源供电的线路和电动机上，兼作为本线路的主保护和下一条线路的远后备保护。

2.2　电流保护的接线方式

2.2.1　电流保护接线方式的分类

电流保护的接线方式是指测量元件电流继电器与电流互感器二次绕组之间的连接方式。对于相间短路的电流保护，目前使用的基本接线方式有两种：三相三继电器的完全星形联结方式、两相两继电器的不完全星形联结方式。

完全星形联结方式如图 2.16 所示，是将三个电流互感器与三个电流继电器分别按相连接在一起，互感器和继电器均联结成星形，在中线上流回的电流为 $\dot{I}_a + \dot{I}_b + \dot{I}_c$，正常是此电流约为零，在发生接地短路时则为 3 倍零序电流 $3I_0$。三个继电器的触点是并联连接的，相当于"或"回路，当其中任一触点闭合后均可动作于跳闸或启动时间继电器等。由于在每相上均装有电流继电器，因此，它可以反映各种相间短路和中性点直接接地电网中的单相接地短路。

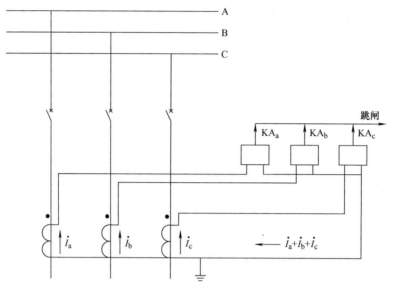

图 2.16 三相星形联结方式的原理接线图

不完全星形联结方式如图 2.17 所示，用装设在 A、C 相上的两个电流互感器与两个电流继电器分别按相连接在一起，它和完全星形联结的主要区别在于 B 相上不装设电流互感器和相应的继电器，因此，它不能反映 B 相中所流过的电流。

在这种接线中，中线上流回的电流是 $(\dot{I}_a^Y + \dot{I}_c^Y) = -\dot{I}_b^Y$。由于这种联结方式，是两继电器节点并联后发出跳闸信号，所以它能反映各种类型的相间短路（见

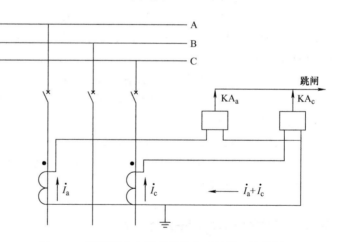

图 2.17 两相不完全星形联结方式的原理接线图

表 2.1），但在没有装电流互感器的一相发生单相接地短路时，保护装置不会动作，因此，多用于中性点非直接接地系统，构成相间短路保护。

表 2.1

相间短路类型	A-B	B-C	C-A	A-B-C
A 相继电器	动作		动作	动作
C 相继电器		动作	动作	动作

由表 2.1 可见，两相不完全星形联结方式在 AB 和 BC 相间短路时，只有一个继电器动作，在三相短路及 CA 两相短路时有两个继电器动作。

现对上述两种联结方式在各种故障时的性能进行分析比较。

(1)中性点直接接地或非直接接地电网中的各种相间短路

前述两种接线方式均能反应这些故障，不同之处在于动作的继电器数目不同，对不同类型和相别的相间短路，各种接线的保护装置灵敏度有所不同。

(2)中性点非直接接地电网中的两点接地短路

在中性点非直接接地电网(小接地电流)中，某点发生单相接地时，只有不大的对地电容电流流经故障点，一般不需要跳闸，而只要给出信号，由值班人员在不停电的情况下找出接地点并进行维修，这样就能提高供电的可靠性。因此，对于这种系统中的两点接地故障，希望只切除一个故障点。

1)串联线路上两点接地情况，如图 2.18 所示，在 k_A 点和 k_B 点发生接地短路。只希望切除距电源远的线路。若保护 1 和保护 2 均采用三相星形联结时，如果它们的整定值和时限都满足选择性，那么，就能保证 100%地只切除故障线路。如采用两相星形联结，则保护就不能切除 B 相接地故障，只能由保护 2 动作切除线路 AB，使停电范围扩大。这种联结方式在不同相别的两点接地组合中，只能有 2/3 的机会有选择地切除后面的一条线路。

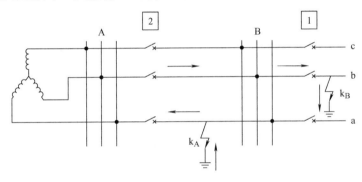

图 2.18　串联线路上两点接地的示意图

2)放射性线路上两点接地情况如图 2.19 所示，在 k_A、k_B 点发生接地短路时(称为不同线路异名相接地)，任意切除一条线路即可继续运行(此时线路中接地相电压为零，另外两相电压升高至 $\sqrt{3}$ 倍，但仍可运行)。当采用三相星形联结时，两套保护(设时限整定得相同)均将启动。如采用两相星形联结，则保护有 2/3 的机会只切除任一线路。因此，在放射形的线路中，两相星形比三相星形应用更广。

3)对 Y、△联结变压器后面的两相短路

在实际的电力系统中，大量采用 Y/△—11 联结的变压器，并在变压器的电源侧装设一套电流保护，以作为变压器的后备保护。

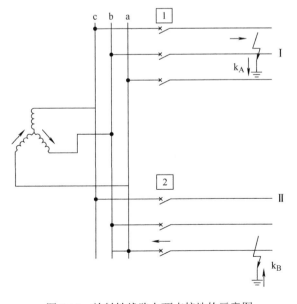

图 2.19　放射性线路上两点接地的示意图

现以图 2.20a 所示的 Y/△—11 联结的降压变压器为例,分析 △ 侧发生 A、B 两相短路时的电流关系。在故障点,$\dot{I}_A^\Delta = -\dot{I}_B^\Delta$,$\dot{I}_C^\Delta = 0$,设 △ 侧各相绕组中的电流分别为 $\dot{I}_a$、$\dot{I}_b$ 和 $\dot{I}_c$,并设变压器的电压比 $n_T = 1$,则

$$\left.\begin{aligned}\dot{I}_a - \dot{I}_b &= \dot{I}_A^\Delta \\ \dot{I}_b - \dot{I}_c &= \dot{I}_B^\Delta \\ \dot{I}_c - \dot{I}_a &= \dot{I}_C^\Delta\end{aligned}\right\} \tag{2.31}$$

由此可求出

$$\left.\begin{aligned}\dot{I}_a = \dot{I}_c &= \frac{1}{3}\dot{I}_A^\Delta \\ \dot{I}_b = -\frac{2}{3}\dot{I}_A^\Delta &= \frac{2}{3}\dot{I}_B^\Delta\end{aligned}\right\} \tag{2.32}$$

根据变压器的工作原理,即可求得 Y 侧电流的关系为

$$\left.\begin{aligned}\dot{I}_A^Y &= \dot{I}_C^Y \\ \dot{I}_B^Y &= -2\dot{I}_A^Y\end{aligned}\right\} \tag{2.33}$$

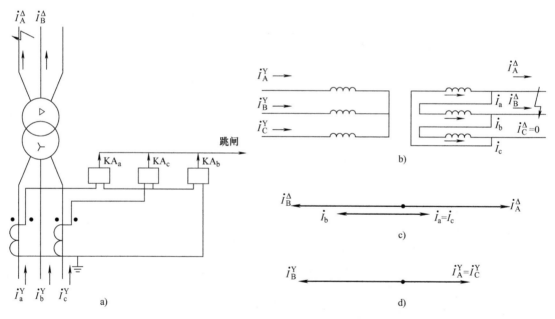

图 2.20 Y/△—11 联结降压变压器短路时电流分布及过电流保护的接线

图 2.20b 为按规定的电流正方向画出的电流分布图,图 2.20c 为 △ 侧的电流相量图,图 2.20d 为 Y 侧的电流相量图。可以看到,Y 侧 B 相的电流幅值是其他两相电流幅值的两倍。造成这一结果的原因是由于 Y/△—11 接线的变压器,其 Y 侧正序电流落后于 △ 侧的正序电流 30°,而其 Y 侧负序电流超前于 △ 侧的负序电流 30°。

当过电流保护接于降压变压器的高压侧以作为低压侧线路故障的后备保护时,如果保护是采用三相完全星形联结,则接于 B 相上的继电器由于流有较其他两相大一倍的电流,因此,灵敏系数增大一倍,这是十分有利的。如果保护采用的是两相不完全星形联结,则由于 B 相

上没有装设继电器，因此，灵敏系数只能由 A 相和 C 相的电流决定，在同样的情况下，其数值要比采用三相完全星形联结时降低一半。为了克服这个缺点，可以在两相不完全星形联结的中线上再接入一个继电器(如图 2.20a 所示)，其中流过的电流为 $(\dot{I}_A^Y + \dot{I}_C^Y) = -\dot{I}_B^Y$，因此，利用这个继电器就能提高继电保护的灵敏系数。

2.2.2 两种接线方式的应用

三相星形联结需要三个电流互感器、三个电流继电器和四根二次电缆，相对来讲是复杂和不经济的。一般广泛应用于发电机、变压器等大型重要的电气设备的保护中，因为它能提高保护动作的可靠性和灵敏性。此外，它也可以用在中性点直接接地电网中，作为相间短路和单相接地短路的保护。

由于两相星形联结较为简单经济，因此，在中性点非直接接地电网中，广泛地采用它作为相间短路的保护，但它不能完全反映单相接地短路，当下一设备为 Y/△联结的降压变压器时，为了提高低压侧两相短路时保护的灵敏度，可在中线上加接一电流继电器。

需要说明的是，随着微机保护在电力系统中的广泛使用，采用三相完全星形联结的情况更为普遍。

2.3 电网相间短路的方向性电流保护

为了提高电网供电的可靠性，在电力系统中多采用双侧电源供电的辐射形电网或单侧电源环形电网供电。此时，采用阶段式电流保护将难以满足选择性要求，应采用方向性电流保护。

2.3.1 方向性电流保护的基本原理

对于图 2.21a 所示的双侧电源网络，由于两侧都有电源，所以在每条线路的两侧均需装设断路器和保护装置。当 k_1 点发生短路时，应由保护 2、6 动作跳开断路器切除故障，不会造成停电，这正是双端供电的优点。但是单靠电流的幅值大小能否保证保护 5、1 不会误动？假如在 AB 线路上短路时流过保护 5 的短路电流小于在 BC 线路上短路时流过的电流，则为了对 AB 线路起保护作用，保护 5 的整定电流必然小于 BC 线路上短路时的短路电流，从而在 BC 线路短路时误动。同理，当 CD 线路上短路时流过保护 1 的电流小于 BC 线路短路时流过的电流时，在 BC 线路上短路时也会造成保护 1 的误动。假定保护的正方向是由母线指向线路，分析可能误动的情况，都是在保护的反方向短路时可能出现。

从上述分析可见，在双侧电源的情况下，单靠电流或电压判据难以正确区分故障的位置。在这种情况下，需要引入新的判据来解决这个问题。而比较方便的判据是电压和电流的乘积(功率)。从物理角度来说，可以有三种功率：视在功率、有功功率和无功功率。这其中，视在功率是复数，作为判据不好使用，有功功率和无功功率为实数，均可以作为新的判据引入。通常使用的是有功功率作为新的判据。

分析图 2.21a 的 k_1 点发生短路时流过线路的短路功率(指短路时母线电压与线路电流相乘所得到的有功功率)方向，是从电源经由线路流向短路点，与保护 2、3 和保护 6、7 的正方向一致。分析 k_2 点和其他任意点的短路，都有相同的特征，即短路功率的流动方向正是保护应该动作的方向，并且短路点两侧的保护只需要按照单电源的配合方式整定配合，即可满足选择性要求。保护如果加装一个可以判别短路功率流动方向的元件，并且当功率方向由母线流向线路(正方向)时才动作，并与电流保护共同工作，便可以快速、有选择性地切除故障，称为方向性电流保护。方向性电流保护既利用了电流的幅值特性、又利用功率方向的特征。

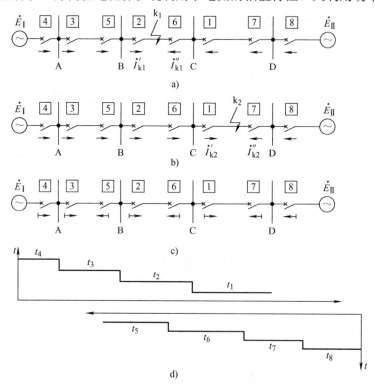

图 2.21 双侧电源网络及其变化动作方向的规定

a)k_1点短路时的电流分布 b)k_2点短路时的电流分布

c)各保护动作方向的规定 d)方向过电流保护的阶梯型时限特性

在图 2.21 所示的双侧电源网络接线中，假设电源 $\dot{E}_{II}$ 不存在，则发生短路时，保护 1、2、3 的动作情况与由电源 $\dot{E}_I$ 单独供电时一样，它们之间的选择性是能够保证的。如果电源 $\dot{E}_I$ 不存在，则保护 5、6、7 由电源 $\dot{E}_{II}$ 单独供电，此时它们之间也同样能够保证动作的选择性。

以上分析可知，当两个电源同时存在时，在每个保护上加装功率方向元件，该元件只当功率方向由母线流向线路时动作，而当短路功率由线路流向母线时不动作，从而使保护继电器的动作具有一定的方向性。按照这个要求配置的功率方向元件及规定的动作方向如图 2.21c 所示。

当双侧电源网络上的电流保护装设方向元件以后，就可以把它们拆开看成两个单侧电源网络的保护，其中，保护 1、2、3 反应于电源 $\dot{E}_I$ 供给的短路电流而动作，保护 5、6、7 反应于电源 $\dot{E}_{II}$ 供给的短路电流而动作，两组方向保护之间不要求有配合关系，其工作原理和整定计算原则与上节所介绍的三段式电流保护相同。例如在图 2.21d 中示出了方向过电流保护的阶梯型时限特性，它与图 2.11 所示的选择原则相同。由此可见，方向性电流保护的主要特点就是在原有电流保护的基础上增加一个功率方向判断元件，以保证在反方向故障时把保护闭锁使其不致误动作。

具有方向性的电流保护的单相原理接线图如图 2.22 所示，主要由方向元件 KW、电流元件 KA 和时间元件 KT 组成，方向元件和电流元件必须都动作以后，才能去启动时间元件，再经过预定的延时后动作于跳闸。

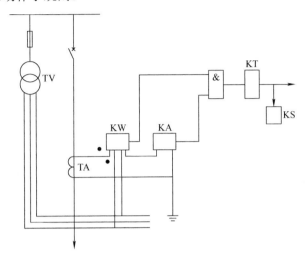

图 2.22　方向电流保护的单相原理接线图

2.3.2　功率方向继电器的工作原理

1. 对功率方向继电器的要求

方向性电流保护要解决的核心问题就是要判别短路功率的方向，只有当它们的方向由母线指向线路时(电力系统规定此方向为"正方向")，才允许保护动作。

如图 2.23a 所示的网络接线中，对保护 1 而言，当正方向 k_1 点三相短路时，如果加入保护 1 处的方向继电器的电压 $\dot{U}_r$ 与电流 $\dot{I}_{k_1}$ 的相角 φ_k 为 $0° < \varphi_k < 90°$，φ_k 取决于母线至故障点 k_1 之间的线路阻抗角。当反方向 k_2 点三相短路时，对于保护 1 的方向继电器感受的电压 $\dot{U}_r$ 与电流 $\dot{I}_{k_2}$ 之间的相位角为 $(\varphi_k + 180°)$。当 k_1、k_2 点短路时，保护 1 所反映的短路功率分别为

1) k_1 点短路：

$$P_1 = U_r I_{k_1} \cos\varphi_k > 0 \tag{2.34}$$

2) k_2 点短路：

$$P_2 = U_r I_{k_2} \cos(\varphi_k + 180°) < 0 \tag{2.35}$$

由以上分析，随着短路位置的不同，功率方向继电器感受的功率也不相同。对于正方向的故障，其功率为正值；反方向故障，功率为负值。因此，利用判别短路功率的方向或电流、电压之间的相位关系，就可以判别发生故障的方向。用以判别方向或测定电流、电压间相位角的继电器称为功率方向继电器。由于它主要反应加入继电器中电流和电压之间的相位而工作，因此，可用相位比较方式来实现。

对继电保护中方向继电器的基本要求是：

1) 应具有明确的方向性，即在正方向发生各种故障时，能可靠动作；而在反方向故障时，可靠不动作；

2) 故障时功率方向继电器的动作有足够的灵敏度。

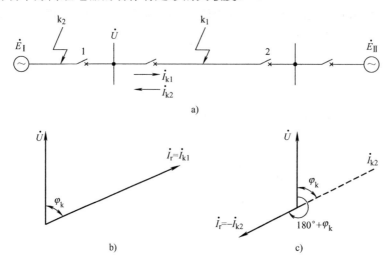

图 2.23　功率方向元件工作原理

a) 网络接线图　b) k_1 点短路相量图　c) k_2 点短路相量图

2. 功率方向继电器的动作特性

对于 A 相的功率方向继电器，加入电压 $\dot{U}_r = \dot{U}_A$ 和电流 $\dot{I}_r = \dot{I}_A$，如果采用 φ_r 表示 $\dot{U}_r$ 超前于 $\dot{I}_r$ 的角度，则当正方向短路时，如图 2.23b 所示，A 相继电器中电压、电流之间的相角为

$$\varphi_{rA} = \arg\frac{\dot{U}_A}{\dot{I}_{k_1A}} = \varphi_k \tag{2.36}$$

反方向短路时，如图 2.23c 所示，A 相继电器中电压、电流之间的相角为

$$\varphi_{rA} = \arg\frac{\dot{U}_A}{\dot{I}_{k_2A}} = 180° + \varphi_k \tag{2.37}$$

此时的功率继电器的动作方程可以写为

$$P_1 = U_r I_r \cos\varphi_r > 0 \tag{2.38}$$

由上式的余弦项，可以写出功率继电器的相位动作方程为

$$-90° \leqslant \arg\frac{\dot{U}_r}{\dot{I}_r} \leqslant 90° \tag{2.39}$$

或

$$-90° \leqslant \varphi_r \leqslant 90° \tag{2.40}$$

功率方向继电器的输入电压和电流的幅值不变时，其输出值随两者之间相位差的大小而改变。由于线路阻抗角的存在，按照式 (2.38) 计算得到的短路功率不会是最大值。为了得到最大的短路计算功率，提高功率继电器的灵敏度，可以对电压和电流间的相位差进行补偿，使得补偿后的电压和电流相位差为零，而所需要补偿的相位角称为继电器的最大灵敏角 φ_{sen}。补偿后的功率继电器应保证不改变原短路功率的方向，其相位动作方程应为

$$-90° \leqslant \arg \frac{\dot{U}_r e^{-j\varphi_{sen}}}{\dot{I}_r} \leqslant 90° \qquad (2.41)$$

即

$$-90° \leqslant \varphi_r - \varphi_{sen} \leqslant 90° \qquad (2.42)$$

或

$$\varphi_{sen} - 90° \leqslant \varphi_r \leqslant \varphi_{sen} + 90° \qquad (2.43)$$

其动作特性可用图 2.24a 表示。

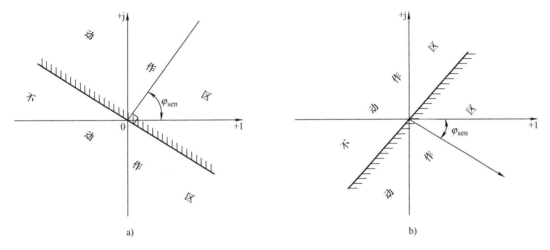

图 2.24　功率方向继电器的工作原理

用功率的形式表示，则：

$$P_r = U_r I_r \cos(\varphi_r - \varphi_{sen}) > 0 \qquad (2.44)$$

当余弦相和 U_r、I_r 越大时，其值也越大，继电器动作的灵敏度越高，而任一项为零或余弦项为负时，继电器将不能动作。

采用这种接线的功率继电器时，在其正方向出口附近发生三相短路、AB 或 CA 两相接地短路时，由于 $U_A \approx 0$ 或数值很小，功率继电器不能动作，称为功率继电器的"电压死区"。当上述故障发生在死区范围以内时，整套保护将拒动，这是一个很大的缺点。因此，实际上这种接线方式很少使用。

为了减小和消除死区，实际应用中广泛采用非故障相间电压作为参考量来获取与电流相量之间的相位。例如，对 A 相的功率方向继电器加入电流 $\dot{I}_A$ 和电压 $\dot{U}_{BC}$，此时，$\varphi_r = \arg \dot{U}_{BC}/\dot{I}_A$。正方向短路时，$\varphi_r = \varphi_k - 90°$；反方向短路时，$\varphi_r = \varphi_k - 90° + 180°$，在这种情况下，继电器的最大灵敏角应设计为 $\varphi_{sen} = \varphi_k - 90°$，如图 2.25 所示。动作特性如图 2.24b 所示，其动作方程为

$$P = U_{BC} I_A \cos(\varphi_r - \varphi_{sen}) > 0 \qquad (2.45)$$

式 (2.45) 的计算结果大于式 (2.44) 的计算结果，这是因为 $\dot{U}_{BC}$ 的幅值大于 A 相电压的幅值，但不改变短路计算功率结果的正负，这将确保计算的短路功率的方向不会变化。

实际应用中习惯上采用 $\alpha = -\varphi_{sen} = 90° - \varphi_k$，$\alpha$ 称为功率方向继电器的内角，则上式变为

$$P = U_r I_r \cos(\varphi_r + \alpha) > 0 \qquad (2.46)$$

此时的相位动作方程为

$$-90° \leqslant \arg \frac{\dot{U}_r e^{j\alpha}}{\dot{I}_r} \leqslant 90° \qquad (2.47)$$

即

$$-90° \leqslant \varphi_r + \alpha \leqslant 90° \qquad (2.48)$$

除正方向出口附近发生三相短路时，$U_{BC} \approx 0$，继电器具有很小的电压死区以外，在其他任何包含 A 相的不对称短路时，I_A 的电流很大，U_{BC} 的电压很高，因此，继电器不仅没有死区，而且动作灵敏度很高。为了减小和消除三相短路时的死区，可以适当采用电压记忆回路，并尽量提高继电器动作时的灵敏度。

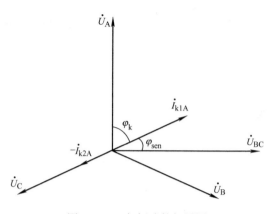

图 2.25 三相短路的相量图

2.3.3 相间短路功率方向继电器的接线方式

为了满足继电保护对功率继电器的要求，功率方向继电器广泛采用 90° 接线方式，如图 2.26 所示。所谓的 90° 接线方式是指在三相对称的情况下，当 $\cos\varphi = 1$ 时，加入 A 相继电器的电流 $\dot{I}_A$ 和电压 $\dot{U}_{BC}$ 相位相差 90°。

图 2.27 即为采用 90° 接线方式时，将三个继电器分别接于 $\dot{I}_A$、$\dot{U}_{BC}$、$\dot{I}_B$、$\dot{U}_{CA}$ 和 $\dot{I}_C$、$\dot{U}_{AB}$ 而构成的三相方向过电流保护的原理接线图。顺便指出，对功率方向继电器的接线，必须十分注意继电器电流线圈和电压线圈的极性问题，如图 2.28 所示。如果有一个线圈的极性接错，就会出现正方向短路时拒动而反方向短路时误动的严重事故。

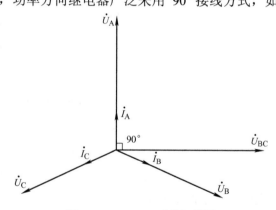

图 2.26 $\cos\varphi = 1$ 时的相量图

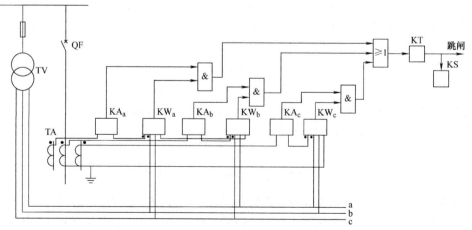

图 2.27 功率方向元件采用 90° 接线时三相方向过电流保护的原理接线图

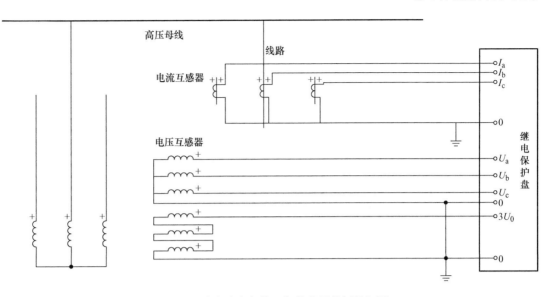

图 2.28　功率流向与接入保护装置的极性问题

下面分析 90° 接线方式的功率方向继电器，当内角 $\alpha = 90° - \varphi_k$，在正方向发生各种相间短路时的动作情况。

1. 三相短路

正方向发生三相短路时的相量图如图 2.29 所示，$\dot{U}_A$、$\dot{U}_B$、$\dot{U}_C$ 表示保护安装地点的母线电压，$\dot{I}_A$、$\dot{I}_B$、$\dot{I}_C$ 为三相的短路电流，电流滞后电压的角度为线路阻抗角 φ_k。

由于三相对称，三个功率方向继电器工作情况完全一样，故以 A 相功率方向继电器为例来分析。由图可见，$\dot{I}_{rA} = \dot{I}_A$，$\dot{U}_{rA} = \dot{U}_{BC}$，$\varphi_{rA} = \varphi_k - 90°$，电流超前于电压。将上述各量及内角 α 带入式 (2.46)，A 相功率方向继电器计算的动作功率为

$$\begin{aligned}P_A &= U_{BC}I_A\cos(\varphi_k - 90° + \alpha)\\&= U_{AC}I_A\cos(\varphi_k - 90° + 90° - \varphi_k)\\&= U_{BC}I_A\end{aligned}\quad(2.49)$$

此时的功率为正且为最大值，可以确保 A 相功率方向继电器可靠动作。

2. 两相短路

如图 2.30 所示，以 B、C 两相短路为例，用 $\dot{E}_A$、$\dot{E}_B$、$\dot{E}_C$ 表示对称三相电源的电势；$\dot{U}_A$、$\dot{U}_B$、$\dot{U}_C$ 为保护安装处的母线电压；$\dot{U}_{kA}$、$\dot{U}_{kB}$、$\dot{U}_{kC}$ 为短路故障点处电压。

短路点位于保护安装地点附近，短路阻抗 $Z_k \ll Z_s$（保护安装处到电源间的系统阻抗），$Z_k \approx 0$，此时的相量图如图 2.31 所示，短路电流 $\dot{I}_B$ 由电势 $\dot{E}_{BC}$ 产生，$\dot{I}_B$ 滞后 $\dot{E}_{BC}$ 的角度为 φ_k，电流 $\dot{I}_C = -\dot{I}_B$，短路点（即保护安装地点）的电压为

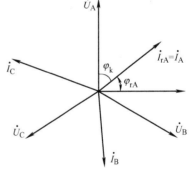

图 2.29　90° 接线方式下正方向
发生三相短路时的相量图

33

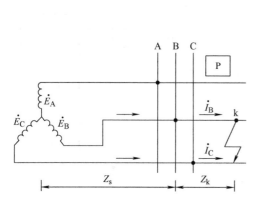

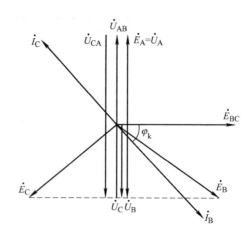

图 2.30　B、C 两相短路的系统接线图　　　图 2.31　保护安装地点出口处 B、C 两相短路时的相量图

$$\left.\begin{aligned} \dot{U}_A &= \dot{U}_{kA} = \dot{E}_A \\ \dot{U}_B &= \dot{U}_{kB} = -\frac{1}{2}\dot{E}_A \\ \dot{U}_C &= \dot{U}_{kC} = -\frac{1}{2}\dot{E}_A \end{aligned}\right\} \tag{2.50}$$

此时，对于 A 相功率方向继电器，当忽略负荷电流时，$I_A \approx 0$，因此，功率继电器不会动作。

对于 B 相功率继电器，$\dot{I}_{rB} = \dot{I}_B$，$\dot{U}_{rB} = \dot{U}_{CA}$，$\varphi_{rB} = \varphi_k - 90°$，将上述各量及内角 α 代入式(2.46)，B 相功率方向继电器的动作功率为

$$\begin{aligned} P_B &= U_{CA}I_B\cos(\varphi_k - 90° + 90° - \varphi_k) \\ &= U_{CA}I_B \end{aligned} \tag{2.51}$$

对于 C 相功率继电器，$\dot{I}_{rC} = \dot{I}_C$，$\dot{U}_{rC} = \dot{U}_{AB}$，$\varphi_{rC} = \varphi_k - 90°$，同样将上述各量代入式(2.46)，C 相功率方向继电器的动作功率为

$$\begin{aligned} P_C &= U_{AB}I_C\cos(\varphi_k - 90° + 90° - \varphi_k) \\ &= U_{AB}I_C \end{aligned} \tag{2.52}$$

计算的动作功率为正且为最大值，可以确保 B、C 相功率方向继电器可靠动作。

短路点远离保护安装地点，且系统容量很大，此时 $Z_k \gg Z_s$，$Z_s \approx 0$，则相量图如图 2.32 所示，电流 $\dot{I}_B$ 由电势 $\dot{E}_{BC}$ 产生，并滞后 $\dot{E}_{BC}$ 一个角度 φ_k，保护安装地点的电压为

$$\left.\begin{aligned} \dot{U}_A &= \dot{E}_A \\ \dot{U}_B &= \dot{U}_{kB} + \dot{I}_BZ_d \approx \dot{E}_B \\ \dot{U}_C &= \dot{U}_{kC} + \dot{I}_CZ_d \approx \dot{E}_C \end{aligned}\right\} \tag{2.53}$$

对于 B 相继电器，由于电压 $\dot{U}_{CA} \approx \dot{E}_{CA}$，

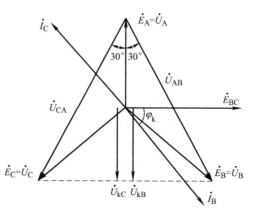

图 2.32　远离安装地点 B、C 两相短路时的相量图

较出口处短路时相位滞后 30°，因此，$\varphi_{rB} = \varphi_k - 90° - 30° = \varphi_k - 120°$，将上述各量及内角 α 带入式 (2.46)，B 相功率方向继电器得到的动作功率为

$$
\begin{aligned}
P_B &= U_{CA} I_B \cos(\varphi_k - 120° + 90° - \varphi_k) \\
&= U_{CA} I_B \cos(-30°) \\
&= 0.866 U_{AB} I_C
\end{aligned}
\tag{2.54}
$$

计算功率为正且大于 0，可以确保功率继电器能够可靠动作。

对于 C 相继电器，由于电压 $\dot{U}_{AB} \approx \dot{E}_{AB}$，较出口处短路时相位超前 30°，因此，$\varphi_{rC} = \varphi_k - 90° + 30° = \varphi_k - 60°$，将上述各量及内角 α 带入式 (2.46)，C 相功率方向继电器得到的动作功率为

$$
\begin{aligned}
P_C &= U_{AB} I_C \cos(\varphi_k - 60° + 90° - \varphi_k) \\
&= U_{AB} I_C \cos(30°) \\
&= 0.866 U_{AB} I_C
\end{aligned}
\tag{2.55}
$$

计算功率为正且大于 0，可以确保功率继电器能够可靠动作。

同理，分析 A、B 和 C、A 两相短路时，也可得出相应结论。

综上所述，采用 90° 接线方式时，取 $\alpha = 90° - \varphi_k$，除在保护安装出口处发生三相短路时出现死区外，对于线路上发生的各种相间短路功率继电器均能正确动作。

由于模拟式功率继电器的内角调整不太方便，实际使用时考虑线路阻抗角 φ_k 在 45°～60° 之间，因此给定 $\alpha = 30°$ 和 $\alpha = 45°$ 两种内角供现场选择使用。而微机保护能够按照精确的内角值进行给定，因此，对确定了阻抗角的输电线路而言，可以按照 $\alpha = 90° - \varphi_k$ 计算得到的内角值给定，以获得最大的动作功率。

3. 90° 接线方式的评价

90° 接线的主要优点是：①按照 $\alpha = 90° - \varphi_k$ 给定内角 α，对线路上发生的各种相间短路都能正确地判断短路功率的方向，保证动作的正确性；②各种两相短路均无电压死区，因为继电器接入了非故障相电压，其值很高。由于上述特点，90° 接线得到了广泛应用。

2.3.4 双侧电源网络中电流保护整定的特点

1. 电流速断

对应用于双侧电源线路上的电流速断保护，可画出线路上各点短路时短路电流的分布曲线，如图 2.33 所示。

其中曲线①为由电源 $\dot{E}_1$ 供给的电流；曲线②为由 $\dot{E}_2$ 供给的电流，由于两侧电源容量不同，因此电流大小也不同。当任一侧区外相邻线路出口处（如图 2.33 中的 k_1 点和 k_2 点）短路时，短路电流 $\dot{I}_{k1}$ 和 $\dot{I}_{k2}$ 要同时流过两侧的保护 1 和保护 2，此时按照选择性的要求，两个保护均不动作，因此两个保护的启动电流应选得相同，并按照较大的一个短路电流整定，例如当 $\dot{I}_{k2 \cdot max} > \dot{I}_{k1 \cdot max}$ 时应取

$$
\dot{I}_{op.1}^I = \dot{I}_{op.2}^I = K_{rel}' \dot{I}_{k2 \cdot max}
\tag{2.56}
$$

这样整定的结果，将使位于小电源侧保护 2 的保护范围缩小。当两端电源容量的差别越

大时，对保护 2 的影响就越大。

为了解决这个问题，就需要在保护 2 处装设方向元件，使其只当电流从母线流向被保护线路时才动作，这样保护 2 的启动电流就可以按照躲开 k_1 点短路来整定，选择

$$I_{op.2}^I = K_{rel}^I I_{k1 \cdot max} \quad (2.57)$$

如图 2.33 中的虚线所示，其保护范围较之前增加了很多。必须指出，在上述情况下，保护 1 处无需装设方向元件，因为它从定值上已经可靠地躲开了反方向短路时流过保护的最大电流 $I_{k1 \cdot max}$。

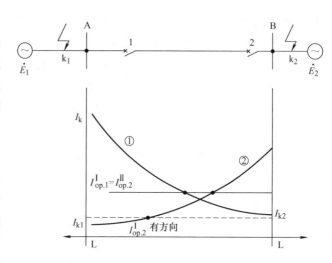

图 2.33　双侧电源线路上的电流速断保护的整定

2. 限时电流速断保护

对应用于双侧电源网络中的限时电流速断保护，其基本的整定原则同图 2.6 的分析，仍应与下一级保护的无时限电流速断保护相配合，但需考虑保护安装地点与短路点之间有电源或分支电路的影响。对此可归纳为如下两种典型的情况：

(1) 助增电流的影响

如图 2.34 所示，分支电路中有电流，此时故障线路中的短路电流 $\dot{I}_{BC}$ 将大于 $\dot{I}_{AB}$，其值为 $\dot{I}_{BC} = \dot{I}_{AB} + \dot{I}'_{AB}$。这种使故障线路电流增大的现象，称为助增。有助增以后的短路电流分布曲线也示于图 2.34 中。

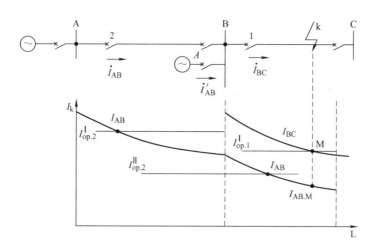

图 2.34　有助增电流时限时电流速断保护的整定

此时保护 1 电流速断保护的整定值仍按躲开相邻线路出口短路整定为 $I_{op.1}^I$，其保护范围末端位于 M 点。在此情况下，流过保护 2 的电流为 $I_{AB \cdot M}$，其值小于 $I_{BC \cdot M}(= I'_{op.1})$，因此保护 2 的限时电流速断保护的整定值为

$$I_{op.2}^{II} = K_{rel}^{II} I_{AB\cdot M} \tag{2.58}$$

引入分支系数 K_b，其定义为

$$K_b = \frac{\text{故障线路流过的短路电流}}{\text{前一级保护所在线路上流过的短路电流}} \tag{2.59}$$

在图 2.34 中，整定配合点 M 处的分支系数为

$$K_b = \frac{I_{BC.M}}{I_{AB.M}} = \frac{I_{op.1}^{I}}{I_{AB.M}}$$

代入式 (2.58)，则得

$$I_{op.2}^{II} = \frac{K_{rel}^{II}}{K_b} I_{op.1}^{I} \tag{2.60}$$

与单侧电源线路的整定式 (2.9) 相比，在分母上多了一个大于 1 的分支系数。

(2) 外汲电流的影响

如图 2.35 所示，分支电路为一并联的线路，此时故障线路中的电流 $\dot{I}'_{BC}$ 将小于 $\dot{I}_{AB}$，其关系为 $\dot{I}_{AB} = \dot{I}'_{BC} + \dot{I}''_{BC}$，这种使故障线路中的电流减小的现象，称为外汲。此时分支系数 $K_b < 1$，短路电流的分布曲线亦示于图 2.35 中。

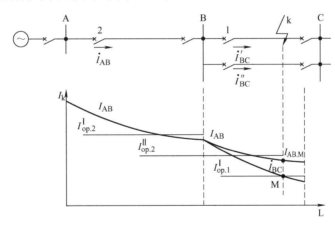

图 2.35　有外汲电流时限时电流速断保护的整定

有外汲电流影响时分析方法同有助增电流的情况，限时电流速断的启动电流仍应按式 (2.60) 整定。

当变电站母线上既有电源又有并联的线路时，其分支系数可能大于 1，也可能小于 1，此时应根据实际可能的运行方式，选取分支系数的最小整定值进行计算。对单侧电源供电的线路，实际为 $K_b = 1$ 的一种特殊情况。

2.3.5　对方向性电流保护的评价

由以上分析可见，在具有两个以上电源的网络接线中，必须采用方向性保护才有可能保证各保护之间动作的选择性。但当保护安装地点附近正方向发生三相短路时，由于母线电压降低至零，方向元件将失去判别相位的依据，不能动作，其结果将导致整套保护拒动，出现

方向保护"死区"，需要采用其他措施克服这一缺陷。

鉴于上述缺点的存在，在继电保护中应力求不用方向元件。实际上是否能取消方向元件而同时保证动作的选择性，将根据电流保护的工作情况和具体的整定计算来确定。例如：

1）对于电流速断保护，以图 2.33 中的保护 1 为例，如果反方向线路出口处短路时，由电源 $\dot{E}_2$ 供给的最大短路电流小于本保护装置的启动电流 $i'_{op.1}$，则反方向任何地点短路时，由电源 $\dot{E}_2$ 供给的短路电流都不会引起保护 1 的误动，这实际上是已经从整定值上躲开了反方向的短路，因此就可以不用方向元件。

2）对于过电流保护，一般都很难从电流的整定值躲开，而主要决定于动作时限的大小。以图 2.21 中保护 6 为例，如果其过电流保护的动作时限 $t_6 \geq t_1 + \Delta t$，其中 t_1 为保护 1 过电流保护的时限，则保护 6 就可以不用方向元件，因为当反方向线路 CD 上短路时，它能以较长的时限来保证动作的选择性。但在这种情况下，保护 1 必须具有方向元件，否则在线路 BC 上短路时，由于 $t_1 < t_6$，它将先于保护 6 而误动。由以上分析还可以看出，当 $t_1 = t_6$ 时，则保护 1 和保护 6 都需要安装方向元件。

习题及思考题

2.1 如图 2.36 所示的网络，对保护 1 进行三段式电流保护整定计算。已知 $Z_1 = 0.4\Omega/km$，$K_{rel}^{I} = 1.3$，$K_{rel}^{II} = 1.1$，$K_{rel}^{III} = 1.2$，$K_{st} = 2$，$K_{re} = 0.85$，$K_{TA} = 600/5$。

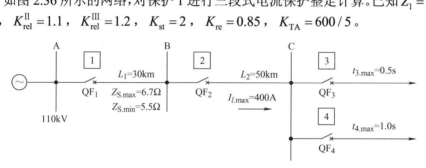

图 2.36 习题 2.1 图

2.2 在图 2.37 所示双侧电源网络中，保护 2 和保护 3 都装有 90° 接线的功率方向继电器，内角为 30°，系统及线路阻抗角均为 70°，当在保护 3 出口 k 点发生 AB 两相短路时：

(1) 写出保护 3 处功率方向继电器测量到的三相电流和电压；

(2) 用相量图分析保护 2 的 A 相和保护 3 的 B 相的功率方向继电器是否动作。

图 2.37 习题 2.2 图

2.3 为什么校验电流灵敏系数大于 1？

2.4 过电流保护的整定值为什么要考虑继电器的返回系数？而电流速断保护则不需要考虑？

2.5 相间方向电流保护中，功率方向继电器使用的内角为多少度？采用 90° 接线方式有什么优点？

2.6 应根据哪些条件确定线路相间短路电流保护最大短路电流？

2.7 何谓保护的最大和最小运行方式，确定最大最小运行方式应考虑哪些因素？

2.8 三段式电流保护各段是如何实现选择性的？为什么电流Ⅲ段的灵敏度最大？

2.9 如图 2.38 所示双电源网络，两电源最大、最小电抗分别为 $X_{\text{SA.max}}$、$X_{\text{SB.max}}$、$X_{\text{SA.min}}$、$X_{\text{SB.min}}$，线路 AB 和 BC 的电抗分别 X_{AE}、X_{BC}。当母线 C 短路时，求 AB 线路 A 侧保护最大、最小分支系数。

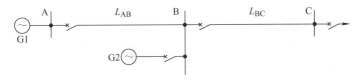

图 2.38 习题 2.9 图

第3章

输电线路接地故障的保护

3.1 电网接地故障种类及保护方法

接地故障是指导线与大地之间的不正常连接，包括单相接地故障和两相接地故障。单相接地故障是最常见的短路故障。据统计，单相接地故障占高压输电线路总故障次数的 70% 以上，占配电线路总故障次数的 80% 以上，而且绝大多数相间故障都是由单相接地故障发展而来的。单相接地故障不仅影响了用户的正常供电，而且可能产生过电压，会烧坏设备，甚至引起相间短路而扩大事故。因此，接地故障保护对于整个电力系统的安全运行至关重要。

接地故障与中性点接地方式密切相关。当中性点接地方式不同时，接地故障所表现出的故障特征和后果也完全不同，应当针对不同的接地方式采取不同的保护方法。

1. 中性点接地方式与接地故障种类

对于中性点接地方式有很多种分类方法，其中最常用的是按单相接地故障时接地电流的大小，分为大电流接地系统和小电流接地系统两类，见表 3.1。

大电流接地方式，即中性点有效接地方式，包括中性点直接接地和中性点经小电阻接地。大电流接地方式的中性点电位固定为地电位，发生单相接地故障时，非故障相电压升高不会超过 1.4 倍运行相电压；暂态过电压水平也较低；故障电流很大，继

表 3.1　中性点接地方式分类

系 统 类 型	接 地 方 式
大电流接地系统	中性点直接接地
	中性点经小电阻接地
小电流接地系统	中性点不接地
	中性点经消弧线圈接地

电保护能迅速动作于跳闸，切除故障，系统设备承受过电压时间较短。因此，大电流接地系统可使整个系统设备绝缘水平降低，从而大幅降低造价。我国 110kV 及以上的系统一般采用中性点直接接地方式。

小电流接地方式，即中性点非有效接地方式，包括中性点不接地、中性点经消弧线圈接地等。我国 35kV 以下的系统一般采用中性点不接地，30～60kV 的系统一般采用中性点经消弧线圈接地。在小电流接地系统中发生单相接地故障时，由于中性点非有效接地，故障点不会产生大的短路电流，因此允许系统短时间带故障运行。这对于减少用户停电时间、提高供电可靠性是非常有意义的。

国际上对大电流接地和小电流接地有个定量的标准。因为对接地点的零序综合电抗 $X_{0\Sigma}$ 与正序综合电抗 $X_{1\Sigma}$ 的比值 $X_{0\Sigma}/X_{1\Sigma}$ 越大，则接地点电流越小。我国规定，当 $X_{0\Sigma}/X_{1\Sigma} \geq \dfrac{4}{5}$ 时，属于小电流接地系统，否则属于大电流接地系统。有的国家把这个比例定为 3.0。

对于图 3.1 所示中性点直接接地系统，接地故障发生后，接地点与大地、中性点 N，故障相导线形成短路通路，因此故障相将有较大的短路电流流过。为了保证故障设备不损坏，断路器必须动作切除故障线路。结合单相接地故障发生的概率，这种接地方式对于用户供电的可靠性相对较低。另一方面，这种中性点接地系统发生单相接地故障时，接地相电压降低，而接地相电流增大。因此这种接地方式可以不考虑过电压问题，但是故障必须排除。

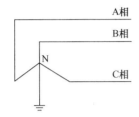

图 3.1　中性点直接接地

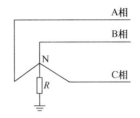

图 3.2　中性点经小电阻 R 接地

对于图 3.2 所示经小电阻接地系统，接于中性点 N 与大地之间的电阻 R 限制了接地故障电流的大小，也限制了故障后过电压的水平。接地故障发生后依然有数值较大的接地故障电流产生，断路器必须迅速切除接地线路，同时也将导致对用户的供电中断。

对于图 3.3 所示的中性点不接地系统，单相接地故障发生后，由于中性点 N 不接地，所以没有形成短路电流通路，故障相和非故障相都将流过正常负荷电流，线电压仍然保持对称。可以短时不予切除。这段时间可以用于查明故障原因并排除故障，或者进行倒负荷操作。因此该中性点接地方式对于用户的供电可靠性高，但是接地相电压将降低，非接地相电压将升高至线电压，对于电气设备绝缘造成威胁，单相接地发生后不能长期运行。事实上，对于中性点不接地系统，由于线路分布电容(电容数值不大，但容抗很大)的存在，接地故障点和导线对地电容还是能够形成电流通路的，从而有数值不大的电容性电流在导线和大地之间流通。一般情况下，这个容性电流在接地故障点将以电弧形式存在，电弧高温会损毁设备，引起附近建筑物燃烧起火，不稳定的电弧燃烧还会引起弧光过电压，造成非接地相绝缘击穿进而发展成为相间故障，导致断路器动作跳闸，中断对用户的供电。

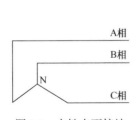

图 3.3　中性点不接地

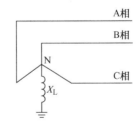

图 3.4　中性点经消弧线圈接地

对于图 3.4 所示的中性点经消弧线圈接地系统，当接地故障发生后，中性点将出现零序电压，在这个电压的作用下，将有感性电流流过消弧线圈并注入发生了接地的电力系统，从而抵消在接地点流过的电容性接地电流，消除或者减轻接地电弧电流的危害。需要说明的是，经消弧线圈补偿后，接地点将不再有容性电弧电流或者只有很小的容性电流流过；接地相电压降低，但长期接地运行依然是不允许的。针对大城市电缆供电网络规模很大的情况，当接地点电容电流太大、难以补偿时，一般采用中性点经小电阻接地。

上述四种接地故障类型是按照中性点结构区分的。实际上，接地故障点的状况也将影响接地电流的大小和性质，可按接地故障点的状况分为金属性接地和非金属性接地。所谓金属性接地，是指电线与大地直接相连，作完全无电阻接触；非金属性接地，是指电线与大地之间有电阻存在。金属性接地的故障电流很大，非金属性接地的故障电流相对较小。

2. 针对不同接地故障的保护方法

基于上述，当大电流接地系统发生接地故障后，必须快速检出并切除发生接地故障的线路，因此合适的继电保护是不可缺少的。接地故障发生后会出现零序电流，这是接地故障非常显著的特征，据此可以构造出基于零序电流和零序电压的接地保护，它甚至比用于相间故障的过电流保护和方向过电流保护更灵敏和快速。因为前者要与重负荷情况相区分，后者则没有这个问题。但是中性点经小电阻接地系统发生了高阻接地故障后，因为接地回路阻抗大、接地电流小，保护的构成较困难。

不同于大电流接地系统，小电流接地系统发生了单相接地故障后，除了出现零序电压外，接地电流普遍较小或者根本没有，故障特征不明显。比如中性点不接地的短线路(无分布电容，也无电容电流)故障、消弧线圈完全补偿的中性点接地系统发生单相接地故障等情况。这种系统发生了接地故障并不影响对于用户的正常供电，对系统的直接危害也较小。但是，当接地故障发生后，运行人员必须知道发生了接地故障以及哪条线路发生了故障。此时保护动作后只是给出报警信号而不需要跳闸，这也促进了小电流接地系统单相接地选线技术的研究和发展。

3. 变压器中性点接地的选择

在大电流接地系统中，中性点接地变压器的台数、容量及其分布情况，对电网中不同地点的零序电压和零序电流有很大影响。因此，变压器的中性点是否接地，应根据不同运行方式下电网发生接地短路时，不接地变压器中性点的电压值及绝缘水平、断路器容量(在单相接地短路情况下，当对短路点的零序综合阻抗小于正序综合阻抗时，故障相中的零序电流将大于三相短路电流)、零序电流对通信的干扰以及零序电流变化对零序保护工作的影响等因素来考虑。一般应以防止系统过电压为主，同时要求在满足保护装置特性配合的情况下，中性点直接接地变压器的数目应尽可能少，而且在系统处于各种不同运行方式下发生单相接地短路时，零序电流和电压的分布应尽可能不变。所以，应按以下原则确定中性点直接接地的变压器的台数及其分布情况：

1)在单母线运行的发电厂和高压母线上有电源联络线的变电站，变压器中性点应接地。如果有两台容量和绕组接线相同的变压器，可将其中一台中性点直接接地，如图 3.5 所示。这样，当接地的变压器检修或因其他原因断开时，可将另一台变压器中性点接地，从而使零序电流水平保持不变。在具有几台变压器的发电厂和变电站，一般可考虑两台变压器中性点直接接地。

2)在具有两台以上变压器，而且是双母线按固定联接方式运行的发电厂和高压母线有两回以上电源联络线的变电站，每组母线上至少应有一台变压器中性点直接接地。

3)在单电源网络中，终端变电站的变压器中性点一般不应接地。例如在图 3.6 中，如果变压器 T1、T2 的中性点都接地，则零序电流分两支路流经变压器 T1 和 T2。如果终端变压器 T2 不接地，当发生接地故障时，零序电流将全部从电源端变压器 T1 中性点流过，从而可提高零序电流保护的灵敏度。但当该线路上装有单相重合闸时，为使选相元件正确工作，终端变压器的中性点应该接地。

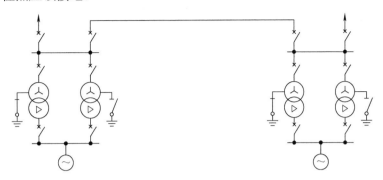

图 3.5　变压器中性点接地示意图

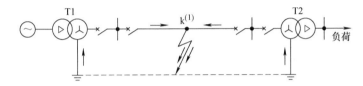

图 3.6　终端变电站变压器对接地电流的影响

4) 在多电源的网络中，每个电源至少应该有一个中性点接地，以防止中性点不接地的电源因某种原因与其他电源切断联系时，形成中性点不接地系统。例如，在图 3.7 中的 k 点发生单相接地短路，这时其他中性点接地的电源，由于零序保护动作而将断路器 1 和 4 跳开，使中性点不接地的电源 T3 成为一个孤立的中性点不接地系统，这时，非故障相对地电压将升高为相电压的 $\sqrt{3}$ 倍。如果发生的是间歇性弧光接地，将引起危险的过电压，使按中性点接地考虑的设备绝缘遭到破坏。

5) 变压器低压侧接入电源，当大接地电流电网中发生接地短路而该电源的容量能够维持

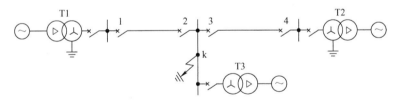

图 3.7　多电源网络中某一不接地电源附近发生接地短路的情况

接地点发生的电弧时，则变压器的中性点应该接地。如果电源的容量不足以维持接地点电弧时，则变压器的中性点允许不接地。

6) 为便于线路接地保护的配合，在低压侧没有电源的枢纽变电站，部分变压器的中性点应直接接地。

7) 接在分支线上的变电站，低压侧虽无电源，但变压器低压侧是并联运行的，为使横联差动保护正确动作，变压器的中性点应接地。

8) 对某些中性点必须接地运行的高压变压器，例如，分级绝缘的变压器和自耦变压器等，则不允许只从继电保护的观点考虑它们的中性点是否应接地，而必须按它本身的要求来确定。

3.2 大电流接地系统中接地故障的零序保护

3.2.1 零序分量的特点及测量方法

1. 零序电压、电流和功率的分布

正常运行的电力系统是三相对称的，其零序电流和电压理论上为零；多数的短路故障是三相不对称的，其故障时出现的零序电流和电压很大；利用故障的不对称性也可以找到正常与故障状态间的差别，并且这种差别是比较明显的。利用三相对称性的变化特征，可以构成反应序分量原理的各种保护。

当大电流接地系统中发生接地短路时，将出现很大的零序电压和电流，利用零序电压和电流构成接地短路的保护，具有显著的优点，被广泛应用在 110kV 及以上电压等级的电网中。

在电力系统中发生接地短路时，如图 3.8a 所示，可以利用对称分量法将电流和电压分解为正序、负序、零序分量，并利用复合序网来表示它们之间的关系。短路计算的零序等效网络如图 3.8b 所示，零序电流是由在故障点施加的零序电压产生的，它经过线路、接地变压器的接地支路(中性点接地)构成回路。零序电流的规定正方向，仍然采用由母线流向线路为正，而对零序电压的正方向，规定线路高于大地的电压为正，由上述等效网络可见，零序分量的参数具有如下特点：

(1) 零序电压

零序电源在故障点，故障点的零序电压最高，系统中距离故障点越远的地方，其零序电压越低。零序电压的分布如图 3.8c 所示。在电力系统运行方式变化时，如果送电线路和中性点接地变压器位置、数目不变，则零序阻抗和零序等效网络就是不变的。而此时，系统的正序阻抗和负序阻抗要随着运行方式而变化，正、负序阻抗的变化将引起故障点处三序电压之间分配的改变，因而间接影响零序分量的大小。

(2) 零序电流

由于零序电流是由零序电压 $\dot{U}_{k0}$ 产生的，从故障点经由线路流向大地。当忽略回路的电阻时，由按照规定的正方向画出的零序电流、电压的相量图(如图 3.8d 所示)可见，流过故障点两侧线路保护的电流 $\dot{I}'_0$ 和 $\dot{I}''_0$ 将超前 $\dot{U}_{k0}$ 90°；而当计及回路电阻时，例如取零序阻抗角为 $\varphi_{k0}=80°$，则相量图如图 3.8e 所示，$\dot{I}'_0$ 和 $\dot{I}''_0$ 将超前 $\dot{U}_{k0}$ 100°。

零序电流的分布，主要取决于送电线路的零序阻抗和中性点接地变压器的零序阻抗，而与电源的数目和位置无关，例如在图 3.8a 中，当变压器 T2 的中性点不接地时，则 $I''_0=0$。

(3) 零序功率及电压、电流相位关系

对于发生故障的线路，两端零序功率的方向与正序功率的方向相反，零序功率方向实际上都是由线路流向母线的。

从任一保护安装处的零序电压和电流之间的关系看，例如保护 1，由于 A 母线上的零序电压 $\dot{U}_{A0}$ 实际上是从该点到零序网络中性点之间零序阻抗上的电压降，因此可表示为

$$\dot{U}_{A0} = (-\dot{I}'_0)Z_{T1.0} \tag{3.1}$$

式中，$Z_{T1.0}$ 为变压器 T1 的零序阻抗。

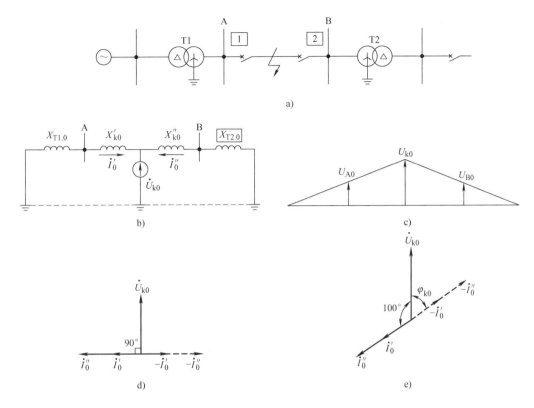

图 3.8   接地短路时的零序等效网络

a)系统接线图   b)零序网络图   c)零序电压的分布图   d)忽略电阻的相量图   e)计及电阻时的相量图(设 $\varphi_{k0} = 80°$)

该处零序电流和零序电压之间的相位差也将由 $Z_{T1.0}$ 的阻抗角决定,而与被保护线路的零序阻抗及故障点的位置无关。

用零序电流和零序电压的幅值以及它们的相位关系即可实现接地故障的零序电流和方向保护。

2. 零序电压、电流过滤器

(1)零序电压过滤器

为了取得零序电压,通常采用如图 3.9a 所示的三个单相式电压互感器或图 3.9b 所示的三相五柱式电压互感器,其一次绕组接成星形并将中性点接地,其二次绕组接成开口三角形,这样从 m、n 端子得到的输出电压为

$$\dot{U}_{mn} = \dot{U}_a + \dot{U}_b + \dot{U}_c = 3\dot{U}_0 \tag{3.2}$$

在集成电路式保护和数字式保护中,由电压形成回路取得三个相电压后,利用加法器将三个相电压相加(如图 3.9c 所示),也可以从保护装置内部获得零序电压。此外,当发电机的中性点经电压互感器(或消弧线圈)接地时,如图 3.9d 所示,从它的二次绕组中也能够取得零序电压。

实际上在正常运行和电网相间短路时,由于电压互感器的误差以及三相系统对地不完全平衡,在开口三角形侧也可能有数值不大的电压输出,此电压称为不平衡电压,以 $\dot{U}_{unb}$ 表

示。此外，当系统中存在三次谐波分量时，一般三次谐波电压是同相位的，在零序电压过滤器的输出端也有三次谐波电压输出。对反应于零序电压而动作的保护装置，应该考虑躲开它们的影响。对于微机保护而言，比较好处理这一问题，因为三次谐波与基波零序的频率不同。

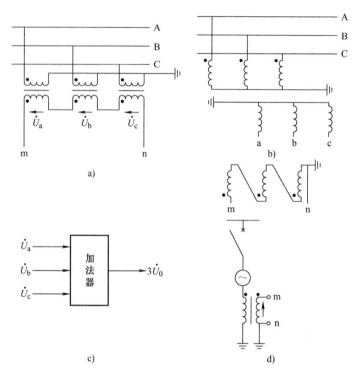

图 3.9　取得零序电压的接线图

a) 三个单相式的电压互感器　b) 三相五柱式电压互感器

c) 保护装置内部合成零序电压　d) 接于发电机中性点的电压互感器

(2) 零序电流过滤器

为了取得零序电流，通常采用三相电流互感器按图 3.10a 接线，此时流入继电器回路中的电流为

$$\dot{I}_r = \dot{I}_a + \dot{I}_b + \dot{I}_c = 3\dot{I}_0 \tag{3.3}$$

电流互感器采用三相星形联结方式，在中性线上所流过的电流就是 $3\dot{I}_0$，因此，在实际的使用中，零序电流过滤器并不需要专门的一组电流互感器，而是接入相间保护用的电流互感器的中性线上就可以了。在电子式和数字式保护装置中，也可以在形成三个相电流的回路中将电流相量相加获得零序电流。

零序电流过滤器也会产生不平衡电流，图 3.11 所示为一个电流互感器的等效电路，考虑励磁电流的影响后，二次电流和一次电流的关系应为

$$\dot{I}_2 = \frac{1}{n_{TA}}(\dot{I}_1 - \dot{I}_\mu) \tag{3.4}$$

因此，零序电流过滤器的等效电路即可用图 3.10b 来表示，此时流入继电器的电流为

$$\dot{I}_r = \dot{I}_a + \dot{I}_b + \dot{I}_c$$

$$= \frac{1}{n_{TA}}[(\dot{I}_A - \dot{I}_{\mu A}) + (\dot{I}_B - \dot{I}_{\mu B}) + (\dot{I}_C - \dot{I}_{\mu C})] \qquad (3.5)$$

$$= \frac{1}{n_{TA}}(\dot{I}_A + \dot{I}_B + \dot{I}_C) - \frac{1}{n_{TA}}(\dot{I}_{\mu A} + \dot{I}_{\mu B} + \dot{I}_{\mu C})$$

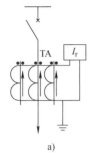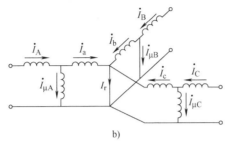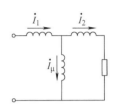

图 3.10　零序电流过滤器　　　　　　　图 3.11　电流互感器的等效电路

a)原理接线　b)等效电路

在正常运行和不接地的相间短路时，三个电流互感器一次侧电流的相量和必然为零，因此，流入继电器中的电流即为

$$\dot{I}_r = \frac{-1}{n_{TA}}(\dot{I}_{\mu A} + \dot{I}_{\mu B} + \dot{I}_{\mu C}) = \dot{I}_{unb} \qquad (3.6)$$

此 $\dot{I}_{unb}$ 称为零序电流过滤器的不平衡电流。它是由三个互感器励磁电流不相等而产生的。而励磁电流的不相等，则是由于铁心的磁化曲线不完全相同以及制造过程中的某些差别而引起的，从而造成电流互感器的稳态误差。当发生相间短路时，电流互感器一次侧流过的电流最大并且包含非周期分量，因此不平衡电流也达到最大值，用 $\dot{I}_{unb.max}$ 表示。

此外，对于采用电缆引出的送电线路，还广泛地采用了零序电流互感器的接线以获得 $3\dot{I}_0$，如图 3.12 所示。此电流互感器就套在电缆的外面，从其铁心中穿过的电缆就是电流互感器的一次绕组。

因此，互感器的一次电流是 $\dot{I}_r = \dot{I}_A + \dot{I}_B + \dot{I}_C$，只有当一次侧有零序电流时，在互感器的二次侧才有相应的 $3\dot{I}_0$ 输出，故称它为零序电流互感器。零序电流互感器和零序电流过滤器相比，主要的优点是没有不平衡电流，同时接线也更简单。

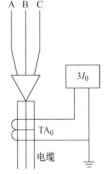

图 3.12　零序电流互感器

3.2.2　线路的阶段式零序电流保护方案

1. 零序电流速断(Ⅰ段)保护

在发生单相或两相接地短路时，也可以求出零序电流 $3\dot{I}_0$ 随线路长度 L 变化的关系曲线，然后相似于相间短路电流保护的原则，进行保护的整定计算。零序电流速断保护的整定原则如下：

(1) 躲开下级线路出口处单相或两相接地短路时可能出现的最大零序电流 $3\dot{I}_{0.\text{max}}$，引入可靠系数 $K_{\text{rel}}^{\text{I}}$（一般取为 1.2～1.3），即

$$I_{\text{op}}^{\text{I}} = K_{\text{rel}}^{\text{I}} \times 3I_{0.\text{max}} \tag{3.7}$$

(2) 躲开断路器三相触头不同期合闸时出现的最大零序电流 $3\dot{I}_{0.\text{ut}}$，引入可靠系数 $K_{\text{rel}}^{\text{I}}$，即

$$I_{\text{op}}^{\text{I}} = K_{\text{rel}}^{\text{I}} \times 3I_{0.\text{ut}} \tag{3.8}$$

如果保护装置的动作时间大于断路器三相不同期合闸的时间，则可以不考虑这一条件。

整定值应选取以上两者中较大者，但在有些情况下，如按照条件 (2) 整定将使启动电流过大而使保护范围缩小时，也可以采用在手动合闸以及三相自动合闸时，使零序 I 段保护带有一个小的延时（约 0.1s），以躲开断路器三相不同期合闸的时间，这样在定值上就无需考虑条件 (2) 了。

(3) 当线路上采用单相自动重合闸时，按能躲开在非全相运行状态下，又发生系统振荡时所出现的最大零序电流整定。

若按条件 (3) 整定，其定值较高，正常情况下发生接地故障时，保护范围又要缩小，不能充分发挥零序 I 段保护的作用。因此，为了解决这个矛盾，通常是设置两个零序 I 段保护：一个是按条件 (1) 或 (2) 整定（由于其定值较小，保护范围较大，因此称为灵敏 I 段），它的主要任务是对全相运行状态下的接地故障起保护作用，具有较大的保护范围。而当单相重合闸启动时，为防止误动，则将其自动闭锁，待恢复全相运行时才重新投入。另一个零序 I 段保护按条件 (3) 整定（称为不灵敏 I 段），用于在单相重合闸过程中，其他两相又发生接地故障时的保护，当然，不灵敏 I 段也能反应全相运行状态下的接地故障，只是其保护范围比灵敏 I 段小。

2. 零序电流限时速断 (Ⅱ段) 保护

零序 Ⅱ 段保护的工作原理与相间短路限时电流速断保护一样，其启动电流首先考虑与下级线路的零序电流速断保护范围的末端 M 点相配合，并带有高出一个 Δt 的时限，以保证动作的选择性。

当两个保护之间的变电所母线上接有中性点接地的变压器（如图 3.13a 所示）时，则由于这一分支电路的影响，将使零序电流的分布发生变化，此时的零序等效网络如图 3.13b 所示，零序电流的变化曲线如图 3.13c 所示。当线路 BC 上发生接地短路时，流过保护 1、2 的零序电流分别为 $\dot{I}_{\text{k0.BC}}$ 和 $\dot{I}_{\text{k0.AB}}$，两者之差就是从变压器 T2 中性点流回的电流 $\dot{I}_{\text{k0.T2}}$。显然可见，这种情况与有助增电流的情况相同，引入零序电流的分支系数之后，则零序 Ⅱ 段的启动电流应整定为

$$I_{\text{op.2}}^{\text{II}} = \frac{K_{\text{rel}}^{\text{II}}}{K_{0.\text{b}}} I_{\text{op.1}}^{\text{I}} \tag{3.9}$$

当变压器 T2 切除或中性点改为不接地运行时，则该支路即从零序等效网络中断开，此时 $K_{0.\text{b}} = 1$。

零序 Ⅱ 段保护的灵敏系数应按照本线路末端接地短路时的最小零序电流来校验，并应满足 $K_{\text{sen}} \geqslant 1.3$ 的要求。对于保护 2，设此电流为 $I_{\text{k.B.min}}$，则灵敏系数为

$$K_{\text{sen}} = \frac{I_{\text{k.B.min}}}{I_{\text{op.2}}^{\text{II}}} \tag{3.10}$$

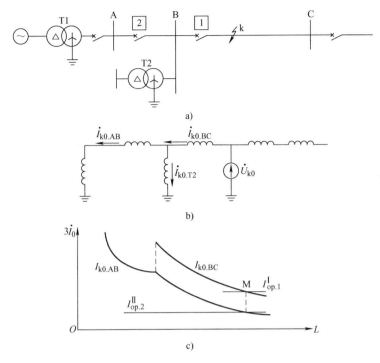

图 3.13　有分支电路时零序 II 段保护动作特性的分析

a)网络接线图　b)零序等效网络　c)零序电流变化曲线

当由于下级线路比较短或运行方式变化比较大，而不能满足对灵敏系数的要求时，除考虑与下级线路的零序 II 段保护配合外，还可以考虑用下列方式解决：

(1)用两个灵敏度不同的零序 II 段保护。保留 0.5s 的零序 II 段保护，快速切除正常运行方式和最大运行方式下线路上所发生的接地故障；同时再增加一个与下级线路零序 II 段保护配合的 II 段保护，它能保证在各种运行方式下线路上发生短路时，保护装置具有足够的灵敏系数。

(2)从电网接线的全局考虑，改用接地距离保护。

3. 零序过电流(III 段)保护

零序 III 段保护的作用相当于相间短路的过电流保护，在一般情况下是作为后备保护使用的，但在中性点直接接地系统中的终端线路上，它也可以作为主保护使用。

在零序过电流保护中，对继电器的起动电流，原则上是按照躲开在下级线路出口处相间短路时所出现的最大不平衡电流 $I_{unb.max}$ 来整定，引入可靠系数 K_{rel}^{III}，启动电流整定为

$$I_{op}^{III} = K_{rel}^{III} I_{unb.max} \tag{3.11}$$

$$I_{unb.max} = K_{ap} K_{st} K_{er} I_{k.max} / n_{CT} \tag{3.12}$$

式中，$I_{k.max}$ 为下一线路始端三相短路的最大短路电流；K_{ap} 为非周期分量系数；K_{st} 为电流互感器的同型系数，同型号取 0.5，不同型号取 1；K_{er} 为电流互感器的误差，取 0.1。

同时，还必须要求各保护之间在灵敏系数上要互相配合。

实际上，零序 III 段保护的定值很低，灵敏度很高，为了提高选择性，对零序 III 段保护的

整定计算可以按逐级配合的原则来考虑。具体讲，就是本线路零序Ⅲ段的保护范围不能超出相邻线路上零序Ⅲ段的保护范围。当两个保护之间具有分支电路时，参照图 3.14 的分析，保护装置的启动电流应整定为

$$I_{\text{op.2}}^{\text{Ⅲ}} = \frac{K_{\text{rel}}^{\text{Ⅲ}}}{K_{\text{0.b}}} I_{\text{op.1}}^{\text{Ⅲ}} \tag{3.13}$$

式中，$K_{\text{rel}}^{\text{Ⅲ}}$ 为可靠系数，一般取为 $1.1\sim1.2$；K_{0b} 为在相邻线路的零序Ⅲ段保护范围末端发生单相接地短路时，故障线路中零序电流与流过本保护装置中零序电流之比。

零序Ⅲ段保护有远后备和近后备灵敏系数，近后备的灵敏系数计算公式与式 (3.10) 相同，而作为相邻元件的远后备保护时，应按照相邻元件末端接地短路时，流过本保护的最小零序电流(应考虑分支电路使电流减小的影响)来校验。对于保护 2，设此电流为 $I_{\text{k.C.min}}$，则灵敏系数为

$$K_{\text{sen}} = \frac{I_{\text{k.C.min}}}{I_{\text{op.2}}^{\text{Ⅲ}}} \tag{3.14}$$

按上述原则整定的零序过电流保护，其启动电流一般都很小(在二次侧约为 $2\sim3$A)，因此，在本电压级网络中发生接地短路时，它都可能启动，这时，为了保证保护的选择性，各保护的动作时限也应按照阶段式电流保护的配合原则来确定。如图 3.14 所示的网络接线中，安装在受端变压器 T1 上的零序过电流保护 4 可以是瞬时动作的，因为在 Yd 联结变压器低压侧的任何故障都不能在高压侧引起零序电流，因此就无需考虑和保护 1~3 的配合关系。按照选择性的要求，保护 5 应比保护 4 高出一个时间阶段、保护 6 又应比保护 5 高出一个时间阶段。

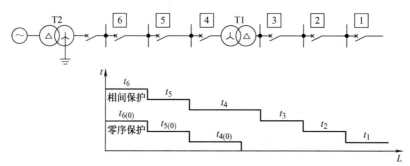

图 3.14　零序过电流保护的时限特性

为了便于比较，在图 3.14 中也绘出了相间短路过电流保护的动作时限，它是从保护 1 开始逐级配合的。由此可见，在同一线路上的零序过电流保护与相间短路的过电流保护相比，将具有较小的时限，这也是它的一个优点。

运行经验表明，在 $220\sim500$kV 的输电线路上发生单相接地故障时，往往会有较大的过渡电阻存在，当导线对位于其下面的树木等放电时，接地过渡电阻可能达到 $100\sim300\Omega$。此时通过保护装置的零序电流很小，上述零序电流保护均难以动作。为了在这种情况下能够切除故障，可考虑采用零序反时限过电流保护，继电器的启动电流可按照躲开正常运行情况下出现的不平衡电流进行整定。

3.2.3　方向性零序电流保护

1. 方向性零序电流保护原理

在双侧或多侧电源的网络中，电源处变压器的中性点一般至少有一台要接地，由于零序电流的实际流向是由故障点流向各个中性点接地的变压器，因此在变压器接地数目比较多的复杂网络中，就需要考虑零序电流保护动作的方向性问题。

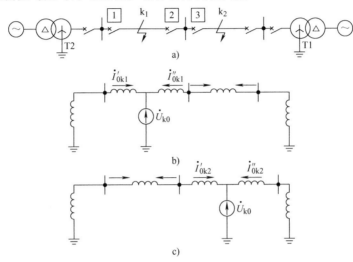

图 3.15　零序方向保护工作原理的分析

a) 网络接线　b) k_1 点短路的零序等效网络　c) k_2 点短路的零序等效网络

图 3.15a 所示的网络，两侧电源处的变压器中性点均直接接地，这样当 k_1 点短路时，其零序等效网络和零序电流分布如图 3.15b 所示，按照选择性的要求，应该由保护 1、2 动作切除故障，但是零序电流 $\dot{I}''_{0k1}$ 流过保护 3 时，就可能引起它的误动作；同样当 k_2 点短路时，其零序等效网络和零序电流分布如图 3.15c 所示，零序电流 $\dot{I}'_{0k2}$ 又可能使保护 2 误动作。此情况必须在零序电流保护中增加功率方向元件，利用正方向和反方向故障时，零序功率方向的差别，来闭锁可能误动作的保护，才能保证动作的选择性。

2. 零序功率方向元件

如图 3.16 所示，零序功率方向元件接于零序电压 $3\dot{U}_0$ 和零序电流 $3\dot{I}_0$ 上，反应于零序功率的方向而动作，其动作原理与实现方法同前述的功率方向元件。对于发生故障的线路，两端零序功率的方向与正序功率的方向相反，零序功率方向实际上都是由线路流向母线的。

其动作判据方程为

$$\mathrm{Re}[3\dot{U}_0 \cdot 3\dot{I}_0 \cdot \mathrm{e}^{-\mathrm{j}\varphi_{\mathrm{sen}}}] > 0 \tag{3.15}$$

式中，φ_{sen} 为最大灵敏角；Re [] 表示取相量的实部。

零序功率方向元件的动作特性如下：

当零序功率的方向由线路指向母线且 $\varphi_{\mathrm{sen}} = 70°$ 时，零序功率方向元件的动作特性如图 3.17 所示；当零序功率的方向由母线指向线路且 $\varphi_{\mathrm{sen}} = -110°$ 时，零序功率方向元件的动作特性如图 3.18 所示。

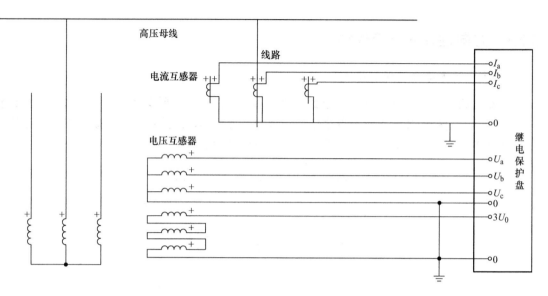

图 3.16　功率流向与接入保护装置的极性问题

图 3.17　功率方向由线路指向母线的动作区(阴影侧)　图 3.18　功率方向由母线指向线路的动作区(阴影侧)

需要注意的是，当保护范围内部故障时，按规定的电流、电压正方向看，$3\dot{i}_0$ 超前于 $3\dot{U}_0$ 为 $95°\sim110°$（φ_{sen} 为 $-110°\sim-95°$），对应于保护安装地点背后(即本保护的线路反方向)的零序阻抗角为 $85°\sim70°$ 的情况，继电器此时应正确动作，并应工作在最灵敏的条件之下。

由于越靠近故障点处零序电压越高，因此零序方向元件没有电压死区。相反地，当故障点距保护安装地点越远时，由于保护安装处的零序电压较低，零序电流较小，必须校验方向元件在这种情况下的灵敏系数。例如，当零序保护作为相邻元件的后备保护时，即采用相邻元件末端短路时，在本保护安装处的最小零序电流、电压或功率(经电流、电压互感器转换到二次侧的数值)与功率方向继电器的最小启动电流、电压或启动功率之比来计算灵敏系数，并要求 $K_{sen} \geqslant 1.5$。

3.2.4　零序反时限过电流保护

1. 高阻接地故障

高阻接地故障是指电力线路通过非金属性导电介质所发生的接地故障，这些介质包括道路、土壤、树枝或者水泥建筑物等。其主要特点是非金属导电介质呈现高电阻特征，导致接地故障电流很小，而且故障呈现电弧性、间歇性、瞬时性特点，普通的零序电流保护难以检测。

高阻接地故障可以发生在各个电压等级的架空线路和电缆线路中。在 $220\sim500kV$ 的高压线路上发生单相接地故障时，往往会有较大的过渡电阻存在，当导线对位于其下面的树木等放电时，接地过渡电阻可能达到 $100\sim300\Omega$。同样，该问题也出现在 6～35kV 中性点不接地、中性点经消弧线圈接地、中性点经小电阻接地的配电系统中。

经小电阻接地系统中发生接地故障时，中性点电阻限制了接地电流，这个电阻表现在中性点对地支路上，串联在中性点接地回路中，使得接地故障电流变小。经小电阻接地系统发生接地故障和高阻接地故障具有类似的故障特征，因为不管是中性点电阻还是接地点的高电阻均使得接地电流减小，二者共同存在时接地电流更小。因此本节不加区别地一并予以讨论。

尽管接地电流很小，但仍是故障。对于大电流接地系统，此故障必须尽快清除；对于小电流接地系统，保护必须给出接地告警信号。

目前，针对高阻接地故障的保护主要有以下三种：

1）零序反时限过电流保护：它通过降低保护动作定值而检测微弱的零序电流，保护的选择性和可靠性通过长动作时间来保证。

2）基于三次谐波电流或者三次谐波电流对系统电压相位所构成的保护：因为过渡电阻、电弧等的非线性会引入三次谐波，检测三次电流谐波的幅值及相位关系可以构成接地保护。

3）利用采样值突变量的保护：该保护检测高阻故障引起的高频扰动，依据是高阻故障电弧会产生高频分量。

2. 零序反时限过电流保护

零序电流保护反时限特性采用 IEC 非常反时限特性曲线，继电器的动作时间方程为

$$t = \frac{13.5t_{\text{p}}}{\left(\dfrac{I_{\text{k}}}{I_{\text{op}}^{\text{III}}}\right)-1} \tag{3.16}$$

式中，t_{p} 为零序过流Ⅲ段保护的动作时限；I_{k} 为流入继电器的零序故障电流；$I_{\text{op}}^{\text{III}}$ 为零序过电流（Ⅲ段）保护的整定值。

由于启动电流整定得很小，因此在区外相间短路出现较大的不平衡电流以及本线路单相断开后的非全相运行过程中，继电器均可能起动，此时主要靠整定较大的时限来保证选择性，防止误动作。也可以利用此保护切除长期存在的不允许的非全相运行线路。

3.3 小电流接地系统中单相接地故障的保护

在小电流接地系统中发生单相接地时，由于故障点的电流很小，而且三相之间的线电压仍然保持对称，对负荷的供电没有影响，在故障不扩大的情况下，运行一段时间也是可以的。但是，在单相接地以后，其他两相的对地电压要升高 $\sqrt{3}$ 倍。为了防止故障进一步扩大成两点或多点接地短路，还是应该动作于跳闸，特别是对配电网供电可靠性要求越来越高的今天，更是应该如此。

因此，在小电流接地系统中发生单相接地故障时，一般只要求继电保护能有选择性地发出信号，而不必跳闸。但当单相接地威胁到人身安全和设备安全时，则应动作于跳闸。

3.3.1 中性点不直接接地系统中单相接地故障的特点

如图 3.19 所示的最简单的网络接线，在正常运行情况下，三相对地有相同的电容 C_0。忽略发电机对地电容，在相电压的作用下，每相都有一超前于相电压 90° 的电容电流流入地

中，而三相电流之和等于零。假设在 A 相发生了单相接地，则 A 相对地电压变为零，对地电容被短接，而其他两相的对地电压升高 $\sqrt{3}$ 倍，对地电容电流也相应地增大 $\sqrt{3}$ 倍，相量关系如图 3.19 所示。

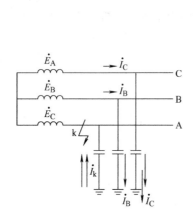 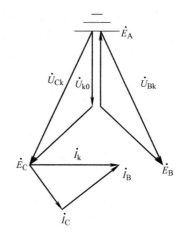

图 3.19　中性点不接地网络接线示意图　　　　图 3.20　A 相接地时的相量图

在 A 相接地时，由于三相线电压和三相负荷电流仍然对称，相对于故障前没有变化，因此只分析其对地关系的变化。在 A 相接地以后，忽略负荷电流和电容电流在线路阻抗上产生的电压降，在故障点处各相对地的电压为

$$\left.\begin{array}{r}\dot{U}_{\mathrm{Ak}}=0\\\dot{U}_{\mathrm{Bk}}=\dot{E}_{\mathrm{B}}-\dot{E}_{\mathrm{A}}=\sqrt{3}\dot{E}_{\mathrm{A}}\mathrm{e}^{-\mathrm{j}150^{\circ}}\\\dot{U}_{\mathrm{Ck}}=\dot{E}_{\mathrm{C}}-\dot{E}_{\mathrm{A}}=\sqrt{3}\dot{E}_{\mathrm{A}}\mathrm{e}^{\mathrm{j}150^{\circ}}\end{array}\right\} \tag{3.17}$$

故障点 k 的零序电压为

$$\dot{U}_{\mathrm{k0}}=\frac{1}{3}(\dot{U}_{\mathrm{Ak}}+\dot{U}_{\mathrm{Bk}}+\dot{U}_{\mathrm{Ck}})=-\dot{E}_{\mathrm{A}} \tag{3.18}$$

在非故障相中流向故障点的电容电流为

$$\left.\begin{array}{l}\dot{I}_{\mathrm{B}}=\dot{U}_{\mathrm{Bk}}\mathrm{j}\omega C_{0}\\\dot{I}_{\mathrm{C}}=\dot{U}_{\mathrm{Ck}}\mathrm{j}\omega C_{0}\end{array}\right\} \tag{3.19}$$

其有效值为 $I_{\mathrm{B}}=I_{\mathrm{C}}=\sqrt{3}U_{\varphi}\omega C_{0}$，式中 U_{φ} 为相电压的有效值。

此时，从接地点流回的电流为：$\dot{I}_{\mathrm{k}}=\dot{I}_{\mathrm{B}}+\dot{I}_{\mathrm{C}}$，由图 3.20 可见，其有效值为：$I_{\mathrm{k}}=3U_{\varphi}\omega C_{0}$，即正常运行时，三相对地电容电流的算术和。

当网络中有发电机 G 和多条线路存在时（见图 3.21），每台发电机和每条线路对地均有电容存在，设以 $C_{0\mathrm{G}}$、$C_{0\mathrm{I}}$、$C_{0\mathrm{II}}$ 等集中的电容来表示，当线路 II 的 A 相接地后，如果忽略负荷电流和电容电流在线路阻抗上的电压降，则全系统 A 相对地的电压均等于零，因而各元件 A 相对地的电容电流也等于零，同时，B 相和 C 相的对地电压和电容电流也都升高 $\sqrt{3}$ 倍，仍可用式 (3.22) 的关系来表示，在这种情况下的电容电流分布，在图 3.21 中用 "→" 表示。

由图 3.21 可见，在非故障的线路 I 上，A 相电流为零，B 相和 C 相中流有本身的电容电流，因此，在线路始端所反映的零序电流为

$$3\dot{I}_{0I} = \dot{I}_{BI} + \dot{I}_{CI}$$

其有效值为

$$3I_{0I} = 3U_{\varphi}\omega C_{0I} \tag{3.20}$$

即零序电流为线路 I 本身的电容电流，电容性无功功率的方向为由母线流向线路。当电网中的线路很多时，上述结论适用于每一条非故障线路。

在发电机上，首先有它本身的 B 相和 C 相的对地电容电流 $\dot{I}_{BG}$ 和 $\dot{I}_{CG}$；但是，由于它还是产生其他电

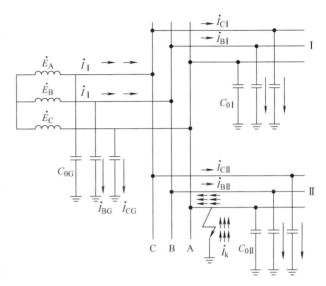

图 3.21　单相接地故障时三相系统的电容电流分布图

容电流的电源，因此，从 A 相中要流回从故障点流入的全部电容电流，而在 B 相和 C 相中又要分别流出各线路上同名相的对地电容电流。此时，从发电机出线端所反映的零序电流仍为三相电流之和。由图 3.21 可见，各线路的电容电流由于从 A 相流入后又分别从 B、C 相流出，因此，相加后互相抵消，而只剩下发电机本身的电容电流：

$$3\dot{I}_{0G} = \dot{I}_{BG} + \dot{I}_{CG} \tag{3.21}$$

其有效值为

$$3I_{0G} = 3U_{\varphi}\omega C_{0G} \tag{3.22}$$

即零序电流为发电机本身的电容电流，其电容性无功功率的方向为母线流向发电机，这个特点与非故障线路一样。

对于故障线路 II，在 B、C 相上与非故障线路一样，不仅有它本身的电容电流 I_{BII} 和 I_{CII}，而且在接地点要流回全系统 B 相和 C 相对地电容电流总和，其值为

$$\dot{I}_k = (\dot{I}_{BI} + \dot{I}_{CI}) + (\dot{I}_{BII} + \dot{I}_{CII}) + (\dot{I}_{BG} + \dot{I}_{CG}) \tag{3.23}$$

有效值为

$$I_k = 3U_{\varphi}\omega(C_{0I} + C_{0II} + C_{0G}) = 3U_{\varphi}\omega C_{0\Sigma} \tag{3.24}$$

式中，$C_{0\Sigma}$ 为全系统每相对地电容的总和。

此电流要从 A 相流回去，因此，从 A 相流出的电流可表示为：$\dot{I}_{AII} = -\dot{I}_k$，这样，在线路 II 始端所流过的零序电流就为

$$3\dot{I}_{0II} = \dot{I}_{AII} + \dot{I}_{BII} + \dot{I}_{CII} = -(\dot{I}_{BI} + \dot{I}_{CI} + \dot{I}_{BG} + \dot{I}_{CG}) \tag{3.25}$$

其有效值为

$$3I_{0II} = 3U_{\varphi}(C_{0\Sigma} - C_{0II})\omega \tag{3.26}$$

由此可见，由故障线路流向母线的零序电流，其数值等于全系统非故障元件对地电容电流的总和，其电容性无功功率的方向为由线路流向母线，正好与非故障线路的情况相反。

由上述分析结果可以作出单相接地时的零序等效网络，如图 3.22a 所示，在接地点有一个零序电压 U_{k0}，而零序电流的回路是通过各个元件的对地电容构成的。由于送电线路的阻抗远小于电容的阻抗，因此可以忽略不计，在小电流接地系统中的零序电流就是各元件的对地电容电流，其相量关系如图 3.22b 所示(图中 $\dot{I}_{0II}$ 表示线路 II 本身的零序电容电流)，这与大电流接地系统完全不同。

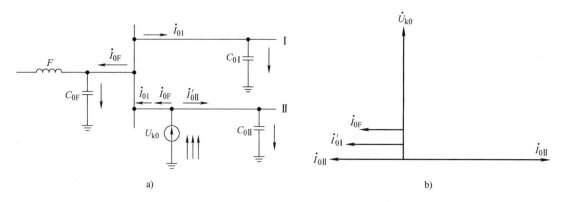

图 3.22　单相接地故障时的零序等效网络及相量图

a)等效网络　b)相量图

对于中性点不直接接地系统中的单相接地故障，利用零序等效网络来帮助分析就很容易计算出零序电流的大小了，现总结如下：

1)发生单相接地时，全系统都将出现零序电压。

2)在非故障线路上有零序电流，其数值等于本身的对地电容电流，电容性无功功率的实际方向为母线流向线路。

3)在故障线路上，零序电流为全系统非故障元件对地电容电流的总和，电容性无功功率的实际方向为线路流向母线。

3.3.2　中性点经消弧线圈接地系统中单相接地故障的特点

根据以上分析，当中性点不接地系统中发生单相接地时，在接地点要流过全系统的对地电容电流，如果此电流比较大，就会在接地点燃起电弧，引起弧光过电压，使非故障相的对地电压进一步升高，导致绝缘损坏，形成两点或多点接地短路，造成停电事故。为解决此问题，通常在中性点接入一电感线圈，如图 3.23 所示。当单相接地发生时，在接地点就有一个电感分量的电流流过，此电流和原系统中的电容电流相抵消，就可以减少流经故障点的电流，因此称它为消弧线圈。

当 35kV 电网发生单相接地故障时，流过故障点的零序电容电流总和大于 10A，10kV 电网大于 20A 和 3～6kV 电网大于 30A 时，电源中性点应采用消弧线圈接地。

当采用消弧线圈接地后，在系统发生单相接地故障时，零序电容电流的分布与未接消弧线圈时相同，其不同点在于，当系统出现零序电压时，消弧线圈中有一感应电流 $\dot{I}_L$ 流过，流过接地点的电流变成电感电流和电容电流的相量和，即

$$\dot{I}_k = \dot{I}_L + \dot{I}_{C\Sigma} \qquad (3.27)$$

式中，$\dot{I}_{C\Sigma}$ 为全系统的对地电容电流；

$\dot{I}_L$ 为消弧线圈的电流，$\dot{I}_L = \dfrac{-\dot{E}_A}{\mathrm{j}\omega L}$，其

中 L 为线圈的电感。

因为电感电流与电容电流的方向相反，故 $\dot{I}_L$ 实际上是起"补偿作用"，从而减小接地电流。根据 $\dot{I}_L$ 对电容电流的补偿程度可分为三种补偿方式：

(1) 完全补偿($I_L = I_{C\Sigma}$)

由于 $I_k = \dot{I}_L + \dot{I}_{C\Sigma} = 0$，实质上构成了串联谐振条件，如果三相对地电容不相等，则在正常情况下系

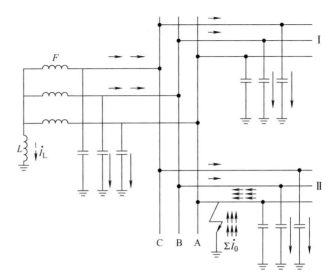

图 3.23　消弧线圈接地电网中单相接地时的电流分布

统中由于中性点电压偏移或者在断路器三相不同期合闸而出现零序电压 U_0 时，会在串联谐振回路中产生很大电流及异常高的电压，造成系统损坏。因此，一般不采用完全补偿方式。

(2) 欠补偿($I_L < I_{C\Sigma}$)

接地电流 $I_k > 0$，仍是一种容性状态，当系统运行方式变化(例如，切除部分线路时，随着 $C_{0\Sigma}$ 的减少，系统又可能陷入上述完全补偿的状态，这也不宜采用。

(3) 过补偿($I_L > I_{C\Sigma}$)

实际上，常用的是过补偿方式，即此时接地电流呈感性，这种方式不会导致串联谐振的发生。

对电容电流的补偿程度通常用补偿度 P 来表示：

$$P = \frac{I_L - I_{C\Sigma}}{I_{C\Sigma}} \times 100\% \qquad (3.28)$$

一般 P 取 5%～10%，而以不大于 10%为宜。

由于在经消弧线圈接地的系统中，采用了过补偿的方式，流经故障线路和非故障线路保护安装处的零序电流都是本线路的电容电流，其方向均为母线指向线路，如图 3.24 所示。其大小差异也不大，因此，也很难像中性点不接地系统那样，利用零序电流大小的不同来找出故障线路。在这种系统中，主要依靠零序电压的监视来检测接地故障，而利用稳态高次谐波分量或暂态零序电流原理保护，此处不详细介绍。

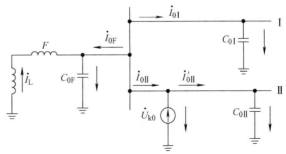

图 3.24　经消弧线圈接地的系统零序等效网络

3.3.3 中性点不接地系统中的单相接地保护

根据网络接线的具体情况,可利用以下方式来构成单相接地保护。

(1)无选择性绝缘监视装置

在发电厂和变电所的母线上,一般装设配电网单相接地的监视装置,它利用接地后出现的零序电压,带延时动作于信号。因此,可用一过电压继电器接于三相五柱式电压互感器的开口三角形侧,如图 3.25 所示。

只要本网络中发生单相接地故障,则在同一电压等级的所有发电厂和变电所的母线上都将出现零序电压,因此,这种方法给出的信号是没有选择性的,要想选出故障线路,还需要运行人员依次短时断开每条线路,并继之以自动重合闸,将断开线路投入;当断开某条线路时,零序电压信号消失,即表明故障在该线路上。

(2)零序电流保护

利用故障线路零序电流较非故障线路更大的特点,来实现有选择性的发出信号或动作于跳闸。

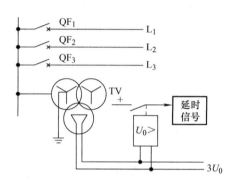

图 3.25 中性点不接地系统中的绝缘监视装置

这种保护一般使用在有条件安装零序电流互感器的线路上(如电缆线路或经电缆引出的架空线路),或当单相接地电流较大,足以克服零序电流过滤器中的不平衡电流的影响时,保护装置也可以接于三个电流互感器构成的零序回路中。

在经消弧线圈接地的系统中,已无法用稳态情况下的零序电流或功率方向来实现有选择性的接地保护。因此,长期以来,这一直是人们探索研究的一个课题。近年来随着微机在电力系统及其自动化和继电保护领域的广泛应用,也使这个难题的解决取得了一些成果。有利用故障时电压电流中五次谐波的零序分量构成保护,有利用接地检测消弧线圈中有功功率的方法构成保护,还有利用过渡过程中的小波变换方法构成接地选线的保护等。但还没有一种完善、动作可靠、易实现的保护。

习题及思考题

3.1 单电源 35kV 以下的线路用三段式电流保护,为什么不用零序电流保护?

3.2 中性点直接接地系统中用阶段式零序电流保护时,能反应相间短路、三相短路吗?

3.3 相间短路和三相短路时零序电流为零,零序保护应该动作吗?

3.4 110kV 及以上的线路为什么不能用三段式电流保护?

3.5 零序电流保护比相间短路电流保护的优点是什么?

3.6 接地电流系统为什么不利用三相相间电流保护兼做零序电流保护,而要单独采用零序电流保护?

3.7 零序电流保护的整定值为什么不需要避开负荷电流?

3.8 如图 3.26 所示中性点直接接地电网电流保护原理接线图,已知正常时线路上流过一次负荷电流450A，电流互感器的电流比为 600/5，零序电流继电器的动作电流为 $I_{0,op} = 3.5A$，问：

(1) 正常运行时，若 TA 的一相极性接反（如图），保护会不会误动作？为什么？

(2) 如 TA 的一相断线，保护会不会误动作，为什么？

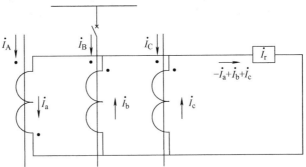

图 3.26　题 3.8 图

3.9　如图 3.27 所示，线路正序阻抗为 0.4Ω/km，零序阻抗为 1.4Ω/km；变压器 T1 和 T2 容量均为 31.5MVA，电压比为 110/6.6，短路电压百分值为 $U_k\% = 10.5$。试计算线路 AB 的零序电流第 I、II、III 段的启动电流和动作时间，并校验 II 段和 III 段灵敏度。（已知线路采用三相一次重合闸，且 $K_{rel}^{I} = 1.25$，$K_{rel}^{II} = 1.15$，$K_{rel}^{III} = 1.25$，$K_{st} = 0.5$，$K_{ap} = 1.5$，$K_{er} = 0.1$；要求 II 段保护的灵敏度不小于 1.25，III 段保护作为本线路后备保护时灵敏度不小于 1.5，作为相邻下一线路后备保护时灵敏度不小于 1.2）

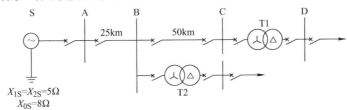

图 3.27　题 3.9 图

3.10　如图 3.28 所示系统，已知 $E_A = E_D = 110/\sqrt{3}kV$；线路参数为 $X_1 = X_2 = 0.4Ω/km$，$X_0 = 1.4Ω/km$；可靠系数 $K_{rel}^{I} = 1.25$，$K_{rel}^{II} = 1.15$；其他参数如图 3.28 所示。试确定线路 AB 上 A 侧零序电流保护第 II 段定值。

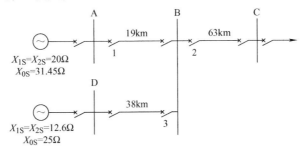

图 3.28　题 3.10 图

第4章

输电线路的距离（阻抗）保护

4.1 距离保护的基本原理

4.1.1 基本工作原理

电流、电压保护的主要优点是简单、可靠、经济，但它们的灵敏性受系统运行方式变化的影响较大，特别是在重负荷、长距离、电压等级高的复杂网络中，很难满足选择性、灵敏性以及快速切除故障的要求，为此，必须采用性能完善的保护装置，因而就引入了"距离保护"。

距离保护是反映故障点至保护安装地点之间的距离（或阻抗），并根据距离的远近而确定动作时间的一种保护装置。该装置的主要元件为距离（阻抗）继电器，它可根据其端子所加的电压和电流测知保护安装处至短路点间的阻抗值，此阻抗称为阻抗继电器的测量阻抗。其主要特点是：短路点距离保护安装点越近，其测量阻抗越小；相反地，短路点距离保护安装点越远，其测量阻抗越大，动作时间就越长。这样就可保证有选择地切除故障线路。如图 4.1 所示，k 点短路时，保护 1 的测量阻抗是 Z_k，保护 2 的测量阻抗是 $(Z_{AB} + Z_k)$。由于保护 1 距短路点较近，而保护 2 距短路点较远，所以，保护 1 的动作时间就比保护 2 的短。这样故障就由保护 1 动作切除，不会引起保护 2 的误动作。这种选择性的配合是靠适当地选择各保护的整定阻抗值和动作时限来完成的。

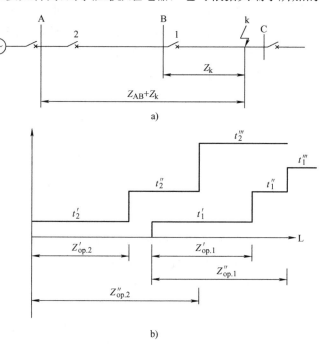

图 4.1 距离保护的基本原理

4.1.2 距离保护的主要组成元件

在一般情况下，距离保护装置由以下回路组成。图 4.2 为三段式距离保护的简化逻辑框图。

需要说明的是，在微机距离保护中，电流、电压以及故障距离的测量和计算功能是由软件算法实现的。这时传统意义上的"元件"或"继电器"已不存在，但为了叙述方便，仍然把实现这些功能算法的软件模块称为阻抗继电器或阻抗元件。

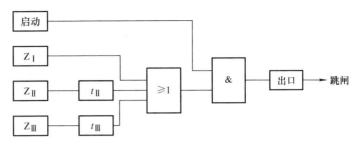

图 4.2　三段式距离保护的逻辑框图

1. 启动回路

启动回路主要由启动元件组成，其主要作用是在发生故障的瞬间启动整套保护，并和距离元件动作后组成与门，之后动作于跳闸，以提高保护装置的可靠性。启动元件可由过电流继电器、低阻抗继电器或反应于负序和零序电流的继电器构成。具体选用哪一种，应由被保护线路的情况确定。

2. 测量回路(Z_I、Z_{II} 和 Z_{III})

测量回路的 I 段和 II 段由阻抗继电器 Z_I 和 Z_{II} 组成，而第 III 段由测量阻抗继电器 Z_{III} 组成。测量回路是测量短路点到保护安装处的距离，用以判断故障处于哪一段保护范围。

3. 逻辑回路

逻辑回路主要由门电路和时间电路组成。门电路包括与门和或门，时间电路主要由 t_{II} 和 t_{III} 两个时间继电器构成。时间继电器的主要作用是按照故障点到保护安装地点的远近，根据预定的时限特性确定动作的时限，以保证保护动作的选择性。

4. 其他部分

辅助相电流元件：接于相电流，作为辅助启动元件之用。重合闸后加速回路：瞬时加速 I 段或 II 段。执行元件：出口、信号、切换等其他功能。振荡闭锁元件：在电力系统发生振荡时，电压、电流幅值周期性变化，有可能导致距离保护误动作，为防止保护误动作，设置此元件，要求该元件准确判别系统振荡，并将保护闭锁。

从图 4.2 可以看出，当发生故障时，启动元件动作，如果故障位于第 I 段范围内，则 Z_I 动作，并与启动元件的输出信号通过与门，瞬时作用于出口回路，动作于跳闸；如果故障位于距离 II 段保护范围内，则 Z_I 不动而 Z_{II} 动作，随即启动 II 段的时间元件 t_{II}，待 t_{II} 延时到达后，也通过与门启动出口回路动作于跳闸；如果故障位于距离 III 段保护范围以内，则 Z_{III} 动作，启动时间元件 t_{III}，在 t_{III} 的延时之内；如果故障未被其他的保护动作切除，则在 t_{III} 延时到达后，仍通过与门和出口回路动作于跳闸，起到后备保护的作用。

4.2　阻抗继电器的参数和动作特性

阻抗继电器是距离保护装置的核心元件，其主要作用是测量短路点到保护安装地点之间的阻抗，并与整定阻抗值进行比较，以确定保护是否应该动作。

阻抗继电器可按以下不同方法分类：

根据其构造原理的不同，分为电磁型、感应型、整流型、晶体管型、集成电路型和微机型等，目前使用的均为微机型。

根据其比较原理的不同，分为幅值比较式和相位比较式两大类。

根据其输入量的不同，分为单相式和多相式两种。

所谓单相式阻抗继电器是指加入继电器的只有一个电压 $\dot{U}_r$（可以是相电压或线电压）和一个电流 $\dot{I}_r$（可以是相电流或两相电流之差）的阻抗继电器。$\dot{U}_r$ 和 $\dot{I}_r$ 的比值称为继电器的测量阻抗 Z_r，即

$$Z_r = \frac{\dot{U}_r}{\dot{I}_r} \tag{4.1}$$

由于 Z_r 可以写成 $R+jX$ 的复数形式，所以就可以利用复数平面来分析这种继电器的动作特性，并用一定的几何图形把它表示出来，如图 4.3 所示。

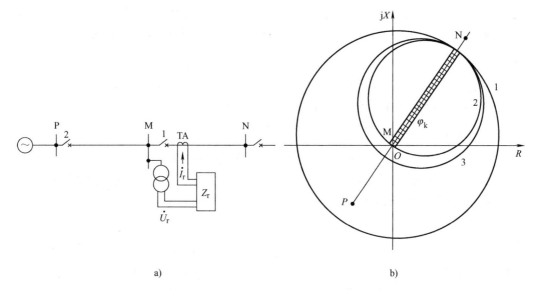

图 4.3　在阻抗平面上分析阻抗继电器特性

a) 网络接线　b) 被保护线路的测量阻抗及动作特性

多相补偿式阻抗继电器是一种多相式继电器，加入继电器的是几个相的电流和几个相的补偿后电压，它的主要优点是可反映不同相别组合的相间或接地短路，但由于加入继电器的不是单一的电压和电流，因此就不能利用测量阻抗的概念来分析它的特性，而必须结合给定的系统、给定的短路点和给定的故障类型对其动作特性进行具体分析。

本书只针对单相式阻抗继电器进行讨论。

4.2.1　阻抗继电器的基本原则

以图 4.3a 中线路 MN 的保护 1 为例，将阻抗继电器的测量阻抗画在复数阻抗平面上，如图 4.3b 所示。线路的始端 M 位于坐标的原点，正方向线路的测量阻抗在第一象限，反方向线路的测量阻抗则在第三象限，正方向线路测量阻抗与 R 轴之间的角度为线路 MN 的阻抗角 φ_k。对保护 1 的距离 I 段，启动阻抗应整定为 $Z'_{kZ.1} = 0.85Z_{MN}$，阻抗继电器的启动特性就应包括 $0.85Z_{MN}$ 以内的阻抗，可用图 4.3b 中阴影线所覆盖的范围表示。

由于阻抗继电器都是接于电流互感器和电压互感器的二次侧，其测量阻抗与系统一次侧

的阻抗之间存在下列关系:

$$Z_r = \frac{U_r}{I_r} = \frac{\dfrac{U_M}{n_{TV}}}{\dfrac{I_{MN}}{n_{TA}}} = \frac{U_M}{I_{MN}} \frac{n_{TA}}{n_{TV}} = Z_K \frac{n_{TA}}{n_{TV}} \qquad (4.2)$$

式中,U_M 为加于保护装置的一次侧电压,即母线 M 的电压;I_{MN} 为接入保护装置的一次电流,即从 M 流向 N 的电流;n_{TV} 为电压互感器的电压比;n_{TA} 为线路 MN 上电流互感器的电流比;Z_k 为一次侧的测量阻抗。

如果保护装置的一次侧整定阻抗经计算以后为 Z'_{op},则按式(4.2),继电器的整定阻抗应该为

$$Z_{op} = Z'_{op} \frac{n_{TA}}{n_{TV}} \qquad (4.3)$$

为了能消除过渡电阻以及互感器误差的影响,通常把阻抗继电器的动作特性扩大为一个圆。如图 4.3b 所示,其中 1 为全阻继电器的动作特性,2 为方向阻抗继电器的动作特性,3 为偏移特性的阻抗继电器的动作特性。此外,还有动作特性为透镜形、多边形阻抗继电器等。

4.2.2 对接线方式的基本要求

根据距离保护的工作原理,加入继电器的电压 $\dot{U}_r$ 和电流 $\dot{I}_r$,应满足以下要求:

1)继电器的测量阻抗正比于短路点到保护安装地点之间的距离;

2)继电器的测量阻抗应与故障类型无关,也就是保护范围不随故障类型而变化。

在单相系统中,测量电压 $\dot{U}_r$ 取保护安装处的电压,测量电流 $\dot{I}_r$ 取被保护元件中的电流,系统金属性短路时两者之间的关系为

$$\dot{U}_r = \dot{I}_r Z_r = \dot{I}_r Z_k = \dot{I}_r z_1 L_k \qquad (4.4)$$

式(4.4)是距离保护能够用测量阻抗来正确表示故障距离的前提条件,即测量电压、测量电流之间满足该式时,测量阻抗能正确地反应故障的距离。式中 z_1 为线路的单位正序阻抗,L_k 为故障点至保护安装处的距离。

在三相系统的情况下,可能发生多种不同短路类型的故障。在各种不对称短路时,各相的电压、电流都不再简单地满足式(4.4),需要在故障中寻找满足式(4.4)的电压、电流接入保护装置,以构成在三相系统中可以使用的距离保护装置。

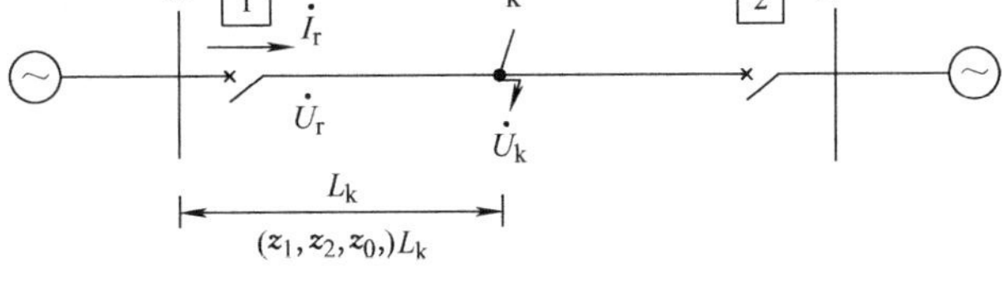

现以图 4.4 所示网络中 k 点发生短路故障时的情况为例,对此问题进行分析讨论。按照对称分量法,可以求出 M 母线上各相的电压为

图 4.4 故障网络图

$$\begin{aligned}
\dot{U}_A &= \dot{U}_{kA} + \dot{I}_{A1} z_1 L_k + \dot{I}_{A2} z_2 L_k + \dot{I}_{A0} z_0 L_k \\
&= \dot{U}_{kA} + \left[(\dot{I}_{A1} + \dot{I}_{A2} + \dot{I}_{A0}) + 3\dot{I}_{A0} \frac{z_0 - z_1}{3z_1} \right] z_1 L_k \\
&= \dot{U}_{kA} + (\dot{I}_A + K \times 3\dot{I}_0) z_1 L_k
\end{aligned} \qquad (4.5)$$

$$\dot{U}_B = \dot{U}_{kB} + (\dot{I}_B + K \times 3\dot{I}_0)z_1 L_k \tag{4.6}$$

$$\dot{U}_C = \dot{U}_{kC} + (\dot{I}_C + K \times 3\dot{I}_0)z_1 L_k \tag{4.7}$$

式中，$\dot{U}_{kA}$、$\dot{U}_{kB}$、$\dot{U}_{kC}$ 分别为故障点 k 处的 A、B、C 三相电压；$\dot{I}_A$、$\dot{I}_B$、$\dot{I}_C$ 分别为流过保护安装处的三相电流；$\dot{I}_{A1}$、$\dot{I}_{A2}$、$\dot{I}_{A0}$ 分别为流过保护安装处的 A 相正序、负序、零序电流；z_1、z_2、z_0 分别为被保护线路单位长度的正序、负序、零序阻抗，在一般情况下可以假设 $z_1 = z_2$；K 为零序电流补偿系数，$K = \dfrac{z_0 - z_1}{3z_1}$，可以是复数。

对于不同类型和相别的短路，故障点的边界条件是不同的。下面就几种故障情况分别进行讨论。

1. 单相接地短路（$k^{(1)}$）

以 A 相单相短路接地故障为例进行分析。在 A 相金属性接地短路的情况下，$\dot{U}_{kA} = 0$，式(4.5)变为

$$\dot{U}_A = (\dot{I}_A + K \times 3\dot{I}_0)z_1 L_k \tag{4.8}$$

若令 $\dot{U}_{rA} = \dot{U}_A$、$\dot{I}_{rA} = \dot{I}_A + K \times 3\dot{I}_0$，则式(4.8)又可以表示为

$$\dot{U}_{rA} = \dot{I}_{rA} z_1 L_k \tag{4.9}$$

其测量阻抗为

$$Z_r = \frac{\dot{U}_{rA}}{\dot{I}_{rA}} = z_1 L_k \tag{4.10}$$

因而由 $\dot{U}_{rA}$、$\dot{I}_{rA}$ 算出的测量阻抗正比于短路点到保护安装地点之间的距离，从而可以实现对故障区段的比较和判断。

对于非故障相 B、C，即若令 $\dot{U}_{rB} = \dot{U}_B$、$\dot{I}_{rB} = \dot{I}_B + K \times 3\dot{I}_0$ 或 $\dot{U}_{rC} = \dot{U}_C$、$\dot{I}_{rC} = \dot{I}_C + K \times 3\dot{I}_0$，由于 $\dot{U}_{kB}$、$\dot{U}_{kC}$ 不为零，所以由两个非故障相的测量电压、电流计算出来的测量阻抗不能准确地正比于短路点到保护安装地点之间的距离。又由于 $\dot{U}_{kB}$、$\dot{U}_{kC}$ 均接近正常电压，而 $\dot{I}_B$、$\dot{I}_C$ 均接近正常负荷电流，B、C 两相的工作状态与正常负荷状态相差不大，所以在 A 相故障时，由 B、C 两相电压、电流算出的测量阻抗接近负荷阻抗，对应的距离一般都大于整定距离，对应的距离保护测量元件一般都不会动作。

同理分析表明，在 B 相发生单相接地故障时，用 $\dot{U}_{rB} = \dot{U}_B$ 作为测量电压，用 $\dot{I}_{rB} = \dot{I}_B + K \times 3\dot{I}_0$ 作为测量电流，其计算阻抗正比于短路点到保护安装地点之间的距离，而用 $\dot{U}_{rA}$、$\dot{I}_{rA}$ 或 $\dot{U}_{rC}$、$\dot{I}_{rC}$ 作为测量电压、电流计算出的阻抗一般都大于整定阻抗；C 相发生单相接地时，用 $\dot{U}_{rC} = \dot{U}_C$ 作为测量电压，$\dot{I}_{rC} = \dot{I}_C + K \times 3\dot{I}_0$ 作为测量电流，计算的测量阻抗是正比于短路点到保护安装地点之间的距离，而用 $\dot{U}_{rA}$、$\dot{I}_{rA}$ 或 $\dot{U}_{rB}$、$\dot{I}_{rB}$ 作为测量电压、电流计算出的阻抗一般都大于整定阻抗。

2. 两相接地短路（$k^{(1,1)}$）

系统发生金属性两相接地故障时，故障点处两接地相的电压都为零。以 BC 两相接地故障为例，$\dot{U}_{kB} = \dot{U}_{kC} = 0$。令 $\dot{U}_{rB} = \dot{U}_B$、$\dot{I}_{rB} = \dot{I}_B + K \times 3\dot{I}_0$ 或 $\dot{U}_{rC} = \dot{U}_C$、$\dot{I}_{rC} = \dot{I}_C + K \times 3\dot{I}_0$，可以

得到

$$\dot{U}_{\mathrm{rB}} = \dot{I}_{\mathrm{rB}} \times z_1 L_{\mathrm{k}} \tag{4.11}$$

$$\dot{U}_{\mathrm{rC}} = \dot{I}_{\mathrm{rC}} \times z_1 L_{\mathrm{k}} \tag{4.12}$$

其测量阻抗分别为

$$Z_{\mathrm{r}} = \frac{\dot{U}_{\mathrm{rB}}}{\dot{I}_{\mathrm{rB}}} = z_1 L_{\mathrm{k}} \tag{4.13}$$

$$Z_{\mathrm{r}} = \frac{\dot{U}_{\mathrm{rC}}}{\dot{I}_{\mathrm{rC}}} = z_1 L_{\mathrm{k}} \tag{4.14}$$

所以由 $\dot{U}_{\mathrm{rB}}$、$\dot{I}_{\mathrm{rB}}$ 或 $\dot{U}_{\mathrm{rC}}$、$\dot{I}_{\mathrm{rC}}$ 得到的测量阻抗都正比于短路点到保护安装地点之间的距离。

非故障相 A 相故障点处的电压 $\dot{U}_{\mathrm{kA}} \neq 0$，且保护安装处的电压、电流均接近于正常值，所以 BC 两相接地故障时，用 $\dot{U}_{\mathrm{rA}}$、$\dot{I}_{\mathrm{rA}}$ 算出的阻抗不能准确正比于短路点到保护安装地点之间的距离，且一般都是大于整定阻抗对应的距离。

此外，将式(4.11)和式(4.12)两式相减，可得

$$\dot{U}_{\mathrm{B}} - \dot{U}_{\mathrm{C}} = (\dot{I}_{\mathrm{B}} - \dot{I}_{\mathrm{C}}) \times z_1 L_{\mathrm{k}} \tag{4.15}$$

令 $\dot{U}_{\mathrm{rBC}} = \dot{U}_{\mathrm{B}} - \dot{U}_{\mathrm{C}}$、$\dot{I}_{\mathrm{rBC}} = \dot{I}_{\mathrm{B}} - \dot{I}_{\mathrm{C}}$，以此计算的测量阻抗为

$$Z_{\mathrm{r}} = \frac{\dot{U}_{\mathrm{B}} - \dot{U}_{\mathrm{C}}}{\dot{I}_{\mathrm{B}} - \dot{I}_{\mathrm{C}}} = z_1 L_{\mathrm{k}} \tag{4.16}$$

可以看出，其测量阻抗正比于短路点到保护安装地点之间的距离。

由于在 BC 两相接地故障的情况下，用 $\dot{U}_{\mathrm{rAB}} = \dot{U}_{\mathrm{A}} - \dot{U}_{\mathrm{B}}$、$\dot{I}_{\mathrm{rAB}} = \dot{I}_{\mathrm{A}} - \dot{I}_{\mathrm{B}}$ 以及 $\dot{U}_{\mathrm{rCA}} = \dot{U}_{\mathrm{C}} - \dot{U}_{\mathrm{A}}$、$\dot{I}_{\mathrm{rCA}} = \dot{I}_{\mathrm{C}} - \dot{I}_{\mathrm{A}}$ 构成的测量电压、电流所计算的测量阻抗都不能准确正比于短路点到保护安装地点之间的距离。又由于在测量电压、电流中含有非故障相的电压、电流量，电压高、电流小，所以它们一般都不会动作。

同理，可以分析出 AB 两相或 CA 两相接地故障时，各故障相和非故障相元件的动作情况与 BC 两相短路接地时相一致。

3. 两相不接地短路($\mathrm{k}^{(2)}$)

在金属性两相短路的情况下，故障点处两故障相的对地电压相等，各相电压都不为零，以 AB 两相故障为例，$\dot{U}_{\mathrm{kA}} = \dot{U}_{\mathrm{kB}}$。将式(4.5)和式(4.6)两式相减，可得

$$\dot{U}_{\mathrm{A}} - \dot{U}_{\mathrm{B}} = (\dot{I}_{\mathrm{A}} - \dot{I}_{\mathrm{B}}) \times z_1 L_{\mathrm{k}} \tag{4.17}$$

令 $\dot{U}_{\mathrm{rAB}} = \dot{U}_{\mathrm{A}} - \dot{U}_{\mathrm{B}}$、$\dot{I}_{\mathrm{rAB}} = \dot{I}_{\mathrm{A}} - \dot{I}_{\mathrm{B}}$，其测量阻抗为

$$Z_{\mathrm{r}} = \frac{U_{\mathrm{A}} - U_{\mathrm{B}}}{\dot{I}_{\mathrm{A}} - \dot{I}_{\mathrm{B}}} = z_1 L_{\mathrm{k}} \tag{4.18}$$

因而由 $\dot{U}_{\mathrm{rAB}}$、$\dot{I}_{\mathrm{rAB}}$ 算出的测量阻抗正比于短路点到保护安装地点之间的距离。非故障相 C 相故障点处的电压与故障相电压不等，作相减运算时不能被消掉，不能用来进行故障距离的判断。

4. 三相对称短路($k^{(3)}$)

三相对称性短路时，故障点处的各相电压相等，且在三相系统对称时都为零。这种情况下，应用任何一相的电压、电流或任何两相的相间电压、两相电流差作为距离保护的测量电压和电流，计算得到的测量阻抗值都可以准确反应故障距离，都可以用来进行故障距离的判断。

经以上分析可知，对三相输电线路距离保护而言，需要装设 6 个阻抗继电器：其中三个相阻抗继电器的 Z_A、Z_B、Z_C，它们能正确反应单相短路、两相接地短路和三相短路等故障，亦称接地距离保护；3 个相间阻抗继电器的 Z_{AB}、Z_{BC}、Z_{CA}，它们能正确反应两相短路、两相接地短路和三相短路故障，亦称相间距离保护。

表 4.1 和表 4.2 分别表明了 6 个阻抗继电器的测量电压 $\dot{U}_r$ 和测量电流 $\dot{I}_r$，并说明它们能进行正确测距的故障类型（AZ 表示 A 相单相短路，AB 表示 AB 两相短路，ABZ 表示 AB 两相接地短路，ABC 表示三相短路，以此类推）。

表 4.1 接地距离保护接线方式

阻抗继电器	Z_A	Z_B	Z_C
$\dot{U}_r$	$\dot{U}_A$	$\dot{U}_B$	$\dot{U}_C$
$\dot{I}_r$	$\dot{I}_A + K3\dot{I}_0$	$\dot{I}_B + K3\dot{I}_0$	$\dot{I}_C + K3\dot{I}_0$
能正确测距的故障	A0、AB0、AC0、ABC	B0、AB0、BC0、ABC	C0、BC0、AC0、ABC

表 4.2 相间距离保护接线方式

阻抗继电器	Z_{AB}	Z_{BC}	Z_{CA}
$\dot{U}_r$	$\dot{U}_A - \dot{U}_B$	$\dot{U}_B - \dot{U}_C$	$\dot{U}_C - \dot{U}_A$
$\dot{I}_r$	$\dot{I}_A - \dot{I}_B$	$\dot{I}_B - \dot{I}_C$	$\dot{I}_C - \dot{I}_A$
能正确测距的故障	AB、AB0、ABC	BC、BC0、ABC	CA、CA0、ABC

4.2.3 利用复数平面分析圆或直线特性阻抗继电器

阻抗复平面分析法是最常用、最简捷直观的方法，它需要经过以下步骤：

1)阻抗继电器在阻抗复平面上的动作特性(可从动作条件判别式取等号求得)。继电器的测量阻抗 Z_r，沿一定的轨迹变化而使继电器始终处于临界动作状态时，这一轨迹便称为继电器的动作特性。

2)求出阻抗继电器在各种运行情况下感受到的阻抗(测量阻抗 Z_r)。

3)按动作条件判别式在阻抗平面上分析它们是否满足该式，从而决定其是否动作。

对于单相式阻抗继电器，其动作特性可用单一变量即继电器的测量阻抗 Z_r 的函数来分析，并在复阻抗平面上用一定的曲线来表示。例如，圆、直线、橄榄形、苹果形、椭圆形、矩形及多边形等。

1. 全阻抗继电器

全阻抗继电器的特性是以 B 点(继电器安装点)为圆心，以整定阻抗 Z_{set} 为半径所做的一个圆，如图 4.5 所示。当测量阻抗 Z_r 位于圆内时继电器动作，即圆内为动作区，圆外为不动作区。当测量阻抗正好位于圆周上时，继电器刚好动作，对应此时的阻抗就是继电器的启动阻抗 $Z_{op.r}$。由于这种特性是以原点为圆心而作的圆，因此，不论加入继电器的电压与电流之

间的角度 φ_r 为多大,继电器的启动阻抗在数值上都等于整定阻抗。具有这种动作特性的继电器称为全阻抗继电器,它没有方向性。

这种继电器以及其他特性的继电器,都可以采用两个电压幅值比较或两个电压相位比较的方式构成,现分别叙述如下。

1)幅值比较方式如图 4.5a 所示,当测量阻抗 Z_r 位于圆内时,继电器能够启动,其启动的条件可用阻抗的幅值来表示,即

$$\left| Z_r \right| \leqslant \left| Z_{op} \right| \tag{4.19}$$

式中,Z_{op} 为继电器整定阻抗。

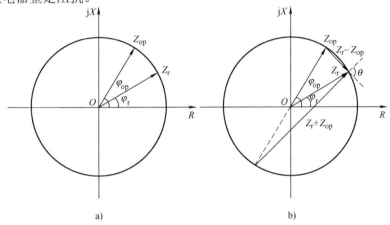

图 4.5　全阻抗继电器的动作特性

a)幅值比较式　b)相位比较式

上式两端乘以电流 $\dot{I}_r$,因 $\dot{I}_r \dot{Z}_r = \dot{U}_r$,变成为

$$\left| \dot{U}_r \right| \leqslant \left| \dot{I}_r Z_{op} \right| \tag{4.20}$$

式 (4.20) 可看作两个电压幅值的比较,式中,$\dot{I}_r Z_{op}$ 表示电流在某一个恒定阻抗 Z_{op} 上的电压降,可利用电抗互感器或其他补偿装置获得。

2)相位比较方式全阻抗继电器的动作特性如图 4.5b 所示,当测量阻抗 Z_r 位于圆周上时,相量 $(Z_r + Z_{op})$ 超前于 $(Z_r - Z_{op})$ 的角度 $\theta = 90°$,而当 Z_r 位于圆内时,$\theta > 90°$;在 Z_r 位于圆外时,$\theta < 90°$,如图 4.6a 和 b 所示。因此,继电器的启动条件即可表示为

$$270° \geqslant \arg \frac{Z_r + Z_{op}}{Z_r - Z_{op}} \geqslant 90° \tag{4.21}$$

将两个相量均乘以电流 $\dot{I}_r$,即可得到可比较其相位的两个电压分别为

$$\dot{U}_p = \dot{U}_r + \dot{I}_r Z_{op}$$

$$\dot{U}' = \dot{U}_r - \dot{I}_r Z_{op} \tag{4.22}$$

因此,继电器的动作条件又可写成

$$270° \geqslant \arg \frac{\dot{U}_r + \dot{I}_r Z_{op}}{\dot{U}_r - \dot{I}_r Z_{op}} \geqslant 90° \text{ 或 } 270° \geqslant \arg \frac{\dot{U}_p}{\dot{U}'} \geqslant 90° \tag{4.23}$$

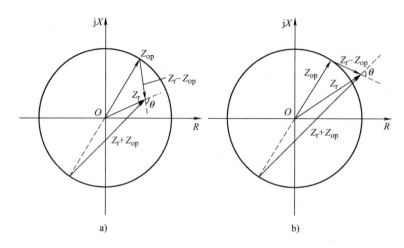

图 4.6　相位比较方式分析全阻抗继电器的动作特性

a) 测量阻抗在圆内　b) 测量阻抗在圆外

此时，继电器能够启动的条件只与 $\dot{U}_p$ 和 $\dot{U}'$ 的相位差有关，而与其大小无关。式 (4.23) 可以看成继电器的作用是以电压 $\dot{U}_p$ 为参考相量，来测定故障时电压相量 $\dot{U}'$ 的相位。一般称 $\dot{U}_p$ 为极化电压，$\dot{U}'$ 为补偿电压。上述动作条件也可表示为

$$+90° \geqslant \arg \frac{\dot{I}_r Z_{op} - \dot{U}_r}{\dot{U}_r + \dot{I}_r Z_{op}} \geqslant -90° \tag{4.24}$$

3) 幅值比较方式与相位比较方式之间的关系，可以从图 4.5 和图 4.6 所示的几种情况分析得出。由平行四边形和菱形的定则可知，如用比较幅值的两个相量组成平行四边形，则相位比较的两个相量就是该平行四边形的两个对角线，三种情况下的关系如图 4.7 所示。

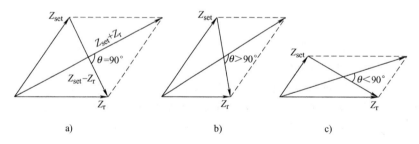

图 4.7　幅值比较与相位比较之间的关系

a) $|Z_r| = |Z_{op}|, \theta = 90°$　b) $|Z_r| < |Z_{op}|, \theta > 90°$　c) $|Z_r| > |Z_{op}|, \theta < 90°$

① 当 $|Z_r| = |Z_{op}|$ 时，如图 4.7a 所示，由这两个相量组成的平行四边形是一个菱形，因此，其两个对角线互相垂直，$\theta = 90°$，正是继电器刚好启动的条件。

② 当 $|Z_r| < |Z_{op}|$ 时，如图 4.7b 所示，$(Z_r + Z_{op})$ 和 $(Z_r - Z_{op})$ 之间的角度 $\theta > 90°$，继电器能够动作。

③ 当 $|Z_r| > |Z_{op}|$ 时，如图 4.7c 所示，$(Z_r + Z_{op})$ 和 $(Z_r - Z_{op})$ 之间的角度 $\theta < 90°$，继电器不动作。

一般而言，设以 $\dot{A}$ 和 $\dot{B}$ 表示比较幅值的两个电压，且当 $|\dot{A}| \geqslant |\dot{B}|$ 时继电器启动；又以 $\dot{C}$ 和

$\dot{D}$ 表示比较相位的两个电压,当 $270° \geqslant \arg \dfrac{\dot{C}}{\dot{D}} \geqslant 90°$ 时,继电器启动,则它们之间的关系符合下式:

$$\left.\begin{array}{l} \dot{C} = \dot{B} + \dot{A} \\ \dot{D} = \dot{B} - \dot{A} \end{array}\right\} \tag{4.25}$$

于是,已知 $\dot{A}$ 和 $\dot{B}$ 时,可以直接求出 $\dot{C}$ 和 $\dot{D}$;反之,如已知 $\dot{C}$ 和 $\dot{D}$,也可以利用上式求出 $\dot{A}$ 和 $\dot{B}$,即 $B = \dfrac{1}{2}(\dot{C} + \dot{D})$, $A = \dfrac{1}{2}(\dot{C} - \dot{D})$,由于 $\dot{A}$ 和 $\dot{B}$ 是进行幅值比较的两个相量,因此,可取消两式右侧的 $\dfrac{1}{2}$ 而表示为:

$$\left.\begin{array}{l} \dot{B} = \dot{C} + \dot{D} \\ \dot{A} = \dot{C} - \dot{D} \end{array}\right\} \tag{4.26}$$

以上诸关系虽以全阻抗继电器为例导出,但其结果可以推广到所有比较两个电气量的继电器。

由此可见,幅值比较原理与相位比较原理之间具有互换性。因此,不论实际的继电器是由哪一种方式构成,都可以根据需要而采用任一种比较方式分析它的动作性能。但是必须注意:

1)它只适用于 $\dot{A}$ 、$\dot{B}$ 、$\dot{C}$ 、$\dot{D}$ 为同一频率的正弦交流量;

2)只适用于相位比较方式动作范围为 $270° \geqslant \arg \dfrac{\dot{C}}{\dot{D}} \geqslant 90°$ 和幅值比较方式动作条件为 $|\dot{A}| \geqslant |\dot{B}|$ 情况;

3)对短路暂态过程中出现的非周期分量和谐波分量,以上转换关系显然是不成立的。因此,不同比较方式构成的继电器受暂态过程的影响不同。

2. 方向阻抗继电器

方向阻抗继电器的特性是以整定阻抗 Z_{op} 为直径而通过坐标原点的一个圆,如图 4.8 所示,圆内为动作区,圆外为不动作区。当加入继电器的 $\dot{U}_r$ 和 $\dot{I}_r$ 之间的相位差 φ_r 为不同数值时,此种继电器的启动阻抗也将随之改变。当 φ_r 等于 Z_{op} 的阻抗角时,继电器的启动阻抗达到最大,等于圆的直径,此时,阻抗继电器的保护范围最大,工作最灵敏。因此,这个角称为继电器的最大灵敏角,用 φ_{sen} 表示。当保护范围内部故障时,$\varphi_r = \varphi_k$(为被保护线路的阻抗角),因此,应该调整继电器的最大灵敏角,使 $\varphi_{sen} = \varphi_k$,以便继电器工作在最灵敏的条件下。

当反方向发生短路时,测量阻抗 Z_r 位于第三象限,继电器不能动作,因此,它本身就具有方向性,故称之为方向阻抗继电器。方向阻抗继电器也可由幅值比较或相位比较的方式构成,现分别讨论如下:

1)用幅值比较方式分析,如图 4.8a 所示,继电器能够启动(即测量阻抗 Z_r 位于圆内)的条件是:

$$\left| Z_r - \frac{1}{2} Z_{op} \right| \leqslant \left| \frac{1}{2} Z_{op} \right| \tag{4.27}$$

等式两端均乘以电流 $\dot{I}_r$，即变为如下两个电压幅值的比较：

$$\left| \dot{U}_r - \frac{1}{2}\dot{I}_r Z_{op} \right| \leqslant \left| \frac{1}{2}\dot{I}_r Z_{op} \right| \qquad (4.28)$$

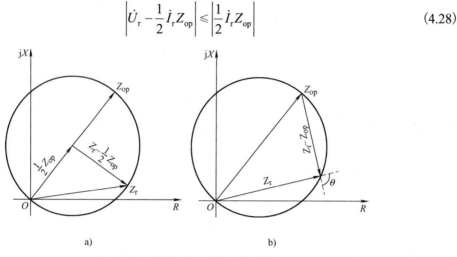

图 4.8 方向阻抗继电器的动作特性

a)幅值比较式的分析 b)相位比较式的分析

2）用相位比较方式分析，如图 4.8b 所示，当 Z_r 位于圆周上时，阻抗 Z_r 与 $(Z_r - Z_{op})$ 之间的相位差为 $\theta = 90°$，类似于对全阻抗继电器的分析，同样可以证明，$270° \geqslant \theta \geqslant 90°$ 是继电器能够启动的条件。

将 Z_r 与 $(Z_r - Z_{op})$ 均乘以电流 $\dot{I}_r$，即可得到比较相位的两个电压分别为：

$$\left. \begin{array}{l} \dot{U}_P = \dot{U}_r \\ \dot{U}' = \dot{U}_r - \dot{I}_r Z_{op} \end{array} \right\} \qquad (4.29)$$

同样，$\dot{U}_P$ 称为极化电压，$\dot{U}'$ 称为补偿电压。

3. 偏移特性的阻抗继电器

偏移特性阻抗继电器的特性是，当正方向的整定阻抗为 Z_{op} 时，同时向反方向偏移一个 αZ_{op}，式中 $0 < \alpha < 1$，继电器的动作特性如图 4.9 所示，圆内为动作区，圆外为不动作区。

由图 4.9 可见，圆的直径为 $|Z_{op} + \alpha Z_{op}|$，圆心的坐标为 $Z_0 = \frac{1}{2}(Z_{op} - \alpha Z_{op})$，圆的半径为：

$$\left| Z_{op} - \alpha Z_{op} \right| = \frac{1}{2} \left| Z_{op} + \alpha Z_{op} \right|$$

这种继电器的动作特性介于方向阻抗继电器和全阻抗继电器之间，例如，当采用 $\alpha = 0$ 时，即为方向阻抗继电器，而当 $\alpha = 1$ 时，则为全阻抗继电器，其他值为具有偏移特性的阻抗继电器。实际上，通常 α 取 0.1~0.2，以便消除方向阻抗继电器的死区。现对其构成方式分析如下：

1）用幅值比较方式分析，如图 4.9a 所示，继电器能够启动的条件为：

$$\left| Z_r - Z_0 \right| \leqslant \left| Z_{op} - Z_0 \right| \qquad (4.30)$$

等式两端均乘以电流 $\dot{I}_r$，即变为如下两个电压幅值的比较：

$$\left| \dot{U}_r - \dot{I}_r Z_0 \right| \leqslant \left| \dot{I}_r (Z_{op} - Z_0) \right| \qquad (4.31)$$

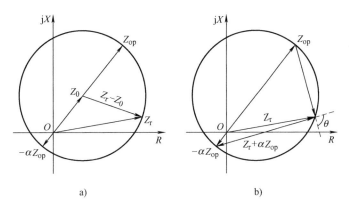

图 4.9 具有偏移特性的阻抗继电器

a)幅值比较式的分析 b)相位比较式的分析

2)用相位比较方式分析,如图 4.9b 所示,当 Z_r 位于圆周上时,相量 $(Z_r + \alpha Z_{op})$ 与 $(Z_r - Z_{op})$ 之间的相位差为 $\theta = 90°$,同样可以证明,$270° \geqslant \theta \geqslant 90°$ 是继电器能够启动的条件。将 $(Z_r + \alpha Z_{op})$ 和 $(Z_r - Z_{op})$ 均乘以电流 $\dot{I}_r$,即可得到用以比较其相位的两个电压为:

$$\left.\begin{array}{l} \dot{U}_p = \dot{U}_r + \alpha \dot{I}_r Z_{op} \\ \dot{U}' = \dot{U}_r - \dot{I}_r Z_{op} \end{array}\right\} \tag{4.32}$$

至此,已介绍了电力系统中最常使用的三种阻抗继电器的动作特性。最后,总结一下如下三个阻抗的意义和区别,以便加深理解:

1) Z_r 是继电器的测量阻抗,由加入继电器中电压 $\dot{U}_r$ 与电流 $\dot{I}_r$ 的比值确定,Z_r 的阻抗角就是 $\dot{U}_r$ 和 $\dot{I}_r$ 之间的相位差 φ_r。

2) Z_{op} 是继电器的整定阻抗,一般取继电器安装点到保护范围末端的线路阻抗作为整定阻抗。对全阻抗继电器而言,就是圆的半径;对方向阻抗继电器而言,就是在最大灵敏角方向上的圆的直径;而对偏移特性阻抗继电器,则是最大灵敏角方向上由原点到圆周上的长度;

3) $Z_{op.r}$ 是继电器的启动阻抗,它表示当继电器刚好动作时,加入继电器中电压 $\dot{U}_r$ 与电流 $\dot{I}_r$ 的比值,除全阻抗继电器以外,$Z_{op.r}$ 是随着 φ_r 的不同而改变的,当 $\varphi_r = \varphi_{sen}$ 时,$Z_{op.r}$ 的数值最大,等于 Z_{op}。

4. 功率方向继电器

当整定阻抗 Z_{op} 趋向于无限大时,原来的特性圆就趋于和直径 Z_{op} 垂直的一条圆的切线,即直线 AA' (图 4.10)。因此,如果从阻抗继电器的角度来理解功率方向继电器,那就意味着只要是正方向的短路(此时电压和电流的比值反映着一个位于第一象限的阻抗),而不管测量阻抗的数值有多大,继电器都能够启动,也就是说正方向的保护范围理论上是无限大。而真正的方向阻抗继电器,除了必须是正方向短路以外,测量阻抗还必须小于一定的数值才能启动,这就是两者之间的区别。

当用幅值比较的方式来分析功率方向继电器的启动特性时,如图 4.10a 所示,在最大灵敏角的方向上任取两个阻抗 Z_0 和 $-Z_0$,当测量阻抗 Z_r 位于直线 AA' 以上时,它到 Z_0 的距离(即阻抗 $Z_r - Z_0$),恒小于到 $-Z_0$ 的距离(即阻抗 $Z_r + Z_0$),而当正好位于直线上时,则到两者的距离相等,因此,继电器能够动作的条件即可表示为:

$$\left|Z_r - Z_0\right| \leqslant \left|Z_r + Z_0\right| \tag{4.33}$$

两端均乘以电流 $\dot{I}_r$，则变为如下两个电压幅值的比较：

$$\left|\dot{U}_r - \dot{I}_r Z_0\right| \leqslant \left|\dot{U}_r + \dot{I}_r Z_0\right| \tag{4.34}$$

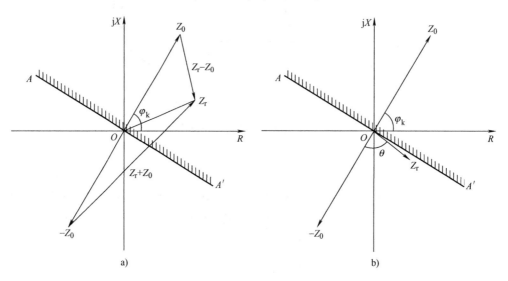

图 4.10 功率方向继电器的动作特性

a) 幅值比较式的分析 b) 相位比较式的分析

如用相位比较方式来分析功率方向继电器的特性，如图 4.10b 所示，只要 Z_r 和 $-Z_0$ 之间的角度 θ 位于 $270° \geqslant \theta \geqslant 90°$ 之间，就是它能够动作的条件。将 Z_r 和 $-Z_0$ 均乘以电流 $\dot{I}_r$，即得到比较其相位的两个电压分别为

$$\left.\begin{array}{l} \dot{U}_p = \dot{U}_r \\ \dot{U}' = -\dot{I}_r Z_0 \end{array}\right\} \tag{4.35}$$

此关系式由式(4.29)也可以直接导出：由于实际构成继电器时不可能做到 Z_{op} 等于无限大，故可在分母中用 $\dot{U}_r$ 等于 0，而 Z_{op} 以任一有限 Z_0 来代替，即可得到式(4.35)。此式表明它实质上还是比较加入继电器中电流 $\dot{I}_r$ 和电压 $\dot{U}_r$ 之间的相位关系，即把 $\dot{I}_r$ 向超前方向移动 φ_{sen} 角(Z_0 的阻抗角)，再经反相之后，与 $\dot{U}_r$ 比较相位。

5. 具有直线特性的继电器

要求继电器的动作特性为任一直线时，如图 4.11 所示，由 O 点做动作特性边界线的垂线，其阻抗表示为 Z_{op}，测量阻抗 Z_r 位于直线的左侧为动作区，右侧为不动作区。

当用幅值比较方式分析继电器的启动特性时，如图 4.11a 所示，继电器能够启动的条件可表示为

$$\left|Z_r\right| \leqslant \left|2Z_{op} - Z_r\right|$$

两端均乘以电流 $\dot{I}_r$，则变为如下两个电压的比较：

$$\left|\dot{U}_r\right| \leqslant \left|2\dot{I}_r Z_{op} - \dot{U}_r\right| \tag{4.36}$$

如用相位比较方式分析继电器的动作特性，如图 4.11b 所示，继电器能够启动的条件是相量 Z_{op} 和 $(Z_r - Z_{op})$ 之间的夹角为 $270° \geqslant \theta \geqslant 90°$，将 Z_{op} 和 $(Z_r - Z_{op})$ 均乘以电流 $\dot{I}_r$，即可得到可用以比较相位的两个电压分别为

$$\left. \begin{array}{l} \dot{U}' = \dot{U}_r - \dot{I}_r Z_{op} \\ \dot{U}_p = \dot{I}_r Z_{op} \end{array} \right\} \tag{4.37}$$

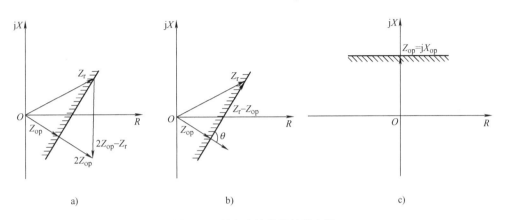

图 4.11　具有直线特性的继电器

a)幅值比较式的分析　b)相位比较式的分析　c)电抗型继电器

在以上关系中，如果取 $Z_{op} = jX_{op}$ 则动作特性如图 4.11c 所示，即为一电抗型继电器，此时，只要测量阻抗 Z_r 的电抗部分小于 X_{op}，就可以动作，而与电阻部分的大小无关。

6. 动作角度范围变化对继电器特性的影响

在以上分析中均采用动作的角度范围为 $270° \geqslant \arg \dfrac{\dot{U}_p}{\dot{U}'} \geqslant 90°$，在复数平面上获得的是圆或直线的特性。如果使动作范围小于 $180°$，例如采用 $240° \geqslant \arg \dfrac{\dot{U}_p}{\dot{U}'} \geqslant 120°$，则圆特性的方向阻抗继电器将变成透镜形特性的阻抗继电器，如图 4.12a 所示。而直线特性的功率方向继电器的动作范围则变为一个小于 $180°$ 的折线，如图 4.12b 所示。其他继电器特性的变化与此相似，不再阐述。

7. 继电器的极化电压和补偿电压

各种圆或直线特性的继电器均可用极化电压 $\dot{U}_p$ 与补偿电压 $\dot{U}'$ 进行比相而构成。以图 4.3a 中的保护 1 的方向阻抗继电器为例，当发生金属性短路时，设电流和电压互感器的变比均为 1，则 $\dot{U}_r = \dot{I}_r Z_k, \dot{U}' = I_r(Z_k - Z_{op})$。前已述及，应选择继电器的最大灵敏角 $\varphi_{sen} = \varphi_k$，因此 Z_{op} 与 Z_k 的阻抗

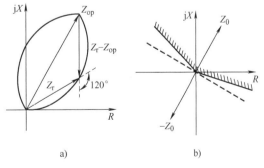

图 4.12　$240° \geqslant \arg \dfrac{\dot{U}_p}{\dot{U}'} \geqslant 120°$ 时的动作特性

a)方向阻抗继电器　b)功率方向继电器

角相同。

1)当保护范围外部故障时，$Z_k > Z_{op}$，则 $\dot{U}'$ 与 $\dot{U}_r$ 同相位；

2)当保护范围末端故障时，$Z_k = Z_{op}$，则 $\dot{U}' = 0$，继电器应处于临界动作的条件；

3)当保护范围内部故障时，$Z_k < Z_{op}$，则 $\dot{U}'$ 与 $\dot{U}_r$ 相位差 180°。

由此可见，$\dot{U}'$ 相位的变化实质上反映了短路阻抗 Z_k 与整定阻抗 Z_{op} 的比较。阻抗继电器正是反应于这个电压相位的变化而动作。因此，在任何特性的阻抗继电器中均包含有 $\dot{U}'$ 这个电压。

为了判别 $\dot{U}'$ 相位的变化，必须有一个参考相量作为基准，这就是所采用的极化电压 $\dot{U}_p$。

当 $\arg \dfrac{\dot{U}_p}{\dot{U}'}$ 满足一定的角度范围时，继电器应该启动，而当 $\arg \dfrac{\dot{U}_p}{\dot{U}'} = 180°$ 时，继电器动作最灵敏。

因此，可以认为不同特性的阻抗继电器的区别只是在于所选的极化电压 $\dot{U}_p$ 不同。举例如下：

1)当以母线电压 $\dot{U}_r$ 作为极化量时，可得到具有方向性的圆特性阻抗继电器(图 4.8)或直线特性的功率方向继电器(图 4.10)。当保护安装处出口短路时，$\dot{U}_r = 0$，继电器将因失去极化电压而不能动作，从而出现电压死区；

2)当以电流 $\dot{I}_r$ 作为极化量时，可得到动作特性为包括原点在内的各种直线，如图 4.11 所示，这些直线特性的继电器没有方向性，在反方向短路时均能够动作；

3)当以 $\dot{U}_r$ 和 $\dot{I}_r$ 的复合电压(例如 $\dot{U}_r + \alpha \dot{I}_r Z_{op}$)作为极化量时，则得到偏移特性的阻抗继电器，而偏移的程度则取决于 α 的大小；

除此之外，还可以采用非故障相的电压、其他相的补偿电压、正序电压、零序电流或负序电流等作为极化量，来构成其他特性的各种阻抗继电器。

4.2.4　具有四边形特性的阻抗继电器

圆特性的阻抗元件在整定值较小时，动作特性圆也就比较小，区内经过渡电阻短路时，测量阻抗容易落在区外，导致测量元件拒动作；而当整定值较大时，动作特性圆也较大，负荷阻抗有可能落在圆内，从而导致测量元件误动作。具有多边形特性的阻抗元件可以克服这些缺点，能够同时兼顾耐受过渡电阻的能力和躲负荷的能力，最常用的多边形为四边形和稍作变形的准四边形特性，分别如图 4.13a、b 所示。

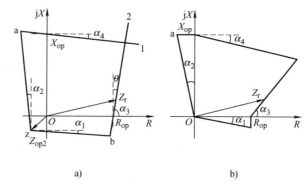

图 4.13　多边形特性

a)四边形特性　b)准四边形特性

图 4.13a 所示的四边形特性可以看作是准电抗特性直线 1、准电阻特性直线 2 和折线特性 azb 复合而成的。当测量阻抗 Z_r 落在它们所包围的区域时，测量元件动作；落在该区域以外时，测量元件不动作。

直线 1 的相位比较动作方程为

$$-90° - \alpha_4 \leqslant \arg \frac{Z_r - jX_{op}}{-jX_{op}} \leqslant 90° - \alpha_4 \tag{4.38}$$

直线 2 的相位比较动作方程为

$$-90° - \theta \leqslant \arg \frac{Z_r - R_{op}}{-R_{op}} \leqslant 90° - \theta \tag{4.39}$$

折线 azb 对应的动作方程，一般由相位比较原理实现，由图 4.13a 可以看出，该特性可以用相位比较动作方程表示为

$$-\alpha_1 \leqslant \arg \frac{Z_r - Z_{op2}}{R_{op}} \leqslant 90° + \alpha_2 \tag{4.40}$$

当测量阻抗同时满足上述三个特性对应的方程时，说明 Z_r 一定落在四边形内，阻抗元件动作；只要任一个方程不满足，说明 Z_r 一定落在四边形外，阻抗元件不动作，即用以上三个特性相"与"，就可获得图 4.13a 所示的四边形特性。图 4.13a 所示的四边形特性还可以由其他一些方法实现，在此不再叙述。

在图 4.13a 中，若 $Z_{op2} = 0$ ，对应的特性将变成没有反向动作区的方向四边形特性。图 4.13b 所示的特性是由方向四边形特性稍作变形得到的。严格地说，它已经不再是四边形特性，可称为准四边形特性。下面讨论与之对应的动作方程。

设测量阻抗 Z_r 的实部为 R_r ，虚部为 X_r ，则图 4.13b 在第Ⅳ象限部分的特性可以表示为

$$\left.\begin{array}{l} R_r \leqslant R_{op} \\ X_r \geqslant -R_r \tan \alpha_1 \end{array}\right\} \tag{4.41}$$

第Ⅱ象限部分的特性可以表示为

$$\left.\begin{array}{l} X_r \leqslant X_{op} \\ R_r \geqslant -X_r \tan \alpha_2 \end{array}\right\} \tag{4.42}$$

而第Ⅰ象限部分的特性可以表示为

$$\left.\begin{array}{l} R_r \leqslant R_{op} + X_r \cot \alpha_3 \\ X_r \leqslant X_{op} - R_r \tan \alpha_4 \end{array}\right\} \tag{4.43}$$

综合以上三式，动作特性可以表示为

$$\left.\begin{array}{l} -X_r \tan \alpha_2 \leqslant R_r \leqslant R_{op} + \hat{X}_r \cot \alpha_3 \\ -R_r \tan \alpha_1 \leqslant X_r \leqslant X_{op} - \hat{R}_r \tan \alpha_4 \end{array}\right\} \\ \hat{X}_r = \begin{cases} 0, & X_r \leqslant 0 \\ X_r, & X_r > 0 \end{cases} \\ \hat{R}_r = \begin{cases} 0, & R_r \leqslant 0 \\ X_r, & R_r > 0 \end{cases} \tag{4.44}$$

一般可取 $\alpha_1 = \alpha_2 = 14°$ ， $\alpha_3 = 45°$ ， $\alpha_4 = 7.1°$ ，则 $\tan \alpha_1 = \tan \alpha_2 = 0.249 \approx 0.25 = \dfrac{1}{4}$ ， $\cot \alpha_3 = 1$ ， $\tan \alpha_4 = 0.1245 \approx 0.125 = \dfrac{1}{8}$ ，式 (4.44) 又可表示为

$$-\frac{1}{4}X_r \le R_r \le R_{op} + \hat{X}_r \atop -\frac{1}{4}R_r \le X_r \le X_{op} - \frac{1}{8}\hat{R}_r \right\} \tag{4.45}$$

上式可以方便地在微机保护中实现。

准四边形特性有如下说明：

1）在第 I 象限中，与水平虚线成 α_4 夹角的下偏边界是为了防止相邻线路出口经过渡电阻接地时的超越而设计的。α_4 值的选择原则应以躲区外故障的超越为准，通常取 $\alpha_4 = 7°\sim 10°$。

2）第 IV 象限向下偏移 α_1 的边界，是在本线路出口经过渡电阻接地时，保证保护能够可靠动作而设计的。

3）第 I 象限与 R 轴成 α_3 夹角的边界，是为了提高长线路避越负荷阻抗的能力。当取 $\alpha_3 = 60°$ 时是考虑了各种线路的阻抗角，保证在各种输电线路情况下，动作特性均有较好的躲过渡电阻能力。

4）第 II 象限边界线倾斜是考虑到金属性短路时，动作特性均有一定的裕度。图 4.13b 中，第 II 象限和第 IV 象限的边界线均倾斜14°，是因为 $\tan14° \approx \frac{1}{4}$，实现最方便。这两个倾斜的角度最大可以取约30°。

4.2.5 正序电压极化的阻抗继电器

在出口处发生短路时，故障相的电压下降为 0，但除三相对称性故障外，在各种不对称故障时，非故障相的电压都不会为 0，并且其相位也不会随故障位置的变化而变化。所以，如果引入非故障相的电压作为比较 $\dot{U}'$ 相位的极化电压，在出口处发生各种不对称故障情况下，可望克服上述以 $\dot{U}_r$ 为极化电压的测量元件存在的缺点。

由对称分量法可以知道，正序电压是由三相电压组合而成的，用它来作为参考电压，就相当于在参考电压中引入了非故障相电压。并且在分析后可以发现，正序电压在故障前后的相位变化与其他电压相比更小，因此在现在的距离保护产品中大多采用正序电压作为极化电压。

1. 不同故障情况下正序极化电压的变化分析

以最严重的出口短路为例，并假设短路前与短路后非故障相的电压不变。

1）A 相单相接地短路。出口 A 相单相接地短路时，保护安装处的三相电压为

$$\dot{U}_A = 0 \atop \dot{U}_B = \dot{U}_B^{(0)} \atop \dot{U}_C = \dot{U}_C^{(0)} \right\}$$

$$\dot{U}_{A1} = \frac{1}{3}(\dot{U}_A + a\dot{U}_B + a^2\dot{U}_C) = \frac{1}{3}(0 + a\dot{U}_B^{(0)} + a^2\dot{U}_C^{(0)}) = \frac{2}{3}\dot{U}_A^{(0)} \tag{4.46}$$

式中，$\dot{U}_A^{(0)}$、$\dot{U}_B^{(0)}$、$\dot{U}_C^{(0)}$ 为故障前的母线处三相电压。

式(4.46)表明，出口单相接地故障时，故障相正序电压的相位与该相故障前电压的相位相同，幅值等于该相故障前电压的 $\frac{2}{3}$。

2)AB 两相接地短路。出口 AB 两相接地短路时，保护安装处的三相电压为

$$\left.\begin{aligned}\dot{U}_A &= 0\\ \dot{U}_B &= 0\\ \dot{U}_C &= \dot{U}_C^{(0)}\end{aligned}\right\}$$

$$\dot{U}_{A1} = \frac{1}{3}(\dot{U}_A + a\dot{U}_B + a^2\dot{U}_C) = \frac{1}{3}(0 + 0 + a^2\dot{U}_C^{(0)}) = \frac{1}{3}\dot{U}_A^{(0)} \tag{4.47}$$

$$\dot{U}_{B1} = \frac{1}{3}(a^2\dot{U}_A + \dot{U}_B + a\dot{U}_C) = \frac{1}{3}(0 + 0 + a\dot{U}_C^{(0)}) = \frac{1}{3}\dot{U}_B^{(0)} \tag{4.48}$$

$$\dot{U}_{AB1} = \dot{U}_{A1} - \dot{U}_{B1} = \frac{1}{3}\dot{U}_{AB}^{(0)} \tag{4.49}$$

即出口两相接地故障时，两故障相正序电压的相位都与对应相故障前电压的相位相同，幅值等于故障前电压的 $\frac{1}{3}$；故障相间正序电压的相位与故障前相间电压的相位相同，幅值等于故障前相间电压的 $\frac{1}{3}$。

3)AB 两相短路。出口 AB 两相短路时，保护安装处的三相电压为

$$\left.\begin{aligned}\dot{U}_A = \dot{U}_B &= \frac{1}{2}\dot{U}_A^{(0)}e^{-j60°}\\ \dot{U}_C &= \dot{U}_C^{(0)}\end{aligned}\right\} \tag{4.50}$$

$$\dot{U}_{A1} = \frac{1}{3}(\dot{U}_A + a\dot{U}_B + a^2\dot{U}_C) = \frac{1}{3}\left(\frac{1}{2}\dot{U}_A^{(0)}e^{-j60°} + a\frac{1}{2}\dot{U}_A^{(0)}e^{-j60°} + a^2\dot{U}_C^{(0)}\right) = \frac{1}{2}\dot{U}_A^{(0)} \tag{4.51}$$

$$\dot{U}_{B1} = \frac{1}{3}(a^2\dot{U}_A + \dot{U}_B + a\dot{U}_C) = \frac{1}{3}\left(a^2\frac{1}{2}\dot{U}_A^{(0)}e^{-j60°} + \frac{1}{2}\dot{U}_A^{(0)}e^{-j60°} + a\dot{U}_C^{(0)}\right) = \frac{1}{2}\dot{U}_B^{(0)} \tag{4.52}$$

$$\dot{U}_{AB1} = \dot{U}_{A1} - \dot{U}_{B1} = \frac{1}{2}\dot{U}_{AB}^{(0)} \tag{4.53}$$

即出口两相故障时，两故障相正序电压的相位都与对应相故障前电压的相位相同，幅值等于故障前电压的 $\frac{1}{2}$；故障前相间正序电压的相位与该故障前相间电压的相位相同，幅值等于故障前相间电压的 $\frac{1}{2}$。

4)三相对称短路。出口 A、B、C 三相对称短路和三相短路接地时，保护安装处的三相电压为

$$\dot{U}_A = \dot{U}_B = \dot{U}_C = 0$$

$$\dot{U}_{A1} = \dot{U}_{B1} = \dot{U}_{C1} = 0 \tag{4.54}$$

$$\dot{U}_{AB1} = \dot{U}_{BC1} = \dot{U}_{CA1} = 0 \tag{4.55}$$

以上分析表明，在出口发生各种不对称短路时，正序电压都有较大的量值，相位与故障前的电压相同。

出口处三相短路时，各相正序电压都为 0，正序参考电压将无法使用。但当发生非出口三相短路时，正序电压将不再为 0，变成相应相或相间的残余电压，如果残余电压不低于额定电压的 10%～15%，正序极化电压就可以应用。

2. 以正序电压为极化电压的测量元件的动作特性

正序电压作为极化电压时，有两种应用方式，一种是令极化电压等于相应相或相间的正序电压 $\dot{U}_{r1}$，另一种是令极化电压等于其负值 $-\dot{U}_{r1}$，即

$$\beta_1 \leqslant \arg \frac{\dot{U}'}{\dot{U}_{r1}} \leqslant \beta_2 \tag{4.56}$$

或

$$\alpha_1 \leqslant \arg \frac{\dot{U}'}{-\dot{U}_{r1}} \leqslant \alpha_2 \tag{4.57}$$

如果 $\alpha_1 = \beta_1 - 180°$、$\alpha_2 = \beta_2 - 180°$，则上述两式所代表的动作特性完全相同。因此，可以应用两式中的任何一个进行分析，或依据任何一个来实现相应的特性。以下均以式(4.57)为例进行特性分析。在极化电压一经选定的情况下，测量元件动作特性就取决于动作边界角 α_1、α_2 以及动作的角度范围 $\alpha_2 - \alpha_1$。为便于分析，此处仅讨论 $\alpha_1 = -90°$、$\alpha_2 = 90°$、$\alpha_2 - \alpha_1 = 180°$ 时的情况，动作边界角为其他角度时，分析方法类似。

$\alpha_1 = -90°$、$\alpha_2 = 90°$ 时，动作的方程变为

$$-90° \leqslant \arg \frac{\dot{U}'}{-\dot{U}_{r1}} \leqslant 90°$$

对于按接地距离接线方式接线的 φ 相(φ 可取 A、B、C)测量元件来说，$\dot{U}_r = \dot{U}_\varphi$、$\dot{U}_{r1} = \dot{U}_{\varphi1}$，代入上式，得

$$-90° \leqslant \arg \frac{\dot{U}_\varphi - (\dot{I}_\varphi + K \times 3\dot{I}_0)Z_{op}}{-\dot{U}_{\varphi1}} \leqslant 90° \tag{4.58}$$

在图 4.14 所示的双侧电源的系统中距离保护 1(M 母线处)正方向 k_1 点发生 A 相接地故障时，设系统的正序、负序阻抗相等。设 Z_{M1}，Z_{M0} 为 M 侧系统正序阻抗与零序阻抗；Z_{N1}，Z_{N0} 为 N 侧系统正序阻抗与零序阻抗；Z_{k1}、Z_{k0} 为保护安装处至故障点线路正序阻抗和零序阻抗；R_g 为过渡电阻。根据单相接地短路故障复合序网，可得在故障点 k_1 处，故障电流 $\dot{I}_{kA} = 3\dot{I}_{k1} = 3\dot{I}_{k2} = 3\dot{I}_{k0} = \dot{I}_{MA} + \dot{I}_{NA}$。

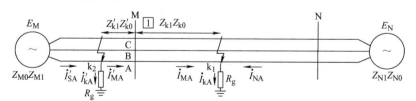

图 4.14 双侧电源系统网络接线

若不计负荷电流，则故障前 M 母线 A 相电压 $\dot{U}_{MA}^{(0)} = \dot{E}_{MA}$，此外由前述推导可知，故障后的正序电压相位与对应相故障前电压的相位相同，则：

$$\arg\frac{\dot{U}_{\mathrm{MA}}-(\dot{I}_{\mathrm{MA}}+K\times3\dot{I}_{\mathrm{M0}})Z_{\mathrm{op}}}{-\dot{U}_{\mathrm{MA1}}}=\arg\frac{\dot{U}_{\mathrm{MA}}-(\dot{I}_{\mathrm{MA}}+K\times3\dot{I}_{\mathrm{M0}})Z_{\mathrm{op}}}{-\dot{E}_{\mathrm{MA}}} \tag{4.59}$$

假设系统在故障点处的正负零序电流分布系数相同，即

$$C=\frac{\dot{I}_{\mathrm{MA}}}{\dot{I}_{\mathrm{kA}}}=\frac{\dot{I}_{\mathrm{MA}}}{\dot{I}_{\mathrm{MA}}+\dot{I}_{\mathrm{NA}}}=\frac{\dot{I}_{\mathrm{M1}}}{\dot{I}_{\mathrm{M1}}+\dot{I}_{\mathrm{N1}}}=\frac{\dot{I}_{\mathrm{M2}}}{\dot{I}_{\mathrm{M2}}+\dot{I}_{\mathrm{N2}}}=\frac{\dot{I}_{\mathrm{M0}}}{\dot{I}_{\mathrm{M0}}+\dot{I}_{\mathrm{N0}}} \tag{4.60}$$

则故障点 k_1 处的电压 $\dot{U}_{\mathrm{KA}}=(\dot{I}_{\mathrm{MA}}+\dot{I}_{\mathrm{NA}})R_{\mathrm{g}}=\frac{1}{C}\dot{I}_{\mathrm{MA}}R_{\mathrm{g}}$，可得：

$$\begin{aligned}\dot{I}_{\mathrm{MA}}&=\dot{I}_{\mathrm{M1}}+\dot{I}_{\mathrm{M2}}+\dot{I}_{\mathrm{M0}}=C(\dot{I}_{\mathrm{K1}}+\dot{I}_{\mathrm{K2}}+\dot{I}_{\mathrm{K0}})\\&=C(\dot{I}_{\mathrm{k1}}+\dot{I}_{\mathrm{k1}}+\dot{I}_{\mathrm{k1}})=3\dot{I}_{\mathrm{M1}}=3\dot{I}_{\mathrm{M2}}=3\dot{I}_{\mathrm{M0}}\end{aligned}$$

$$\begin{aligned}\dot{E}_{\mathrm{MA}}&=\dot{U}_{\mathrm{kA}}+\dot{I}_{\mathrm{MA1}}(Z_{\mathrm{k1}}+Z_{\mathrm{M1}})+\dot{I}_{\mathrm{MA2}}(Z_{\mathrm{k2}}+Z_{\mathrm{M2}})+\dot{I}_{\mathrm{MA0}}(Z_{\mathrm{k0}}+Z_{\mathrm{M0}})\\&=\frac{1}{C}\dot{I}_{\mathrm{MA}}R_{\mathrm{g}}+(Z_{\mathrm{k1}}+Z_{\mathrm{M1}})\dot{I}_{\mathrm{MA}}+\dot{I}_{\mathrm{M0}}(Z_{\mathrm{k0}}+Z_{\mathrm{M0}}-Z_{\mathrm{k1}}-Z_{\mathrm{M1}})\\&=\frac{1}{C}\dot{I}_{\mathrm{MA}}R_{\mathrm{g}}+(Z_{\mathrm{k1}}+Z_{\mathrm{M1}})\dot{I}_{\mathrm{MA}}+\dot{I}_{\mathrm{M0}}(3KZ_{\mathrm{k1}}+3K_{\mathrm{M}}Z_{\mathrm{M1}})\\&=\frac{1}{C}\dot{I}_{\mathrm{MA}}R_{\mathrm{g}}+(Z_{\mathrm{k1}}+Z_{\mathrm{M1}})\dot{I}_{\mathrm{MA}}+\dot{I}_{\mathrm{MA}}(KZ_{\mathrm{k1}}+K_{\mathrm{M}}Z_{\mathrm{M1}})\end{aligned}$$

其中：$K=\dfrac{Z_{\mathrm{k0}}-Z_{\mathrm{k1}}}{3Z_{\mathrm{k1}}}$；$K_{\mathrm{m}}=\dfrac{Z_{\mathrm{M0}}-Z_{\mathrm{M1}}}{3Z_{\mathrm{M1}}}$。

补偿电压：

$$\begin{aligned}\dot{U}'&=\dot{U}_{\mathrm{MA}}-(\dot{I}_{\mathrm{MA}}+3K\dot{I}_{\mathrm{M0}})Z_{\mathrm{op}}\\&=\dot{U}_{\mathrm{kA}}+(\dot{I}_{\mathrm{MA}}+3K\dot{I}_{\mathrm{M0}})Z_{\mathrm{k1}}-(\dot{I}_{\mathrm{MA}}+3K\dot{I}_{\mathrm{M0}})Z_{\mathrm{op}}\\&=\frac{1}{C}\dot{I}_{\mathrm{MA}}R_{\mathrm{g}}+(\dot{I}_{\mathrm{MA}}+3K\dot{I}_{\mathrm{M0}})(Z_{\mathrm{k1}}-Z_{\mathrm{op}})\\&=\frac{1}{C}\dot{I}_{\mathrm{MA}}R_{\mathrm{g}}+\dot{I}_{\mathrm{MA}}(1+K)(Z_{\mathrm{k1}}-Z_{\mathrm{op}})\end{aligned} \tag{4.61}$$

则有：

$$\begin{aligned}\arg\frac{\dot{U}'}{-\dot{U}_{\mathrm{MA1}}}&=\arg\frac{\dot{U}'}{-\dot{E}_{\mathrm{MA}}}=\arg-\frac{\dfrac{1}{C}\dot{I}_{\mathrm{MA}}R_{\mathrm{g}}+\dot{I}_{\mathrm{MA}}(1+K)(Z_{\mathrm{k1}}-Z_{\mathrm{op}})}{\dfrac{1}{C}\dot{I}_{\mathrm{MA}}R_{\mathrm{g}}+(Z_{\mathrm{k1}}+Z_{\mathrm{M1}})\dot{I}_{\mathrm{MA}}+\dot{I}_{\mathrm{MA}}(KZ_{\mathrm{k1}}+K_{\mathrm{M}}Z_{\mathrm{M1}})}\\&=\arg-\frac{\dfrac{1}{C}R_{\mathrm{g}}+(1+K)(Z_{\mathrm{k1}}-Z_{\mathrm{op}})}{\dfrac{1}{C}R_{\mathrm{g}}+Z_{\mathrm{k1}}+Z_{\mathrm{M1}}+KZ_{\mathrm{k1}}+K_{\mathrm{M}}Z_{\mathrm{M1}}}\\&=\arg-\frac{\dfrac{1}{C}R_{\mathrm{g}}+(1+K)Z_{\mathrm{k1}}-(1+K)Z_{\mathrm{op}}}{\dfrac{1}{C}R_{\mathrm{g}}+Z_{\mathrm{k1}}(1+K)+Z_{\mathrm{M1}}(1+K_{\mathrm{M}})}\end{aligned} \tag{4.62}$$

测量阻抗：

$$Z_r = \frac{\dot{U}_r}{\dot{I}_r} = \frac{\dot{U}_{MA}}{\dot{I}_{MA}}$$

$$= \frac{\dot{U}_{kA} + (\dot{I}_{MA} + 3K\dot{I}_{M0})Z_{k1}}{\dot{I}_{MA}}$$

$$= \frac{\dot{I}_{MA}\left[\dfrac{1}{C}R_g + (1+K)Z_{k1}\right]}{\dot{I}_{MA}} \qquad (4.63)$$

$$= (1+K)Z_{k1} + \frac{1}{C}R_g$$

令 $Z'_{M1} = (1+K_M)Z_{M1}$，$Z'_{op} = (1+K)Z_{op}$，则式 (4.62) 的动作方程可表示为

$$-90° \leqslant \arg\frac{Z_r - Z'_{op}}{-(Z'_{M1} + Z_r)} \leqslant 90° \qquad (4.64)$$

或

$$-90° \leqslant \arg\frac{Z'_{op} - Z_r}{Z'_{M1} + Z_r} \leqslant 90° \qquad (4.65)$$

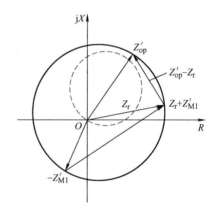

对照前面的分析可知，式 (4.65) 对应的特性在阻抗复平面上为一个以 Z'_{op} 与 $-Z'_{M1}$ 末端连线为直径的圆，如图 4.15 所示。即在正向故障的情况下，以正序电压为极化电压的测量元件的动作特性为一个包括坐标原点在内的偏移圆。正向出口短路时，测量阻抗明确地落在动作区内，不再处于临界动作的边沿，能够可靠地动作。此外，Z'_{op} 是 Z_{op} 的 $(1+K)$ 倍，与整定阻抗为 Z_{op} 的方向圆特性（如图 4.15 中虚线所示）相比，该偏移圆的直径要大得多，因而其耐受过渡电阻的能力要比方向圆特性强。但值得注意的是，该偏移圆特性是在正向故障的前提下导出的，所以动作区域包括原点并不意味着会失去方向性。

图 4.15 正序电压极化的测量元件在正向故障时的动作特性

下面讨论反方向故障的情况。如图 4.14 所示距离保护 1 反方向 k_2 点发生 A 相接地故障，设 Z_{N1}、Z_{N0} 为 N 侧系统正序阻抗与零序阻抗；Z'_{k1}、Z'_{k0} 为保护处 (M 母线) 至短路点的线路正序阻抗与零序阻抗；R_g 为过渡电阻；Z_{L1}、Z_{L0} 为线路 MN 的正序阻抗和零序阻抗。M 母线处 A 相电流参考方向仍为从 M 母线指向 N 母线，则根据单相接地短路故障复合序网，可得反方向短路时，有

$$\dot{I}'_{kA} = \dot{I}'_{SA} - \dot{I}'_{MA} = 3\dot{I}'_{k1} = 3\dot{I}'_{k2} = 3\dot{I}'_{k0}$$

假设故障点 k_2 处的正负零序电流分布系数相等，即

$$C = \frac{-\dot{I}'_{MA}}{\dot{I}'_{kA}} = \frac{-\dot{I}'_{M1}}{\dot{I}'_{k1}} = \frac{-\dot{I}'_{M2}}{\dot{I}'_{k2}} = \frac{-\dot{I}'_{M0}}{\dot{I}'_{k0}}$$

则故障后 M 侧 A 相电流 $\dot{I}'_{MA} = \dot{I}'_{M1} + \dot{I}'_{M2} + \dot{I}'_{M0} = 3\dot{I}'_{M1}$，可得：

$$\dot{E}_{NA} = \dot{U}_{kA} - \dot{I}_{M1}(Z_{L1} + Z'_{k1} + Z_{N1}) - \dot{I}_{M2}(Z_{L2} + Z'_{k2} + Z_{N2}) - \dot{I}_{M0}(Z_{L0} + Z'_{k0} + Z_{N0})$$

$$= \dot{U}_{kA} - \dot{I}_{MA}(Z_{L1} + Z'_{k1} + Z_{N1}) - \dot{I}_{M0}(3KZ_{L1} + 3KZ'_{k1} + 3K_N Z_{N1})$$

$$= \frac{1}{C}(-\dot{I}_{MA})R_g - \dot{I}_{MA}(Z_{L1} + Z'_{k1} + Z_{N1}) - \dot{I}_{M0}(3KZ_{L1} + 3KZ'_{k1} + 3K_N Z_{N1})$$

$$= (-\dot{I}_{MA})\left(\frac{1}{C}R_g + Z_{L1} + Z'_{k1} + Z_{N1} + KZ_{L1} + KZ'_{k1} + K_N Z_{N1}\right)$$

$$= (-\dot{I}_{MA})\left[\frac{1}{C}R_g + (1+K)(Z_{L1} + Z'_{k1}) + (1+K_N)Z_{N1}\right]$$

$$\dot{U}_{MA1} = \dot{E}_{NA} + \dot{I}_{M1}(Z_{L1} + Z_{N1})$$

$$= \dot{E}_{NA} + \frac{1}{3}\dot{I}_{MA}(Z_{L1} + Z_{N1})$$

$$= (-\dot{I}_{MA})\left[\frac{1}{C}R_g + \left(K + \frac{2}{3}\right)Z_{L1} + \left(K_N + \frac{2}{3}\right)Z_{N1} + (1+K)Z'_{k1}\right]$$

$$\dot{U}' = \dot{U}_{MA} - (\dot{I}_A + 3K\dot{I}_{M0})Z_{op}$$

$$= \dot{E}_{NA} + (\dot{I}_{MA} + 3K_N\dot{I}_{M0})Z_{N1} + (\dot{I}_{MA} + 3K\dot{I}_{M0})Z_{L1} - (\dot{I}_{MA} + 3K\dot{I}_{M0})Z_{op}$$

$$= \dot{E}_{NA} + \dot{I}_{MA}[(1+K_N)Z_{N1} + (1+K)(Z_{L1} - Z_{op})]$$

$$= (-\dot{I}_{MA})\left[\frac{1}{C}R_g + (1+K)(Z'_{k1} + Z_{op})\right]$$

其中: $K_N = \dfrac{Z_{N0} - Z_{N1}}{3Z_{N1}}$, $K = \dfrac{Z'_{k0} - Z'_{k1}}{3Z'_{k1}} = \dfrac{Z_{L0} - Z_{L1}}{3Z_{L1}}$

$$\frac{\dot{U}'}{-\dot{U}_{MA1}} = \frac{\dfrac{1}{C}R_g + (1+K)(Z'_{k1} + Z_{op})}{-\left[\dfrac{1}{C}R_g + \left(K + \dfrac{2}{3}\right)Z_{L1} + \left(K_N + \dfrac{2}{3}\right)Z_{N1} + (1+K)Z'_{k1}\right]}$$

$$= \frac{\dfrac{1}{C}R_g + (1+K)Z'_{k1} + (1+K)Z_{op}}{-\left[\dfrac{1}{C}R_g + (1+K)Z'_{k1} + \left(K + \dfrac{2}{3}\right)Z_{L1} + \left(K_N + \dfrac{2}{3}\right)Z_{N1}\right]}$$

$$(4.66)$$

测量阻抗:

$$Z_r = \frac{\dot{U}_r}{\dot{I}_r} = \frac{\dot{U}_{MA}}{\dot{I}_{MA}}$$

$$= \frac{\dot{E}_{NA} + (\dot{I}_{MA} + 3K_N\dot{I}_{M0})Z_{N1} + (\dot{I}_{MA} + 3K\dot{I}_{M0})Z_{L1}}{\dot{I}_{MA}}$$

$$= \frac{\dot{E}_{NA} + \dot{I}_{MA}[(1+K_N)Z_{N1} + (1+K)Z_{L1}]}{\dot{I}_{MA}}$$

$$= \frac{(-\dot{I}_{MA})\left[\dfrac{1}{C}R_g + (1+K)Z'_{k1}\right]}{\dot{I}_{MA}}$$

$$= -\left[(1+K)Z'_{k1} + \frac{1}{C}R_g\right]$$

令 $Z'_{N1} = \left(K + \dfrac{2}{3}\right)Z_{L1} + \left(K_N + \dfrac{2}{3}\right)Z_{N1}$ ， $Z'_{op} = (1+K)Z_{op}$ ，则式 (4.66) 表示的动作方程可表示为

$$-90° \leqslant \arg \frac{Z'_{op} - Z_r}{Z_r - Z'_{N1}} \leqslant 90° \tag{4.67}$$

在复平面上，式 (4.67) 表示反方向单相接地时的动作范围，是一个以 Z'_{op} 与 Z'_{N1} 末端连线为直径的上抛圆，如图 4.16 所示。反向出口短路时，测量阻抗在原点附近，远离动作区域，可靠不动。反向远处短路时，Z_k 位于第三象限，不可能落入动作圆内，所以也不会动作。这表明，以正序电压为极化电压的测量元件具有明确的方向性。

对于按相间距离接线方式接线的 $\varphi\varphi$ 相（$\varphi\varphi$ 可取 AB、BC、CA）测量元件来说，$\dot U_r = \dot U_{\varphi\varphi}$、$\dot U_{r1} = \dot U_{\varphi\varphi 1}$，比相动作的条件为

$$-90° \leqslant \arg \frac{\dot U_{\varphi\varphi} - \dot I_{\varphi\varphi} Z_{op}}{-\dot U_{\varphi\varphi 1}} \leqslant 90° \tag{4.68}$$

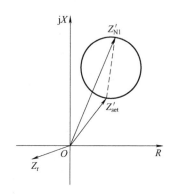

图 4.16　以正序电压为极化电压的测量元件在反向故障时的动作特性

利用与上述单相接地故障分析同样的方法，可以分析两相接地、两相短路、三相短路情况下故障相测量元件的动作特性，此处不再赘述。

4.3　线路的阶段式距离保护方案

4.3.1　距离保护的整定计算原则

1. 距离保护第 I 段的整定

距离保护的第 I 段是瞬时动作的，t_1 是保护本身的固有动作时间。以图 4.17 保护 2 为例，其第 I 段本应保护线路 AB 的全长，即保护范围为全长的 100%，然而，实际上却是不可能的，因为当线路 BC 出口处短路时，保护 2 第 I 段不应动作，为此，其启动阻抗的整定值必须躲开这一点短路时所测量到的阻抗 Z_{AB}，即 $Z^I_{set.2} < Z_{AB}$。考虑到阻抗继电器和电流、电压互感器的误差，需引入可靠系数 K'_{rel}（一般取 $0.8\sim0.85$），则

$$Z^I_{set.2} = (0.8 \sim 0.85)Z_{AB} \tag{4.69}$$

同理，对保护 1 的第 I 段整定值应为

$$Z^I_{set.1} = (0.8 \sim 0.85)Z_{BC} \tag{4.70}$$

如此整定后，距离 I 段就只能保护本线路全长的 80%～85%，这是一个严重缺点。为了切除本线路末端 15%～20% 范围以内的故障，就需设置距离保护第 II 段。

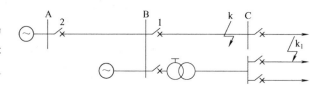

图 4.17　选择整定阻抗的网络接线

2. 距离保护第Ⅱ段的整定

距离Ⅱ段整定值的选择是相似于限时电流速断的，即应使其不超出下一条线路距离Ⅰ段的保护范围，同时带有高出一个 Δt 的时限，以保证选择性。如图 4.17 所示，应按以下两点原则来确定：

1)与相邻线距离保护第Ⅰ段相配合，参照式(4.69)的原则，并考虑分支系数 K_b 的影响，可采用下式进行计算：

$$Z_{op.2}^{II} = K_{rel}(Z_{AB} + K_b Z_{op.1}^{I}) \tag{4.71}$$

式中，可靠系数 K_{rel} 一般采用 0.8；K_b 应采用当保护 1 第Ⅰ段末端短路时，可能出现的最小数值。

例如，在图 4.17 所示具有助增电流的影响时，在 k 点短路时变电所 A 距离保护 2 的测量阻抗为

$$Z_2 = \frac{\dot{U}_A}{\dot{I}_{AB}} = \frac{\dot{I}_{AB} Z_{AB} + \dot{I}_{BC} Z_k}{\dot{I}_{AB}}$$
$$= Z_{AB} + \frac{\dot{I}_{BC}}{\dot{I}_{AB}} Z_k = Z_{AB} + K_b Z_k \tag{4.72}$$

此时，$K_b > 1$，由于助增电流的影响，与无分支的情况相比，将使保护 2 处的测量阻抗增大。

若分支电路为一并联线路，由于外汲电流的影响，$K_b < 1$，与无分支的情况相比，将使保护 2 处的测量阻抗减小。因此，为充分保证保护 2 与保护 1 之间的选择性，就应该按 K_b 为最小的运行方式来确定保护 2 距离Ⅱ段的整定值，使之不超出保护 1 距离Ⅰ段的范围。这样整定之后，再遇有 K_b 增大的其他运行方式时，距离保护Ⅱ段的保护范围只会缩小，而不可能失去选择性。

2)躲开线路末端变电所变压器低压侧出口处(图 4.17 中 k_1 点)短路时的阻抗值，设变压器的阻抗为 Z_T，则启动阻抗应整定为

$$Z_{op.2}^{II} = K_{rel}(Z_{AB} + K_b Z_T) \tag{4.73}$$

式中，与变压器配合时的可靠系数，考虑到 Z_T 的数值较大，一般采用 $K_{rel} = 0.7$；K_b 则应采用当 k_1 点短路时可能出现的最小数值。

计算后，应取以上两式中数值较小的一个。此时，距离Ⅱ段的动作时限应与相邻线路的距离Ⅰ段相配合，一般取为 0.5s。

3)校验距离Ⅱ段在本线路末端短路时的灵敏系数。由于是反应于数值下降而动作，其灵敏系数为

$$K_{sen} = \frac{\text{保护装置的动作阻抗}}{\text{保护范围内发生金属性短路时的故障阻抗最大计算值}} \tag{4.74}$$

对于距离Ⅱ段，在本线路末端短路时，其测量阻抗即为 Z_{AB}，因此，灵敏系数为

$$K_{sen} = \frac{Z_{op.2}^{II}}{Z_{AB}} \tag{4.75}$$

一般要求 $K_{sen} \geqslant 1.25$。当校验灵敏系数不能满足要求时，应进一步延伸保护范围，使之与下一条线路的距离 II 段配合，时限整定为 1～1.2s，考虑原则与限时电流速断保护相同。

3. 距离保护第 III 段的整定

当第 III 段采用阻抗继电器时，其启动阻抗一般按躲开最小负荷阻抗 $Z_{L.min}$ 来整定，它表示当线路上流过最大负荷电流 $\dot{I}_{L.max}$ 且母线上电压最低时(用 $\dot{U}_{L.min}$ 表示)，在线路始端所测量到的阻抗，其值为

$$Z_{L.min} = \frac{\dot{U}_{L.min}}{\dot{I}_{L.max}} \tag{4.76}$$

参照过电流保护的整定原则，考虑到外部故障切除后，在电动机自起动的条件下，保护第 III 段必须立即返回的要求，应采用：

$$Z_{op.2}^{III} = \frac{1}{K_{rel}K_{st}K_{re}} Z_{L.min} \tag{4.77}$$

式中，可靠系数 K_{rel}、自起动系数 K_{st} 和返回系数 K_{re} 均为大于 1 的数值。根据式(4.3)的关系可求得继电器的启动阻抗为

$$Z_{op.r2}^{III} = Z_{op.2}^{III} \frac{n_{TA}}{n_{TV}} \tag{4.78}$$

以输电线路的送电端为例，继电器感受到的负荷阻抗反映在复数阻抗平面上是一个位于第一象限的测量阻抗，如图 4.18 所示。它与 R 轴的夹角(即为负荷的功率因数角 φ_L)一般较小。而当被保护线路短路时，继电器的测量阻抗为短路点到保护安装地点之间的短路阻抗 Z_k，它与 R 轴的夹角即为线路的阻抗角 φ_k，在高压输电线上一般为 $60° \sim 85°$，如图 4.18 所示。

当距离保护第 III 段采用全阻抗继电器时，由于它的启动阻抗与角度 φ_r 无关，因此，以式(4.78)的计算结果为半径作圆，此圆即为它的动作特性，如图 4.19 中的圆 1 所示。

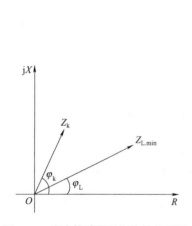

图 4.18　线路始端测量阻抗的相量图

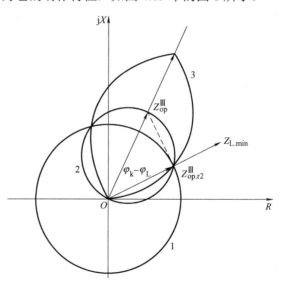

图 4.19　距离 III 段保护启动阻抗的整定

如果保护第Ⅲ段采用方向阻抗继电器,在整定其动作特性圆时,尚需考虑其启动阻抗随角度 φ_r 的变化关系,以及正常运行时负荷潮流和功率因数的变化,以确定适当的数值。例如,选择继电器的 $\varphi_{sen} = \varphi_k$,则圆的直径即Ⅲ段整定阻抗为

$$Z_{op}^{III} = \frac{Z_{op.r2}^{III}}{\cos(\varphi_k - \varphi_L)} \tag{4.79}$$

如图 4.19 中的圆 2 所示,采用方向阻抗继电器能有较好的躲负荷性能。在长距离重负荷的线路上,如采用方向阻抗继电器仍不能满足灵敏度要求时,可考虑采用透镜型阻抗继电器(圆 3)。

距离Ⅲ段作为远后备保护时,其灵敏系数应按相邻元件末端短路的条件来校验,并考虑分支系数为最大的运行方式;当作为近后备保护时,则按本线路末端短路的条件来校验。灵敏度校验公式与式(4.74)、式(4.75)相同。

4.3.2　对距离保护的评价

从对继电保护所提出的基本要求来评价距离保护,可以做出如下几个主要的结论:

1)根据距离保护的工作原理,它可以在多电源的复杂网络中保证动作的选择性。

2)距离Ⅰ段是瞬时动作的,但是它只能保护线路全长的 80%～85%,因此,两端合起来有 30%～40% 的线路长度内的故障不能从两端瞬时切除,某一端需要经 0.5s 的延时才能切除。在 220kV 及以上电压的网络中,有时候这不能满足电力系统稳定运行的要求,因而,不能作为主保护来应用。

3)由于阻抗继电器同时反应于电压的降低和电流的增大而动作,因此,距离保护较电流、电压保护具有较高的灵敏度。此外,距离Ⅰ段的保护范围不受系统运行方式变化的影响,其他两段受到的影响也比较小,因此,保护范围比较稳定。

4)由于距离保护中采用的阻抗算法较为复杂,再加上各种必要的闭锁功能,因此,可靠性比电流保护低,这也是它的主要缺点。

4.4　距离保护的振荡闭锁

4.4.1　电力系统振荡对距离保护的影响

并联运行的电力系统或发电厂之间出现功率角大范围周期变化的现象,称为电力系统振荡(Power Swing)。电力系统振荡时,系统两侧等效电动势间的夹角 δ 可能在 0°～360° 范围内作周期性变化,从而使系统中各点的电压、线路电流、功率大小和方向以及距离保护的测量阻抗都呈现周期性变化。这样,在电力系统出现严重的失步振荡时,功角在 0°～360° 之间变化,以上述这些量为测量对象的各种保护的测量元件,就有可能因系统振荡而动作。

电力系统的失步振荡属于严重的不正常运行状态,不是故障状态,大多数情况下能够通过自动装置的调节自行恢复同步,或者在预定的地点由专门的振荡解列装置动作解开已经失步的系统。如果在振荡过程中继电保护装置无计划地动作,切除了重要的联络线,或断开了电源和负荷,不仅不利于振荡的自动恢复,而且还有可能使事故扩大,造成更为严重的后果。

所以在系统振荡时，要采取必要的措施，防止保护因测量元件动作而误动。这种用来防止系统振荡时保护误动的措施，就称为振荡闭锁。

因电流保护、电压保护和功率方向保护等一般都只应用在电压等级较低的中低压配电系统，而这些系统出现振荡的可能性很小，振荡时保护误动产生的后果也不会太严重，所以一般不需要采取振荡闭锁措施。距离保护一般用在电压等级较高的电力系统，系统出现振荡的可能性大，保护误动造成的损失严重，所以必须考虑振荡闭锁问题。当电力系统中发生振荡时，各点的电压、电流和功率的幅值和相位都将发生周期性地变化。电压与电流之比所代表的阻抗继电器的测量阻抗也将周期性地变化。当测量阻抗进入保护动作区域时，距离保护将发生误动作。因此，为了实现振荡闭锁，我们需要先来研究电力系统振荡时的电压电流变化规律，从而找出相应的应对措施。

1. 电力系统振荡时电压电流的变化规律

电力系统中由于输电线路输送功率过大，超过静稳定极限，或由于无功功率不足而引起系统电压降低，或由于短路故障切除缓慢，或由于非同期自动重合闸不成功，这些因素都可能引起系统振荡。

下面以两侧电源辐射型网络(图4.20)为例，说明系统振荡时各种电气量的变化。如在系统全相运行(三相都处于运行状态)时发生系统振荡，此时，三相总是对称的，可以按照单相系统来研究。

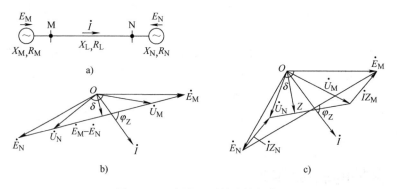

图4.20　两侧电源系统中的振荡

a)系统接线　b)系统阻抗角和线路阻抗角相等时的相量图　c)阻抗角不等时的相量图

图4.20a为一两机系统接线图，图上给出系统和线路的参数以及电压电流的假定正方向。如以电势 $\dot{E}_M$ 为参考，使其相位角为零，则 $\dot{E}_M = E_M$。在系统振荡时，可认为 N 侧系统等值电势 $\dot{E}_N$ 围绕 $\dot{E}_M$ 旋转或摆动，因而 $\dot{E}_N$ 落后于 $\dot{E}_M$ 的角度 δ 在 $0° \sim 360°$ 之间变化。

$$\dot{E}_N = E_N e^{-j\delta} \tag{4.80}$$

由 M 侧流向 N 侧的电流 $\dot{I}$ 为

$$\dot{I} = \frac{\dot{E}_M - \dot{E}_N}{Z_M + Z_L + Z_N} = \frac{1 - \dfrac{E_N}{E_M} e^{-j\delta}}{Z_M + Z_L + Z_N} E_M \tag{4.81}$$

此电流滞后于电势差 $\dot{E}_M - \dot{E}_N$ 的角度为系统总阻抗角 φ_Z：

$$\varphi_Z = \arctan \frac{X_M + X_L + X_N}{R_M + R_L + R_N} \tag{4.82}$$

在振荡时，系统中性点电位仍保持为零，故线路两侧母线的电压 $\dot{U}_M$ 和 $\dot{U}_N$ 为

$$\dot{U}_M = \dot{E}_M - \dot{I}Z_M \tag{4.83}$$

$$\dot{U}_N = \dot{E}_N + \dot{I}Z_N \tag{4.84}$$

按照上述关系式可画出相量图如图 4.20b 所示。以 $\dot{E}_M$ 为实轴，$\dot{E}_N$ 落后于 $\dot{E}_M$ 的角度为 δ，连接 $\dot{E}_M$ 和 $\dot{E}_N$ 相量端点得到电势差 $\dot{E}_M - \dot{E}_N$。$\dot{E}_N$ 加 Z_N 上的电压降 $\dot{I}Z_N$ 得到 N 点电压 $\dot{U}_N$。从 $\dot{E}_M$ 减去 Z_M 上的压降 $\dot{I}Z_M$ 后得到 M 点电压 $\dot{U}_M$。当系统阻抗角等于线路阻抗角，即等于总阻抗的阻抗角，故 $\dot{U}_M$ 和 $\dot{U}_N$ 的端点必然落在直线 $(\dot{E}_M - \dot{E}_N)$ 上。相量 $(\dot{U}_M - \dot{U}_N)$ 代表输电线上的电压降。如果输电线是均匀的，则输电线上各点电压相量的端点沿着直线 $(\dot{U}_M - \dot{U}_N)$ 移动。从原点与此直线上任一点连线所做的相量即代表输电线上该点的电压。从原点作直线 $(\dot{U}_M - \dot{U}_N)$ 的垂线所得的相量最短，垂足 Z 所代表的输电线上那一点在振荡角度 δ 下的电压最低，该点称为系统在振荡角度为 δ 时的电气中心或称振荡中心。当系统阻抗角和线路阻抗角相等且两侧电势幅值相等时，电气中心不随 δ 的改变而移动，始终位于系统总阻抗 $(Z_M + Z_L + Z_N)$ 的中心，电气中心名称即由此而来。当 $\delta = 180°$ 时，振荡中心的电压将降至零。从电压电流的数值看，这和在此点发生三相短路现象类似。但是，系统振荡属于不正常运行状态而非故障，继电保护装置不应动作切除振荡中心所在的线路。因此，继电保护装置必须具备区别三相短路和系统振荡的能力，才能保证在系统振荡状态下正确地工作。图 4.20c 为系统阻抗角与线路阻抗角不相等的情况，在此情况下电压相量 $\dot{U}_M$ 和 $\dot{U}_M$ 的端点不会落在直线 $(\dot{E}_M - \dot{E}_N)$ 上。如果线路阻抗是均匀的，则线路上任一点的电压相量的端点将落在代表线路电压降落的直线 $(\dot{U}_M - \dot{U}_N)$ 上。从原点作直线 $(\dot{U}_M - \dot{U}_N)$ 的垂线即可找到振荡中心的位置及振荡中心的电压。不难看出，在此情况下振荡中心的位置随着 δ 的变化而变化。

对于在系统振荡状态下的电流，仍以图 4.20a 的两机系统为例。式 (4.81) 为振荡电流随振荡角度 δ 而变化的关系式。令

$$Y_{11} = \frac{1}{Z_{11}} = \frac{1}{Z_M + Z_L + Z_N} = y_{11}e^{-j\alpha} \tag{4.85}$$

$h = \dfrac{E_N}{E_M}$ 表示两侧系统电势幅值之比，则

$$\dot{I}_M = \frac{\dot{E}_M - \dot{E}_N}{Z_M + Z_L + Z_N} = \dot{E}_M Y_{11}(1 - he^{-j\delta}) \tag{4.86}$$

或

$$\dot{I}_M = \dot{E}_M y_{11}\sqrt{1 + h^2 - 2h\cos\delta}\,e^{j(\theta-\alpha)} \tag{4.87}$$

设以 $\dot{E}_M$ 为参考相量，$\dot{E}_M = E_M$，则

$$\dot{I}_M = I_M e^{-j(\alpha-\theta)} \tag{4.88}$$

$$I_M = E_M y_{11}\sqrt{1 + h^2 - 2h\cos\delta} \tag{4.89}$$

$$\theta = \arctan \frac{h\sin\delta}{1-h\cos\delta} \tag{4.90}$$

由此可知，振荡电流的幅值与相位都与振荡角度 δ 有关。只有当 δ 恒定不变时，I_M 和 θ 为常数，振荡电流才是纯正弦函数。如图 4.21a 所示为振荡电流幅值随 δ 的变化。当 δ 为 π 的偶数倍时 I_M 最小。当 δ 为 π 的奇数倍时，I_M 最大。

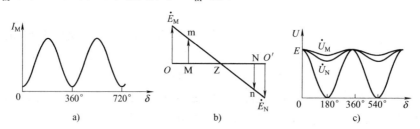

图 4.21　电力系统振荡时电流电压的变化

对于系统各元件的阻抗角皆相同、振荡角度 $\delta = 180°$ 的特殊情况，系统各点的电压值可用图 4.21b 的图解法求出。因阻抗角都相同，任意两点间的电压降正比于两点间阻抗的大小。在图 4.21b 中，使线段 OM、MN 和 NO′ 正比于 Z_M、Z_L 和 Z_N。$\dot{E}_M$ 垂直向上，$\dot{E}_N$ 垂直向下，两者相差 180°。连接 $\dot{E}_M$ 和 $\dot{E}_N$ 端点的直线即为系统各点的电压分布线。线段 Mm 和 Nm 的长度按电压标尺等于 M 和 N 点的电压 $\dot{U}_M$ 和 $\dot{U}_N$。Z 为 $\delta = 180°$ 时系统的振荡中心，其电压等于零。其他各点的电压也可用同样方法求得。

图 4.21c 为 M、N 和 Z 点电压幅值随 δ 变化的典型曲线。对于系统各部分阻抗角不同的一般情况，也可用类似的图解法进行分析，此处从略。

2. 电力系统振荡对距离保护的影响

如图 4.22 所示，设距离保护安装在变电站 M 的线路上。当系统振荡时，按式(4.81)，振荡电流为

$$I = \frac{\dot{E}_M - \dot{E}_N}{Z_M + Z_L + Z_N} = \frac{\dot{E}_M - \dot{E}_N}{Z_\Sigma}$$

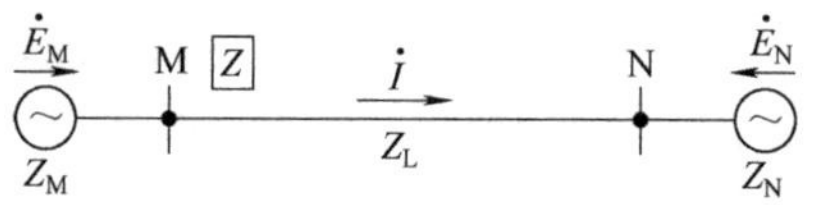

图 4.22　分析系统振荡用的系统接线图

此处，Z_Σ 代表系统总的纵向正序阻抗。

M 点的母线电压为

$$\dot{U}_M = \dot{E}_M - \dot{I}Z_M \tag{4.91}$$

因此，安装于 M 点阻抗继电器的测量阻抗为

$$\begin{aligned}
Z_{r.M} &= \frac{\dot{U}_M}{\dot{I}} = \frac{\dot{E}_M - \dot{I}Z_M}{\dot{I}} \\
&= \frac{\dot{E}_M}{\dot{I}} - Z_M = \frac{\dot{E}_M}{\dot{E}_M - \dot{E}_N}Z_\Sigma - Z_M \\
&= \frac{1}{1 - he^{-j\delta}}Z_\Sigma - Z_M
\end{aligned} \tag{4.92}$$

在近似计算中，假定 $h=1$，系统和线路的阻抗角相同，则继电器阻抗随 δ 的变化关系为

$$Z_{r.M} = \frac{1}{1 - e^{-j\delta}} Z_{\Sigma} - Z_M = \frac{1}{2} Z_{\Sigma} \left(1 - j\cot\frac{\delta}{2}\right) - Z_M$$

$$= \left(\frac{1}{2} Z_{\Sigma} - Z_M\right) - j\frac{1}{2} Z_{\Sigma} \cot\frac{\delta}{2}$$

(4.93)

将此继电器测量阻抗随 δ 变化的关系,画在以保护安装地点 M 为原点的复数阻抗平面上,当全系统所有阻抗角相同时,即可由图 4.23 证明 $Z_{r.M}$ 将在 Z_{Σ} 的垂直平分线 $\overline{OO'}$ 上移动。

绘制此轨迹的方法是:先从 M 点沿 MN 方向做出相量 $\left(\frac{1}{2} Z_{\Sigma} - Z_M\right)$,然后再从其端点做出相量 $-j\frac{1}{2} Z_{\Sigma} \cot\frac{\delta}{2}$,在不同的 δ 角度时,此相量可能滞后或超前于相量 Z_{Σ} 90°,其计算结果见表 4.3。将后一相量的端点与 M 连接即得 $Z_{r.M}$。

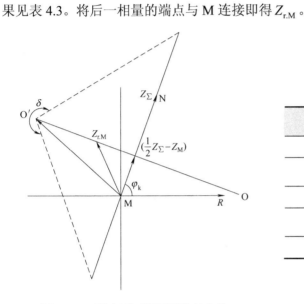

表 4.3 $\quad j\frac{1}{2} Z_{\Sigma} \cot\frac{\delta}{2}$ 的计算结果

δ	$\cot\dfrac{\delta}{2}$	$j\dfrac{1}{2} Z_{\Sigma} \cot\dfrac{\delta}{2}$
0°	∞	$j\infty$
90°	1	$j\dfrac{1}{2} Z_{\Sigma}$
180°	0	0
270°	−1	$-j\dfrac{1}{2} Z_{\Sigma}$
360°	$-\infty$	$j\infty$

图 4.23　系统振荡时测量阻抗的变化

由此可见,当:$\delta = 0°$ 时,$Z_{r.M} = \infty$;当 $\delta = 180°$ 时,$Z_{r.M} = \frac{1}{2} Z_{\Sigma} - Z_M$,即等于保护安装地点到振荡中心之间的阻抗。此分析结果表明,当 δ 改变时,不仅测量阻抗的数值在变化,而且阻抗角也在变化,其变化的范围为 $(\varphi_k - 90°) \sim (\varphi_k + 90°)$。

在系统振荡时,为了求出不同安装地点距离保护测量阻抗变化的规律,在式(4.93)中,可令 Z_X 代替 Z_M,并假定 $m = Z_X / Z_{\Sigma}$,m 为小于 1 的变数,则式(4.93)可改写为

$$Z_{r.M} = \left(\frac{1}{2} - m\right) Z_{\Sigma} - j\frac{1}{2} Z_{\Sigma} \cot\frac{\delta}{2}$$

(4.94)

当 m 为不同数值时,测量阻抗变化的轨迹应是平行于 $\overline{OO'}$ 线的一直线簇,如图 4.24 所示。当 $m = \frac{1}{2}$ 时,测量阻抗的轨迹通过坐标原点,相当于保护装置安装在振荡中心处;而当 $m < \frac{1}{2}$ 时,直线簇与 $+jX$ 轴相交,相当于图 4.23 所分析的情况,此时,振荡中心位于保护范围的正方向;而当 $m > \frac{1}{2}$ 时,直线簇则与 $-jX$ 相交,振荡中心将位于保护范围的反方向。

当两侧系统的电势 $E_M \neq E_N$，即 $h \neq 1$ 时，继电器测量阻抗的变化将具有更复杂的形式。按照式(4.92)进行分析的结果表明，此复杂函数的轨迹应是位于直线 $\overline{OO'}$ 某一侧的一个圆，如图 4.25 所示。当 $h < 1$ 时，为位于 $\overline{OO'}$ 上面的圆周 1；而当 $h > 1$ 时，则为下面的圆周 2。在这种情况下，当 $\delta = 0°$ 时，由于两侧电势不相等而产生一个环流，因此，测量阻抗不等于 ∞，而是一个位于圆周上的有限数值。

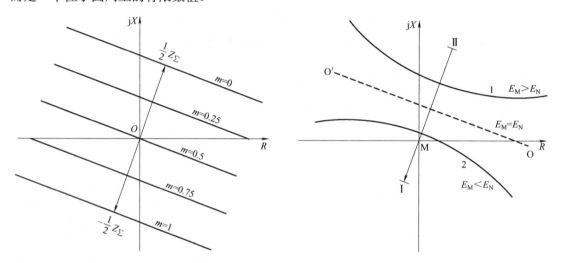

图 4.24 系统振荡时，不同安装地点距离保护测量阻抗的变化   图 4.25 当 $h \neq 1$ 时测量阻抗的变化

引用以上推导结果，可以分析系统振荡时距离保护所受到的影响。如仍以变电所 M 处的距离保护为例，其距离 I 段启动阻抗整定为 $0.85Z_L$，在图 4.26 中以长度 MA 表示，由此可以绘出各种继电器的动作特性曲线，其中曲线 1 为方向透镜电器特性，曲线 2 为方向阻抗继电器特性，曲线 3 为全阻抗继电器特性。当系统振荡时，测量阻抗的变化如图 4.23 所示（采用 $h = 1$ 的情况），找出各种动作特性与直线 $\overline{OO'}$ 的交点，其所对应的角度为 δ' 和 δ''，则在这两个交点的范围以内继电器的测量阻抗均位于动作特性圆内，因此，继电器就要启动，也就是说，在这段范围内，距离保护受振荡的影响可能误动。由图中可见，在同样整定值的条件下，全阻抗继电器受振荡的影响最大，而透镜型继电器所受的影响最小。一般而言，继电器的动作特性在阻抗平面上沿 $\overline{OO'}$ 方向所占的面积越大，受振荡的影响就越大。

对图 4.24 进行分析可知，距离保护受振荡的影响还与保护的安装地点有关。当保护安装地点越靠近于振荡中心时，受到的影响就

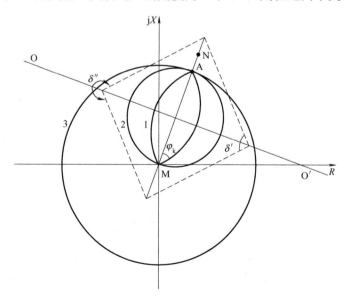

图 4.26 系统振荡时 M 变电所测量阻抗的变化图

越大,而振荡中心在保护范围以外或位于保护的反方向时,则在振荡的影响下距离保护不会误动作。此外,我们还可以看出距离保护的测量阻抗是随 δ 角的变化而不断变化的,当 δ 角变化到某个角度时,测量阻抗进入阻抗继电器的动作区,而当 δ 角继续变化到另一个角度时,测量阻抗又从动作区移除,测量元件返回。实践经验证明,对于按躲过最大负荷整定的距离保护Ⅲ段阻抗元件,测量阻抗落入其动作区的时间小于 $1\sim1.5\mathrm{s}$,只要距离保护Ⅲ段动作的延时时间大于 $1\sim1.5\mathrm{s}$,系统振荡时保护Ⅲ段就不会误动作。

4.4.2 振荡闭锁的实现

1. 电力系统振荡和短路故障的区别

对于在系统振荡时可能误动作的保护装置,应该装设专门的振荡闭锁回路,以防止系统振荡时误动。当系统振荡使两侧电源之间的角度摆到 $\delta=180°$ 时,保护所受到的影响与在系统振荡中心处三相短路时的效果是一样的,因此,就必须要求振荡闭锁回路能够有效地区分系统振荡和发生三相短路这两种不同情况。

电力系统发生振荡和短路时的主要区别如下:

1)振荡时,电流和各电压的幅值均作周期性变化(如图 4.21 所示),只在 $\delta=180°$ 时才出现最严重的现象;而短路后,短路电流和各点电压的值,当不计其衰减时,是不变的。此外,振荡时电流和各点电压幅值的变化速度($\dfrac{\mathrm{d}i}{\mathrm{d}t}$ 和 $\dfrac{\mathrm{d}u}{\mathrm{d}t}$)较慢,而短路时电流是突然增大,电压也突然降低,变化速度很快。

2)振荡时,任一点电流与电压之间的相位关系都随 δ 的变化而改变;而短路时,电流和电压之间的相位是不变的。

3)振荡时,三相完全对称,电力系统中不会出现零序和负序分量;当系统发生不对称故障时,故障电压、电流均会出现负序或零序分量。而三相对称短路往往由不对称故障发展而来,短时也会出现负序或零序分量。

4)振荡时,测量阻抗的电阻分量变化较大,变化速率取决于振荡周期;而短路时,测量阻抗的电阻分量虽然因弧光放电而略有变化,但分析计算表明其电弧电阻变化率远小于振荡所对应的电阻的变化率。

根据以上区别,振荡闭锁回路从原理上可以分成两类:第一类是利用负序分量的出现与否来实现,第二类是利用电流、电压或测量阻抗变化速度的不同来实现。

2. 振荡闭锁的实现

距离保护的振荡闭锁措施必须满足以下要求:

1)系统发生振荡而没有故障时,应可靠地将保护闭锁,且振荡不停息,闭锁不应解除。

2)系统发生各种类型的故障(包括转换性故障),保护应不被闭锁而能可靠地动作。

3)在振荡的过程中发生故障时,保护应能正确地动作。

4)先故障而后又发生振荡时,保护不致无选择性地动作。

为了提高距离保护动作的可靠性,在系统没有故障时,距离保护中的振荡闭锁措施使距离保护一直处于闭锁状态。在振荡刚发生时,$\dot{E}_\mathrm{N}$ 落后于 $\dot{E}_\mathrm{M}$ 的角度 δ_0 往往较小,不足以使阻抗继电器误动。由前述分析可知,在振荡发生后,δ 自 δ_0 逐渐增大,一段时间后就有可能引起阻抗继电器误动。根据统计经验，这一时间最小是在 0.7～0.8s 左右。因此我们可以利用这一段时间短时开放距离保护，如果故障位于保护区域内则阻抗继电器动作将故障线路跳开；反之则说明保护区域内没有故障，在开放时间过后继续将距离保护闭锁。由于目前阻抗继电器固有动作时间很短，相应地距离保护扰动后开放的时间就可以缩短，所以这种扰动后短时开放振荡闭锁的方式很有效。但是对于这种方法，如果系统在振荡过程中又发生了内部故障，距离保护 I、II 段将不能动作，故障将无法被快速切除。为了克服这个缺点，距离保护的振荡闭锁回路中还装有不对称故障开放元件、对称故障开放元件和非全相运行振荡闭锁开放元件等振荡闭锁开放元件，当任一元件开放时即开放振荡闭锁。这样可以避免距离保护因振荡闭锁而拒动。这种振荡闭锁措施可以总结为"扰动后短时开放，长时间闭锁，振荡消失后复归"，其振荡闭锁逻辑如图 4.27 所示。

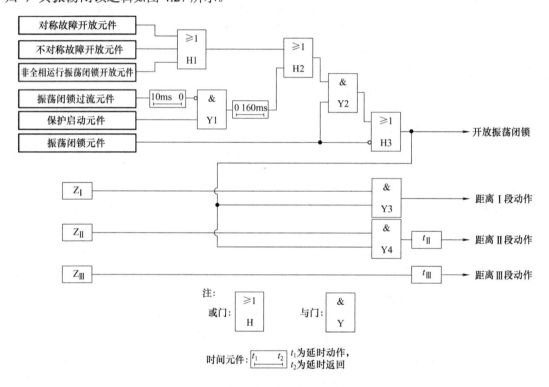

图 4.27　距离保护振荡闭锁逻辑简图

图中与门 Y1 右侧的时间元件即表示振荡闭锁的短时开放时间，或称允许动作时间。这一时间的确定需要考虑两个因素，一是要保证阻抗继电器不会因为振荡而误动，这就要求此时间不能过长，一般不应大于 0.3s；二是要保证距离 I 段能快速动作并使距离 II 段启动并开始计时，这就要求此时间不能太短，一般不应小于 0.1s。目前，在现代微机保护中这一时间一般取为 150～160ms。

如图 4.27 所示，如果振荡闭锁元件置 0，则不投入振荡闭锁回路，即开放振荡闭锁；如果振荡闭锁元件置 1，则投入振荡闭锁回路，保护需要经过振荡闭锁回路才能动作。在保护启动时，如果按躲过最大负荷电流整定的振荡闭锁过流元件尚未动作或动作不到 10ms，则开放振荡闭锁 160ms；除此之外当振荡闭锁开放元件中的任一元件开放则开放振荡闭锁。

3. 振荡闭锁开放元件

振荡闭锁开放元件又名故障判断元件，用来完成系统是否发生短路故障的判断，对它的要求是灵敏度高、动作速度快、系统振荡时不误动。目前距离保护中应用的振荡闭锁开放元件，主要有反应负序和零序电流分量的不对称故障开放元件，反映振荡中心电压或振荡期间电阻变化的对称故障开放元件，以及反映非全相运行时线路故障的非全相运行振荡闭锁开放元件。

(1) 不对称故障开放元件

在系统振荡中发生不对称短路故障时，振荡闭锁分量元件开放保护的动作条件为

$$|I_0| + |I_2| > m|I_1| \tag{4.95}$$

在系统发生振荡时，三相仍然对称，故正序电流幅值很大而零序和负序电流幅值很小，式(4.95)不成立，将保护闭锁。

系统振荡时又发生区内不对称短路，将有较大的负序电流分量或零序电流分量，此时，式(4.95)是否成立，取决于短路时刻两侧系统电势角摆开程度。如果系统电势角不够大，则振荡电流数值小，而不对称短路时序分量电流的数值很大，则式(4.95)成立；保护装置立即开放，短路时刻若系统两侧电势角已摆开较大，此时系统电压低，正序分量电流足够大，使式(4.95)暂时不成立；保护装置暂时被闭锁，但系统电势角还会变化，则装置将在系统电势角逐步减小时开放，在不利的情况下，可能由一侧瞬时开放保护跳闸后，另一侧相继跳闸。

系统振荡中，若又发生区外不对称故障，这时，相间、接地距离元件都将可能误动，但是，可以通过正确地设置制动系数 m，使式(4.95)在此情况下可靠不成立，以确保振荡闭锁序分量元件不开放保护。装置中的 m 值就是根据最不利情况下以振荡闭锁序分量元件不开放保护为原则，并有一定裕度。

(2) 反映振荡中心电压的对称故障开放元件

在振荡闭锁开放 160ms 以后或系统振荡过程中，如果又发生了三相短路故障，则上述开放保护的条件不成立，不能开放保护。因此，还必须设置专门的振荡判别条件。由于系统振荡中心的电压对振荡最敏感，因此目前多用振荡中心电压 $\dot{U}_Z$ 的变化来判断是否发生振荡。

假设系统振荡时，两侧电势相等。为了简化起见认为系统阻抗角和线路阻抗角相等，则系统振荡时，电压电流相量图如图 4.28 所示。

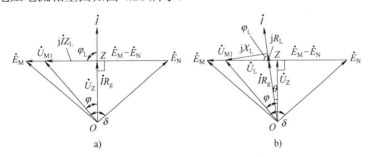

图 4.28　系统振荡时电压、电流相量图

a) $\varphi_L = 90°$　　b) $\varphi_L < 90°$

由图可知系统振荡时，振荡中心的电压为

$$\dot{U}_Z = \dot{U}_{M1} \cos(\varphi + 90° - \varphi_L) \tag{4.96}$$

式中，$\dot{U}_{M1}$ 为母线正序电压；$\dot{I}$ 为由 M 侧流向 N 侧的电流；φ 为 $\dot{U}_{M1}$ 和 $\dot{I}$ 的夹角；φ_L 为线路阻抗角。

若线路阻抗角为 90°，即线路为纯感抗，振荡电流 $\dot{I}$ 垂直于相量 $\dot{E}_M - \dot{E}_N$，并与振荡中心电压 $\dot{U}_Z$ 同相位。如果线路阻抗角为 90°，在系统中发生三相短路故障时，短路电流 $\dot{I}_k$ 也与 $\dot{E}_M - \dot{E}_N$ 垂直，而且三相短路时，过渡电阻即弧光电阻上的压降与 $\dot{U}_Z$ 同相位，并等于 $\dot{I}R_g$。如图 4.28a 所示，母线正序电压 $\dot{U}_{M1} = j\dot{I}X_L + \dot{I}R_g$。由此可见，三相短路弧光电阻上的压降虽然不能测到，但是可以由振荡中心电压 $\dot{U}_Z$ 代替，说明 $\dot{U}_Z$ 反映了弧光电阻上的压降。当线路阻抗角不等于 90°，振荡中心电压仍然可以反映弧光电阻压降 $\dot{I}R_g$，这可由图 4.28b 得到证明。通过 Z 点做补偿角 $\theta = 90° - \varphi_L$。相量 $j\dot{I}X_L$ 为线路电感分量上的电压，$\dot{I}R_L$ 为线路电阻分量上的电压，则线路上的电压降 $\dot{U}_L = j\dot{I}X_L + \dot{I}R_L$，母线上的电压 $\dot{U}_{M1} = \dot{U}_L + \dot{I}R_g$。高压线路的阻抗角 φ_L 都比较大，因而 θ 角很小，所以 $\dot{I}R_g \approx \dot{U}_Z = \dot{U}_{M1} \cos(\varphi + 90° - \varphi_L)$，这说明振荡中心电压 $\dot{U}_Z$ 仍可以反映弧光电阻压降 $\dot{I}R_g$。

反应振荡中心电压的对称故障开放元件的判据一般由两部分组成，如下所示，其中式 (4.98) 为式 (4.97) 的后备判据。

$$-0.03U_N < U_Z < 0.08U_N \quad 延时 150ms 开放 \tag{4.97}$$

$$-0.1U_N < U_Z < 0.25U_N \quad 延时 500ms 开放 \tag{4.98}$$

三相短路时弧光电阻上的压降约为 $5\%U_N$，而系统振荡时振荡中心电压 U_Z 在振荡周期的 180° 左右一段时间内降到最低点也约为 $5\%U_N$。所以，振荡中心电压在式 (4.97) 表示的范围内与三相短路弧光电阻压降相近，很难区分振荡还是三相短路。实际上，振荡中心电压在 $(-0.03 \sim 0.08)U_N$ 范围内，是指两侧系统电势角摆开为 171° ～183.5° 范围，如果按最大振荡周期 3s 计算，从 171° 到 183.5° 需要 104ms，其后振荡中心电压值就偏离式 (4.97) 范围。所以，在满足判据式 (4.97) 后，经过 150ms 延时可以有效地区分三相短路与振荡。延时后式 (4.97) 仍能成立，判为三相短路，立即开放保护，否则就是系统振荡，闭锁保护。

为了保证三相短路故障时，保护可靠不被闭锁，装置可设置如式 (4.98) 所示的后备动作判据，并延时 500ms 后开放保护。

该段振荡中心电压范围对应系统电势角为 151° ～191.5°，按最大振荡周期 3s 计算，振荡中心在该区域停留时间为 373ms，所以，装置对应的延时取 500ms 已有足够裕度。

(3) 非全相运行时的振荡闭锁开放判据

在介绍非全相运行时的振荡闭锁开放判据前，需要先引入一个新概念——选相区。对于稳态序分量选相元件而言，假设故障点两侧的负序(正序)和零序电流的分配系数相位相同，则有以下关系：

1) 单相接地时，故障相的 $\dot{I}_0$ 和 $\dot{I}_2$ 同相位，A 相接地时，$\dot{I}_0$ 和 $\dot{I}_{2A}$ 同相；B 相接地时，$\dot{I}_0$ 超前 $\dot{I}_{2A}$ 的角度为 120°；C 相接地时，$\dot{I}_0$ 滞后 $\dot{I}_{2A}$ 的角度为 120°。

2) 两相接地时，非故障相的 $\dot{I}_0$ 和 $\dot{I}_2$ 同相位，BC 相间接地故障时，$\dot{I}_0$ 和 $\dot{I}_{2A}$ 同相；CA 相间接地故障时，$\dot{I}_0$ 超前 $\dot{I}_{2A}$ 的角度为 120°；AB 相间接地故障时，$\dot{I}_0$ 滞后 $\dot{I}_{2A}$ 的角度为 120°。

选相元件根据 $\dot{I}_0$ 和 $\dot{I}_{2A}$ 之间的相位关系确定三个选相区域之一，如图 4.29 所示。

1)当 $-60° < \arg\dfrac{\dot{I}_0}{\dot{I}_{2A}} < 60°$ 时，选 A 区(A 相接地或 BC 两相接地故障)。

2)当 $60° < \arg\dfrac{\dot{I}_0}{\dot{I}_{2A}} < 180°$ 时，选 B 区(B 相接地或 CA 两相接地故障)。

3)当 $180° < \arg\dfrac{\dot{I}_0}{\dot{I}_{2A}} < 300°$ 时，选 C 区(C 相接地或 AB 两相接地故障)。

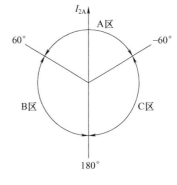

图 4.29　选相区域

在非全相运行振荡时，距离继电器可能动作，但选相区为跳开相。非全相运行在单相故障时，距离继电器动作的同时选相区进入故障相，因此，可以选相区不在跳开相作为开放条件。另外，非全相运行时，可以测量非故障两相电流之差的工频变化量，当该电流突然增大达一定幅值时开放非全相运行振荡闭锁。这样非全相运行发生相间故障时振荡闭锁能快速开放。以上两种情况均不能开放时，由对称故障开放元件作为后备。

4.5　过渡电阻对距离保护的影响

电力系统中的短路一般都不是金属性的，而是在短路点存在过渡电阻。此过渡电阻的存在，将使距离保护的测量阻抗发生变化，一般情况下是使保护范围缩短，但有时候也能引起保护的超范围动作或反方向误动作。现对过渡电阻的性质及其对距离保护工作的影响讨论如下。

1. 短路点过渡电阻的性质

短路点的过渡电阻 R_g，是指当相间短路或接地短路时短路电流从一相流到另一相或从相导线流入地的途径中所通过的物质的电阻(包括电弧、中间物质的电阻、相导线与地之间的接触电阻、金属杆塔的接地电阻等)。实验证明，当故障电流相当大时(数百安以上)，电弧上的电压梯度几乎与电流无关，大约可取为每米弧长上 1.4～1.5kV(最大值)。根据这些数据可知电弧实际上呈现有效电阻，其值可按下式决定：

$$R_g \approx 1050\frac{l_g}{I_g} \tag{4.99}$$

式中，I_g 为电弧电流的有效值(A)；l_g 为电弧长度(m)。

在一般情况下，短路初瞬间电弧电流 I_g 最大，弧长 l_g 最短，弧阻 R_g 最小。几个周期后，在风吹、空气对流和电动力等作用下，电弧逐渐伸长，弧阻 R_g 急速增大。相间故障的电弧电阻一般在数欧至十几欧之间。

在相间短路时，过渡电阻主要由电弧电阻构成，其值可按上述经验公式估计。在导线对铁塔放电的接地短路时，铁塔及其接地电阻构成过渡电阻的主要部分。铁塔的接地电阻与大地电导率有关。对于跨越山区的高压线路，铁塔的接地电阻可达数十欧。此外，当导线通过树木或其他物体对地短路时，过渡电阻更高，难以准确计算。目前我国对 500kV 线路短路的最大过渡电阻按 300Ω 估计，对于 220kV 线路，则按 100Ω 估计。

2. 单侧电源线路上过渡电阻的影响

如图 4.30 所示，短路点的过渡电阻 R_g 总是使继电器的测量阻抗增大，使保护范围缩短。然而，由于过渡电阻对不同安装地点的保护影响不同，因而在某种情况下，可能导致保护无选择性动作。例如，当线路 BC 的始端经 R_g 短路，则保护 1 的测量阻抗为 $Z_{r.1} = R_g$，而保护 2 的测量阻抗为 $Z_{r.2} = Z_{AB} + R_g$，由图 4.31 可见，由于 $Z_{r.2}$ 是 Z_{AB} 与 R_g 的相量和，因此，其数值比无 R_g 时增大不多，也就是说测量阻抗受 R_g 的影响较小。当 R_g 较大时，就可能出现 $Z_{r.1}$ 已超出保护 1 第 I 段整定的特性圆范围，而 $Z_{r.2}$ 仍位于保护 2 第 II 段整定的特性圆范围以内的情况。此时两个保护将同时以第 II 段的时限动作，从而失去了选择性。

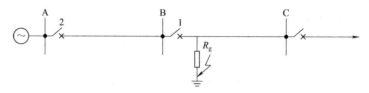

图 4.30　单侧电源线路经过渡电阻 R_g 短路的等效图

由以上分析可见，保护装置距短路点越近时，受过渡电阻的影响越大；同时，保护装置的整定值越小，受过渡电阻的影响也越大。因此，对短线路的距离保护应特别注意过渡电阻的影响。

3. 双侧电源线路上过渡电阻的影响

在如图 4.32 所示的双侧电源线路上，短路点的过渡电阻还可能使某些保护的测量阻抗减小。如在线路 BC 的始端经过渡电阻 R_g 三相短路时，$\dot{I}'_k$ 和 $\dot{I}''_k$ 分别为两侧电源供给的短路电流，则流经的 R_g 电流为：$\dot{I}_k = \dot{I}'_k + \dot{I}''_k$，此时，变电所 A 和 B 母线上的残余电压为

$$\dot{U}_B = \dot{I}_k \cdot R_g \qquad (4.100)$$

$$\dot{U}_A = \dot{I}_k R_g + \dot{I}'_k Z_{AB} \qquad (4.101)$$

则保护 1 和 2 的测量阻抗为

$$Z_{r.1} = \frac{\dot{U}_B}{\dot{I}'_k} = \frac{\dot{I}_k}{\dot{I}'_k} R_g = \frac{I_k}{I'_k} R_g \mathrm{e}^{\mathrm{j}\alpha} \qquad (4.102)$$

$$Z_{r.2} = \frac{\dot{U}_A}{\dot{I}'_k} = Z_{AB} + \frac{I_k}{I'_k} R_g \mathrm{e}^{\mathrm{j}\alpha} \qquad (4.103)$$

此处，α 表示 $\dot{I}_k$ 超前于 $\dot{I}'_k$ 的角度。当 α 为正时，测量阻抗的电抗部分增大；而当 α 为负时，测量阻抗的电抗部分减小。在后一种情况下，也可能引起某些保护的无选择性动作，这种无选择动作也称为超越动作。

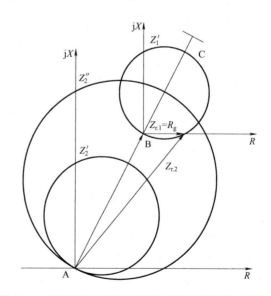

图 4.31　过渡电阻对不同安装地点距离保护影响的分析

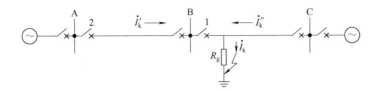

图 4.32 双侧电源线路通过 R_g 短路的接线图

4. 过渡电阻对不同动作特性阻抗元件的影响

在图 4.33 所示的网络中,假定保护 2 的距离 I 段采用不同特性的阻抗元件,它们的整定值都选择的一样(为 $0.85Z_{AB}$)。如果在距离 I 段保护范围内 Z_k 处经过渡电阻 R_g 短路,则保护 2 的测量阻抗为 $Z_{r.2}=Z_k+R_g$。由图 4.33b 可见,当过渡电阻达到 R_{g1} 时,具有透镜型特性的阻抗继电器开始拒动;当达到 R_{g2} 时,方向阻抗继电器开始拒动;而达到 R_{g3} 时,则全阻抗继电器开始拒动。一般来说,阻抗继电器的动作特性在+R 轴方向所占的面积越大,则受过渡电阻 R_g 的影响越小。

5. 防止过渡电阻影响的方法

目前防止过渡电阻影响的方法主要有两种,一种方法是根据图 4.33 分析所得的结论,采用能容许较大的过渡电阻而不致拒动的阻抗继电器,可防止过渡电阻对继电器工作的影响。例如,对于过渡电阻只能使测量阻抗的电阻部分增大的单侧电源线路,可采用如图 4.11c 所示的不反映有效电阻的电抗型阻抗继电器。在双侧电源线路上,可采用具有如图 4.34a 所

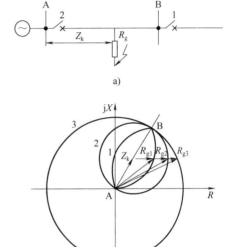

图 4.33 过渡电阻对不同动作特性阻抗元件影响的比较

a)网络接线 b)对影响的比较

示可减小过渡电阻影响的动作特性的阻抗继电器。图 4.34a 所示的多边形动作特性的上边 XA 向下倾斜一个角度,以防止过渡电阻使测量电抗减小时阻抗继电器的超越。右边 RA 可以在 R 轴方向独立移动,以适应不同数值的过渡电阻。图 4.34b 所示的动作特性既容许在接近保护范围末端短路时有较大的过渡电阻,又能防止在正常运行情况下,负荷阻抗较小时阻抗继电器误动。图 4.34c 所示为圆与四边形组合的动作特性。在相间短路时,过渡电阻较小,应用圆特性;在接地短路时,过渡电阻可能很大,此时,利用接地短路出现的零序电流在圆特性上叠加一个四边形特性,以防止阻抗继电器拒动。

另一种防止过渡电阻影响的方法是在 I、II 段距离保护以正序电压为极化电压时引入移相角 θ,即 $\dot{U}_p = -\dot{U}_1 \times e^{j\theta}$。这样可以将方向阻抗特性向第 I 象限偏移,以扩大允许故障过渡电阻的能力,其正方向故障时的动作特性如图 4.35 所示。θ 的取值范围为 $0°$、$15°$ 和 $30°$。由图 4.35 可见,该继电器可测量很大的故障过渡电阻,但在对侧电源助增下可能超越,因而引入了第二部分零序电抗继电器以防止超越,如图 4.35 中直线 A 所示。

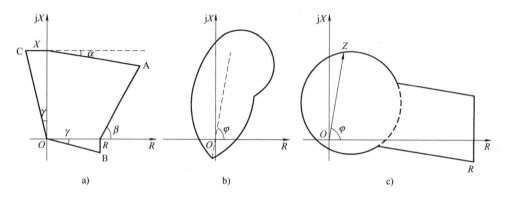

图 4.34   可减小过渡电阻影响的动作特性

a) 多边形动作特性   b) 既允许有较大过渡电阻又能防止负荷阻抗较小时误动的动作特性   c) 圆与四边形组合的动作特性

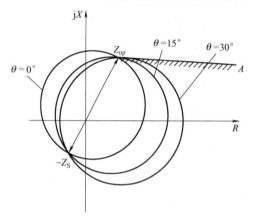

图 4.35   引入移相角的阻抗继电器动作特性

4.6   工频故障分量距离保护的基本原理和特性

传统的继电保护原理是建立在工频电气量的基础之上的，故障暂态过程所产生的有用信息被视为干扰而被过滤掉。要取得快速动作的特性，必须利用故障发生瞬间的故障暂态信息，还必须正确地区分内部和外部故障信息，才能获得可靠、快速且有选择性的保护特性。近年来，对继电保护影响最大的是反映故障分量的高速继电保护原理。

4.6.1   工频故障分量的概念

1.   故障状态的叠加原理

由电工学知识可知，若某电路是线性的，则可利用叠加原理来研究其故障的特性。因为故障信息在非故障状态下不存在，仅在电力系统发生故障时才出现，所以可以将电力网络内发生的故障视为非故障状态与故障附加状态的叠加。

发生短路故障时，可在短路复合序网的故障支路中引入幅值和相位相等、但反向串联连接的两个电压源。两个电压源在数值上等于短路前 k_1 点的开路电压 $\dot{U}_{F0}$，根据叠加原理可将图 4.36a 分解为图 4.36b 和图 4.36c 两个状态的叠加。附加状态中的附加电势又可称为故障点的工频电压变化量；由附加电势产生的电流，称为工频电流变化量。附加电势 $\dot{U}_{F0}$ 和工频电流 $\dot{I}_{F1}$ 就是故障点的故障信息。

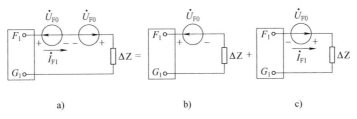

图 4.36 不对称短路复合序网分解图

a)短路状态 b)短路前状态 c)短路附加状态

2. 附加状态的故障信息

以中性点直接接地系统线路为例，如图 4.37a 所示，为一双电源输电线路在 k_1 点短路的示意图，图 4.37b 是该系统在短路前的状态图，图 4.37c 是在 k_1 点发生故障时的故障附加状态网络图。

故障点的附加电势为 $\Delta\dot{E}_k = -\dot{U}_{F0}$，由故障点 k_1 看进去，内部的电势均为零。所以，在正向短路时，附加电势 $\Delta\dot{E}_k$ 是加在 M 端系统阻抗 Z_M 和线路阻抗 Z_k 上，在 M 端母线上产生一个附加电势 $\Delta\dot{U}$，$\Delta\dot{U} = \dfrac{\Delta\dot{E}_k Z_M}{Z_M + Z_k}$ 在线路上产生了相应的工频电流变化量 $\Delta\dot{i}$。附加电压 $\Delta\dot{U}$ 和工频电流变化量 $\Delta\dot{i}$ 就是 M 点保护安装处的故障信息。显然，故障附加状态中所出现的 $\Delta\dot{U}$ 和 $\Delta\dot{i}$ 只包含故障信息，它们与故障前的负荷状态的电压、电流无关。

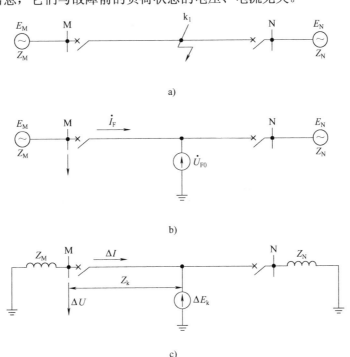

图 4.37 双端电源线路短路时网络状态图

4.6.2 故障信息的提取及其特点

1. 消除非故障分量法

根据叠加原理，电力系统网络故障可以看做故障前的非故障状态与故障附加状态的叠加。从原理上看，在发生短路时，由保护装置的实测故障时的电压($\dot{U}_{k}$)减去非故障状态下的电压($\dot{U}_{unk}$)就可以得到电压的故障分量 $\Delta\dot{U}$，用 $\Delta\dot{U}=\dot{U}_{k}-\dot{U}_{unk}$ 表示。对于快速保护，可以认为电压中非故障分量等于其故障前电气量，这种假设与实际情况相符。对于非快速保护，就要考虑其他一系列有关因素的影响。例如，故障发生后发电机励磁调节器的作用、发电机的干扰、系统的振荡、负荷的变化等。因此，对于快速保护，可以将故障前的电压先存储起来。然后从故障时测量得到的相应量中减去已存储的有关部分，就可以得到故障分量。

2. 故障特征检出法

从对称分量法的基本原理可知，在正常工作状态下的电压和电流特征是正序分量的电压和电流；接地短路时会出现零序分量的电压、电流；不对称短路时会出现负序电压、电流。因此，负序分量包含有故障信息，它可用于检出故障。但是，在各种类型故障中都包含有正序分量，因此，正序分量中也包含有故障信息，这一特殊的性质也应当用于检出故障。负序分量和零序分量虽然包含有故障信息，可用于判别故障，在保护技术中得到了广泛的应用，但其缺点是不能反映三相短路。各种对称和不对称短路时都会出现正序分量，而在消除正常运行分量后，正序分量就成为一个比负序、零序分量更为完善的新的故障特征，即正序分量中包含有更丰富的故障信息。当然，故障信息中除了工频分量信息外，还有高频分量信息。如图4.36c中的 $\Delta\dot{U}$、$\Delta\dot{i}$ 就是故障时的工频分量正序故障信息。通常用零序分量反映接地短路的故障分量，用正序和负序分量的电压或电流的综合分量反映相间短路的故障分量。在用正序、负序综合分量表示时，可写成 $\Delta\dot{U}_{12}$ 和 $\Delta\dot{i}_{12}$。工频变化量方向保护的电压、电流综合故障分量就是用 $\Delta\dot{U}_1+M\Delta\dot{U}_2$ 和 $\Delta\dot{i}_1+M\Delta\dot{i}_2$ 综合方式表示的，其目的是提高不对称短路的灵敏度。

3. 门槛法和浮动门槛法

门槛法是以同一种电气量的某定值为门槛来检出故障的，当电流增大、电压降低或阻抗降低而越过固定门槛值时，即判断为发生故障。此方法简单易行，但是会因灵敏度不满足要求而得不到足够的故障信息。

浮动门槛法是定值不固定，是随着非故障因素引起的故障分量不平衡输出的大小定值而浮动变化的。在正常运行的情况下，理论的不平衡输出为零，而实际上输出回路不可能为零。在一般情况下，输出的不平衡量较小；在特殊情况下，如频率偏离额定值较大，或者电力系统发生振荡时就有较大的不平衡输出。为此，可以设置一个浮动门槛值，它随着非故障因素引起的不平衡大小而自动改变输出。

浮动门槛设计的优劣是构成实用保护的技术关键。微机继电保护往往设置了自适应的浮动门槛，根据短路引起的不平衡瞬间变化。而非故障因素产生的不平衡具有缓慢变化的特点，利用此规律可实测出非故障分量产生的不平衡输出值，然后设置门槛值。

4. 故障分量的特点

故障分量具有如下几个特征：

1)故障分量可由附加状态网络计算获取,相当于在短路点上加一个与该点非故障状态下大小相等、方向相反的电势 $\Delta\dot{E}_k$,并令网络内所有电动势为零的条件下得到。

2)非故障状态下不存在故障分量的电压和电流,故障分量只有在故障状态下才会出现,并与负荷状态无关。但是,故障分量仍受系统运行方式的影响(体现为系统阻抗 Z_M、Z_N 的数值)。

3)故障点的电压故障分量最大,系统中性点的电压故障分量为零。由故障分量构成的方向元件可以消除电压死区。

4)保护安装处的电压故障分量与电流故障分量间的相位关系由保护安装处到背侧系统中性点间的阻抗决定,不受系统电动势和短路点电阻的影响,按其原理构成的方向元件方向性明确。

5)故障分量包括工频故障分量和故障暂态分量,二者都可以用来作为继电保护的测量量。由于它们都是由故障而产生的量,仅与故障状态有关,所以用它作为继电保护的测量量时,可使保护的动作性能基本不受负荷状态、系统振荡等因素的影响,可望获得良好的动作特性。

4.6.3　工频故障分量距离元件的基本原理

工频故障分量距离保护(又称为工频突变量保护),是一种反应工频故障分量电压、电流而工作的距离保护。

在图 4.37c 中,保护安装处的故障分量电压、电流可以分别表示为

$$\Delta\dot{U} = -\Delta\dot{I}Z_M \tag{4.104}$$

$$\Delta\dot{I} = -\frac{\Delta\dot{E}_k}{Z_M + Z_k} \tag{4.105}$$

取工频故障分量距离元件的补偿电压为

$$\Delta\dot{U}' = \Delta\dot{U} - \Delta\dot{I}Z_{op} = -\Delta\dot{I}(Z_M + Z_{op}) \tag{4.106}$$

式中,Z_{op} 为保护的整定阻抗,一般取为线路正序阻抗的 80%～85%。

图 4.38 为在保护区内外不同地点发生金属性短路时电压故障分量的分布,式(4.106)中的 $\Delta\dot{U}'$ 对应图中 Z 点的电压。

如图 4.38b 所示,在保护区内 k_1 点短路时,$\Delta\dot{U}'$ 在 0 与 $\Delta\dot{E}_{k1}$ 连线的延长线上,这时有 $\left|\Delta\dot{U}'\right| > \left|\Delta\dot{E}_{k1}\right|$。

如图 4.38c 所示,在正向区外 k_2 点短路时,$\Delta\dot{U}'$ 在 0 与 $\Delta\dot{E}_{k2}$ 连线的延长线上,这时有 $\left|\Delta\dot{U}'\right| < \left|\Delta\dot{E}_{k2}\right|$。

如图 4.38d 所示,在反向区外 k_3 点短路时,$\Delta\dot{U}'$ 在 0 与 $\Delta\dot{E}_{k3}$ 连线的延长线上,这时有 $\left|\Delta\dot{U}'\right| < \left|\Delta\dot{E}_{k3}\right|$。

可见,比较补偿电压变化量 $\Delta\dot{U}'$ 与电源电动势 $\Delta\dot{E}_k$ 幅值的大小就能够区分出区内与区外的故障。故障附加状态下的电动势大小是无法测量到的,可用故障前短路点的电压 $\dot{U}_k^{(0)}$ 代替 $\Delta\dot{E}_k$。但是保护安装处无法测量到短路点 k 在故障前的正常运行电压,而且短路点 k 的位置也不固定。因此需要使用工程上常用的实用方法或称近似的方法,以近似求解。

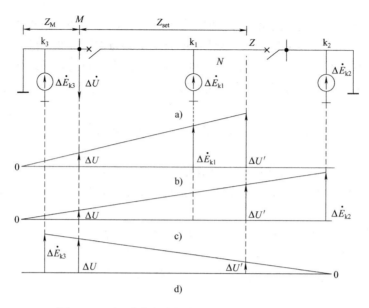

图 4.38 不同地点发生短路时电压故障分量的分布

a)附加网络 b)区内短路 c)正方向区外短路 d)反方向区外短路

在正常运行时，线路电流 $\dot{I}$ 较小，且偏于电阻性，故压降不大，基本上线路各点电压都近似相等。因此从保证距离保护的可靠性出发，我们可以用正常运行时，保护区末端 Z 处的电压计算值，即故障前的补偿电压来代替故障前短路点的电压 $\dot{U}_k^{(0)}$。由此可得工频变化量阻抗继电器的动作判据为

$$\left|\Delta\dot{U}'\right| \geqslant \left|\dot{U}_k^{(0)}\right| \approx \left|\dot{U}'^{(0)}\right| \tag{4.107}$$

式中，$\dot{U}'^{(0)}$ 为故障前补偿电压的记忆值，$\dot{U}'^{(0)} = \dot{U}_{LM} - \dot{I}_{LM} Z_{set}$；其中，$\dot{U}_{LM}$、$\dot{I}_{LM}$ 为正常负荷条件下保护装置处的电压、电流。为方便起见 $\left|\dot{U}'^{(0)}\right|$ 一般也可取为 $1.15 U_N$。U_N 为额定电压。

满足式(4.107)判定为区内故障，保护动作；不满足式(4.107)判定为区外故障，保护不动作。

4.6.4 工频故障分量距离元件的动作特性

工频故障分量距离继电器在正向三相对称故障时的动作特性可用图 4.39a 所示的等效网络分析。由图 4.39a 及工频故障分量的定义可得：

$$\begin{aligned} U_k^{(0)} &= \left|\Delta\dot{E}_k\right| = \left|-\Delta\dot{I}_M(Z_M + Z_{Lk}) - \Delta\dot{I}_k R_g\right| \\ &= \left|-\Delta\dot{I}_M(Z_M + Z_r)\right| = \left|\Delta\dot{I}_M\right|\left|Z_M + Z_r\right| \end{aligned} \tag{4.108}$$

$$\left|\Delta\dot{U}'\right| = \left|-\Delta\dot{I}_M(Z_M + Z_{set})\right| = \left|\Delta\dot{I}_M\right|\left|Z_M + Z_{set}\right| \tag{4.109}$$

将式(4.108)、式(4.109)代入式(4.107)，消去 $\left|\Delta\dot{I}_M\right|$ 得到

$$\left|Z_M + Z_{set}\right| \geqslant \left|Z_M + Z_r\right| \tag{4.110}$$

其中，Z_r 为 k_1 点经过渡电阻短路时在保护安装处 M 测量到的测量阻抗。由式(4.108)可得

$Z_r = Z_{Lk} + \dfrac{\Delta \dot{I}_k}{\Delta \dot{I}_M} R_g = Z_{Lk} + \dfrac{\Delta \dot{I}_M + \Delta \dot{I}_N}{\Delta \dot{I}_M} R_g$。由此式可知，在经过电阻 R_g 短路时，距离元件测量

阻抗 Z_r 多了一项与 R_g 有关的阻抗 $\dfrac{\Delta \dot{I}_M + \Delta \dot{I}_N}{\Delta \dot{I}_M} R_g$，使得距离元件的保护范围减小。而电流工频

变化量 $\Delta \dot{I}_M$ 和 $\Delta \dot{I}_N$ 的相位几乎总是相同的，所以增加的阻抗是纯电阻性，因此不会因对侧的

助增电流而引发超越现象。这是工频变化量距离元件的一大优点。同时，工频变化量距离元

件允许有较大的过渡电阻，反方向出口故障时不会因过渡电阻的影响而误动作。

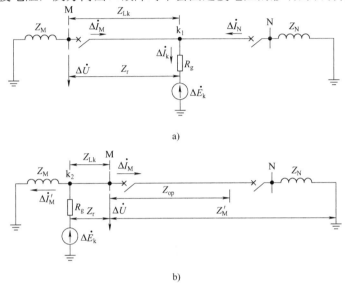

图 4.39　动作特性分析用等效网络

a) 正方向故障　b) 反方向故障

　　在式 (4.110) 中，系统阻抗 Z_M 和整定阻抗 Z_{op} 都为常数，Z_r 随着短路距离和过渡电阻的

变化而变化，式 (4.110) 取等号，可以得到临界动作情况下 Z_r 的轨迹，即动作的特性为

$$\left| Z_M + Z_{op} \right| = \left| Z_M + Z_r \right| \tag{4.111}$$

　　在阻抗复平面上，该特性是以 $-Z_M$ 为圆心，以 $\left| Z_M + Z_{op} \right|$ 为半径的圆，如图 4.40a 所示。

当 Z_r 落在圆内时，满足方程式 (4.110)，测量元件动作，所以圆内为动作区，圆外为非动作区。

可见，在正向故障时，特性圆的直径很大，有很强的允许过渡电阻能力。

　　在反向三相对称故障时，系统的分析网络如图 4.39b 所示，由图可见

$$U_k^{(0)} = \left| \Delta \dot{E}_k \right| = \left| \Delta \dot{I}_M \right| \left| Z_M' + Z_r \right| \tag{4.112}$$

$$\left| \Delta \dot{U}' \right| = \left| \Delta \dot{U} - \Delta \dot{I}_M Z_{op} \right| = \left| \Delta \dot{I}_M (Z_M' - Z_{op}) \right| = \left| \Delta \dot{I}_M \right| \left| Z_M' - Z_{op} \right| \tag{4.113}$$

式中，Z_M' 为从保护安装处到对端系统中性点的等值阻抗。

　　将式 (4.112)、式 (4.113) 代入式 (4.107)，得到

$$\left| Z_M' - Z_{set} \right| \geqslant \left| Z_M' + Z_r \right| \tag{4.114}$$

　　上式中，反方向故障地点是随机的，因此，Z_r 是变量，如设 $Z_k = -Z_r$，则上式可改写为

$$\left|Z_{set} - Z'_M\right| \geqslant \left|Z_k - Z'_M\right| \qquad (4.115)$$

所以，反方向故障时，变量 Z_k 的动作轨迹在阻抗平面上是以相量 Z'_M 末端为圆心，以 $\left|Z'_M - Z_{set}\right|$ 为半径的上抛阻抗圆，如图 4.40b 所示。实际上 Z_r 总是电感性的，因此 $-Z_r$ 总是在第三象限，不可能落到位于第一象限的阻抗圆内，所以距离元件不可能动作，即工频变化量距离元件具有明确的方向性。

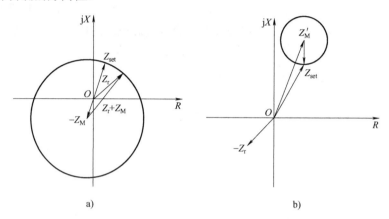

图 4.40　工频故障分量距离继电器的动作特性

a)正方向故障　b)反方向故障

4.6.5　工频故障分量距离保护的特点及应用

通过以上分析，可以得出工频故障分量距离保护具有如下特点：

1)阻抗继电器以电力系统故障引起的故障分量电压、电流为测量信号，不反应故障前的负荷量和系统振荡，动作性能基本上不受非故障状态的影响，无需加振荡闭锁；

2)阻抗继电器仅反应故障分量中的工频量，不反应其中的高次谐波分量，动作性能较为稳定；

3)距离继电器的动作判据简单，因而实现方便，动作速度较快；

4)距离继电器具有明确的方向性，因而可以作为距离元件，又可以作为方向元件使用；

5)阻抗元件具有较好的选相能力。

鉴于上述特点，工频故障分量距离保护可以作为快速距离保护的Ⅰ段，用来快速地切除Ⅰ段范围内的故障。此外，它还可以与四边形特性的阻抗继电器复合组成复合距离继电器，作为纵联保护的方向元件。

习题及思考题

4.1　距离保护时利用正常运行与短路状态间的哪些电气量的差异构成的？

4.2　什么是保护安装处的负荷阻抗、短路阻抗和系统等值阻抗？

4.3　画图并解释偏移阻抗继电器的测量阻抗、整定阻抗和动作阻抗的含义。

4.4　什么是阻抗继电器的最大灵敏角，为什么通常选定线路阻抗角为最大灵敏角？

4.5　为什么阻抗继电器的动作特性必须是一个区域？

4.6 用相位比较方法实现距离继电器有何优点，以余弦比相公式为例说明。

4.7 某方向阻抗继电器整定阻抗 $Z_{set} = 4\angle 75°\Omega$，当继电器的测量阻抗为① $Z_m = 3\angle 15°\Omega$；② $Z_m = 3\angle 45°\Omega$；③ $Z_m = 3\angle 75°\Omega$；④ $Z_m = 3\angle -75°\Omega$ 时，该继电器是否动作？

4.8 有一方向阻抗继电器，若正常运行时的测量阻抗为 $Z_j = 3.5\angle 30°\Omega$，要使该方向阻抗继电器在正常运行时不动作，则整定阻抗最大不能超过多少($\varphi_{sen} = 75°$)？

4.9 如图 4.41 所示电网，已知线路的正序阻抗 $Z_1 = 0.4\Omega/km$，$\varphi_k = 70°$，线路 L1、L2 上装有三段式相间距离保护，测量元件均采用方向阻抗继电器，线路 AB 的最大负荷电流 $I_{L.max} = 350A$，负荷功率因数 $\cos\varphi_L = 0.9$，$K'_{rel} = 0.85$，$K''_{rel} = 0.8$，$K_{rel} = 1.2$，$K_{re} = 1.15$，$K_{st} = 1.3$，线路 BC 距离Ⅲ段的动作时限为 2s，试求距离保护 1 的Ⅰ、Ⅱ、Ⅲ段的整定阻抗及动作时限。

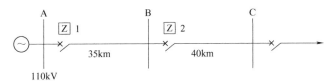

图 4.41 题 4.9 图

4.10 设图 4.42 所示网络各线路均装设有相间距离保护，试对保护 1 的Ⅰ、Ⅱ、Ⅲ段进行整定计算，即求各段动作阻抗 Z'_{op}、Z''_{op}、Z'''_{op}，动作时间 t'_1、t''_1、t'''_1，Ⅱ段保护的灵敏度 K_{lm}，Ⅲ段保护的近、远后备灵敏度 $K_{lm(1)}$、$K_{lm(2)}$ 并进行灵敏度校验。已知：$E_{s1} = E_{s2} = 115/\sqrt{3}$ kV；$X_{s1.min} = 20\Omega$，$X_{s1.max} = 25\Omega$；$X_{s2.min} = 25\Omega$，$X_{s2.max} = 30\Omega$；变压器容量为 31.5MVA，$U_k\% = 10.5\%$；$I_{L.max.AB} = 350A$，$\cos\varphi_L = 0.9$，$\varphi_k = 70°$，$K'_{rel} = 0.85$，$K''_{rel} = 0.8$，$K'''_{rel} = 1.2$，$K_{re} = 1.15$，$K_{st} = 1$ 线路正序阻抗 $Z_1 = 0.4\Omega/km$。正常时母线最低电压 $U_{L.min} = 0.9U_N$（$U_N = 110kV$），其他参数如图 4.42 所示(Ⅲ段采用方向阻抗继电器)。

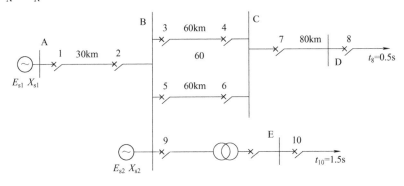

图 4.42 题 4.10 图

第5章

输电线路的纵联保护

在现代高压输电系统中，为了保证电力系统运行的稳定性，在很多情况下都要求保护能无延时地切除被保护线路内部任意地点的故障。前面所介绍的电流保护、距离保护仅利用被保护元件（如线路）一侧的电气量构成保护判据，因而它们不可能快速区分本线路末端和对侧母线（或相邻线路始端）的故障，只能采用延时或缩短保护区的阶段式配合关系实现故障元件的选择性切除。这样导致线路末端故障需要Ⅱ段延时切除，这在高压输电系统中难以满足系统稳定性对快速切除故障的要求。为了解决这一问题，需要引入新的保护原理——纵联差动保护。

5.1 基本原理与类别

研究和实践表明，利用线路两侧的电气量可以快速、可靠地区分本线路内部和外部的故障，达到有选择、快速地切除线路内部任一点短路故障的目的。为此需要将线路一侧电气量信息传送到另一侧去，安装于线路两侧的保护对两侧的电气量同时比较、联合工作，也就是说在线路两侧之间发生纵向的联系，以这种方式构成的保护称之为输电线路的纵联保护。

输电线路的纵联保护两端比较的电气量可以是流过两端的电流、流过两端电流的相位或流过两端功率的方向等，比较两端不同电气量的差别可构成不同原理的纵联保护。将一端的电气量或其用于被比较的特征传送到对端，可以根据不同的信息传送通道条件，采用不同的传输技术。以输电线路纵联保护为例，其一般构成如图 5.1 所示。理论上这种纵联保护仅反应线路内部故障，不反应正常运行和外部故障两种工况，因而具有输电线路内部短路时动作的绝对选择性。

输电线路纵联保护是利用两端电气量在故障与非故障时的特征差异构成保护的。线路内部发生故障与其他运行状态（包括外部发生故障和正常运行）相比，电力线两端的电流波形、功率方向、电流相位以及两端的测量阻抗都具有明显的差异，利用这些差异可以构成不同原理的纵联保护。

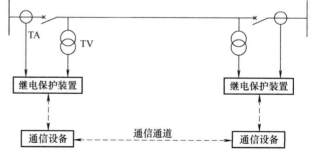

图 5.1 输电线路纵联保护结构框图

从保护动作原理上，国际大电网会议（CIGRE）将纵联保护分为单元式保护（Unit Protection）和非单元式保护（Non-unit Protection）两大类。所谓单元式保护是将输电线路看作一个被保护单元，从输电线路的每一端采集电气量的测量值，通过通信通道传输到对端，在各端将这些测量值进行直接比较，以决定保护装置是否应该动作跳闸。根据这一定义，比较电流波形(幅值和相位)的电流差动保护、比较电流相位的相位差动保护都属于这一类。所谓非单元式保护也是在输电线路的各端对某种或几种电气量进行测量,但并不将测量值直接传送到对端直接进行比较,而是传送根据这些测量值得到的对故障性质(如故障方向、故障位置)的某种判断结果。属于这类保护的有方向比较式纵联保护、距离纵联保护、零序纵联保护等。

另外,从保护所利用通道类型上,纵联保护可以分为:①光纤纵联保护;②电力线载波保护(或高频保护);③微波纵联保护;④导引线纵联保护等。

5.2 线路两侧信息的传输

输电线路纵联保护的工作需要两端信息,两端保护要通过通信设备和通信通道快速地进行信息传递。随着信道设备和通信技术的发展,继电保护交换两端信息的设备和技术也在发展、变化,输电线路保护目前常用的信息传输通道有:光纤通道、电力线载波通道、微波通道和导引线通道。

5.2.1 光纤通道

光纤通道以光纤作为信号传递媒介。随着光纤技术的发展和光纤制作成本的降低,光纤通信网已经成为电力通信网的主干网,光纤通信在电力系统通信中得到越来越多的应用,例如连接各高压变电所的电力调度自动化信息系统、利用光纤通信的纵联保护、配电自动化通信网等都应用光纤通信。由于光纤通信容量大,因此可以利用它构成输电线路的分相纵联保护,如分相纵联电流差动保护等。

1. 光纤通道的组成

下面以点对点单向光纤通信系统来说明光纤通道的组成,其结构如图 5.2 所示。它通常由光发射机、光纤、中继器和光接收机组成。光发射机的作用是把电信号转变为光信号,一般由电调制器和光调制器组成。光接收机的作用是把光信号转变为电信号,一般由光探测器和电解调器组成。

图 5.2　点对点单向光纤通信系统

电调制器的作用是把信息转换为适合信道传输的信号,多为数字信号。光调制器的作用是把电调制信号转换为适合光纤信道传输的光信号,如直接调制激光器的光强,或通过外调制器调制激光器的相位。中继器的作用是对经光纤传输衰减后的信号进行放大。中继器有"光—电—光"中继器和全光中继器两种。如需对信息进行分出和插入,可使用"光—电—光"中继器;如只要求对光信号进行放大,则可以使用光放大器。光探测器的作用是把经光纤传输后的微弱光信号转变为电信号。电解调器的作用是把电信号放大,恢复出原信号。

2. 光纤通道的现场应用

目前现场使用的数字式保护装置的光纤通道一般可以配置成单路或双路，且保护装置对每路均支持专用连接方式或复用连接方式。

(1)采用专用光纤通道连接

在满足纤芯数量及传输距离允许范围内等条件时，优先采用专用光纤通道，如图 5.3 所示。专用光纤通道可采用 2048kbit/s 或 64kbit/s 的通信速率，推荐采用 2048kbit/s 的通信速率。装置硬件对两种速率完全自适应，无需任何硬件跳线。

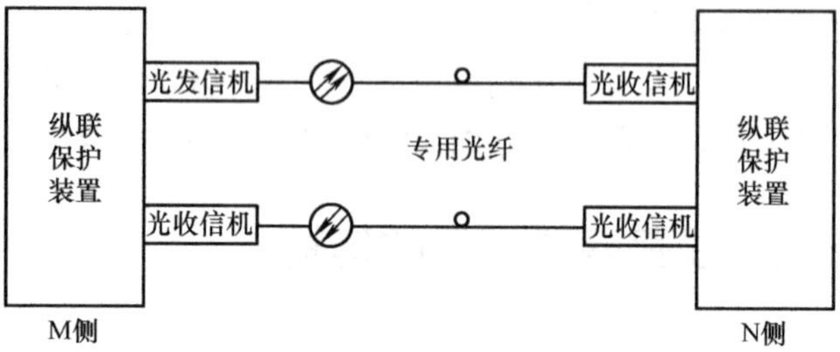

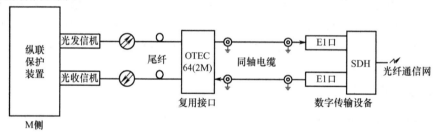

图 5.3　光纤通道专用连接方式

(2)采用复用光纤通道连接

当不满足专用连接方式的条件时，可采用复用光纤通道，每一通道仍然支持 2048kbit/s 或 64kbit/s 的通信速率，如图 5.4 所示。保护装置接收或发送的光信号通过复用接口和数字传输设备与公用的光纤通信网连接，图中仅示出单侧设备，另一侧设备与之形式相同，连接对称。这种接口方式每一通道需要使用 1 对光纤通信接口装置，其型号因复用通道采用的通信速率不同而有所差异。

图 5.4　光纤通道复用连接方式

(3)双通道工作方式

纵联保护装置大都可以提供双通道工作方式，每个通道都可采用专用光纤通道或复接通道，图 5.5 为双通道均采用专用连接方式的示意图。当一个通道采用复用光纤连接方式，另外一个通道采用专用光纤连接方式时，装置将优先采用专用光纤通道。双通道(通道一、通道二)并行工作，独立收发数据，某一通道中断不影响另一通道工作，提高了通道的可靠性。采用双通道工作方式时，两侧保护双通道不能混接，否则装置会因通道混联告警。

3. 光纤通道的特点

(1)通信容量大

从理论上讲，用光作载波可以传输100亿个话路。实际上目前一对光纤一般可通过几百路到几

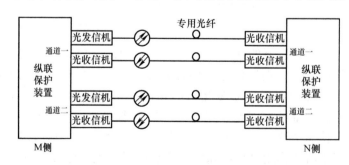

图 5.5　双通道专用连接示意图

千路，而一根细小的光缆又可包含几十根到几百根光纤，因此光纤通信系统的通信容量是非常大的。

(2)可以节约大量金属材料

光纤由玻璃或硅制成，其来源丰富，供应方便。光纤很细，直径约 100μm，对于最细的"单模纤维"光纤，1kg 的纯玻璃可拉制光纤几万公里长；对较粗的"多模纤维"光纤，也可拉制光纤 100 多公里长。而 100km 长的 1800 路同轴通信电缆就需用铜 12t、铝 50t。由此可见，光纤通信的经济效果是很可观的。

光纤通信还有保密性好，敷设方便，不怕雷击，不受外界电磁干扰，抗腐蚀和不怕潮等优点。

光纤最重要的特性之一是无感应性能，因此利用光纤可以构成无电磁感应的、极为可靠的通道。这一点对继电保护来说尤为重要，在易受地电位升高、暂态过程及其他有严重干扰的金属线路地段之间，光纤是一种理想的通信媒介。

5.2.2 电力线载波通道

电力线载波通道不需要专门架设通信通道，而是利用输电线路构成通道，用以传送 50～400kHz 的高频信号，所以也把这种通道称为高频通道。载波通道既可用一相导线和大地构成，称为"相—地"通道，也可用两相导线构成，称为"相—相"通道。利用"导线—大地"作为载波通道是比较经济的方案，因为它只需要在线路一相上装设构成通道的设备，但它也存在能量衰耗和干扰较大的缺点，此外，由于在 50～400kHz 内频道的数量有限，通信、保护、远动等都要用到载波通道，因此载波通道拥挤的矛盾比较突出。

1. 电力线载波通道的构成

载波通道由输电线路及其信息加工和连接设备(阻波器、耦合电容器及高频收/发信机)等组成，简单的构成原理如图 5.6 所示，各主要元件的作用分述如下。

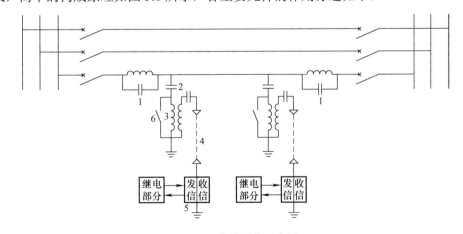

图 5.6 载波通信示意图

1—阻波器 2—耦合电容器 3—连接滤波器 4—电缆 5—高频收/发信机 6—接地开关

(1)阻波器

为了使高频载波信号只在本线路中传输而不穿越到相邻线路上去，采用了电感线圈与可

109

调电容组成的并联谐振回路，其阻抗与频率的关系如图5.7所示。当其谐振频率为载波信号所选定的载波频率时，对载波电流呈现极高的阻抗(1000Ω以上)，从而将高频电流阻挡在本线路以内。而对工频电流，阻波器仅呈现电感线圈的阻抗(约0.04Ω)，工频电流畅通无阻。

(2)耦合电容器

为使工频对地泄漏电流减到极小，采用耦合电容器，它的电容量极小，对工频信号呈现非常大的阻抗，同时可以防止工频电压侵入高频收、发信机；对高频载波电流则阻抗很小，与连接滤波器共同组成带通滤波器，只允许此通带频率内的高频电流通过。

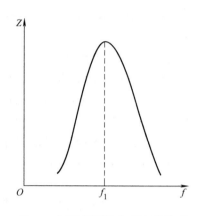

图5.7 阻波器阻抗与频率的关系

(3)连接滤波器

它是一个可调电感的空芯变压器和一个接在二次侧的电容。连接滤波器与耦合电容器共同组成一个"四端口网络"带通滤波器，使所需频带的电流能够顺利通过。例如220kV架空输电线路的波阻抗约为400Ω，而高频电缆的波阻抗约为100Ω，为使高频信号在收、发信机与输电线路间传递时不发生反射，减少高频能量的附加衰耗，需要"四端口网络"使两侧的阻抗相匹配。同时空芯变压器的使用进一步使收、发信机与输电线路的高压部分相隔离，提高了安全性。

(4)高频收/发信机

高频收、发信机由继电保护部分控制发出预定频率(可设定)的高频信号，通常是在电力系统发生故障保护启动后发出信号，但也有采用长期发信发生故障保护启动后停信或改变信号频率的工作方式。发信机发出的高频信号经载波信道传送到对端，被对端和本端的收信机所接收，两端的收信机既接收来自本侧的高频信号又接收来自对侧的高频信号，两个信号经比较判断后，作用于继电保护的输出部分。

(5)接地开关

当检修连接滤波器时，接通接地开关，使耦合电容器下端可靠接地。

输电线路机械强度大，运行安全可靠。但是在线路发生故障时通道可能遭到破坏，为此载波保护应在技术上保证本线路故障、信号中断的情况下仍能正确动作。

2. 电力线载波通道的工作方式

输电线路纵联保护载波通道按其工作方式可分为三大类：正常无高频电流方式、正常有高频电流方式和移频方式。根据高频保护对动作可靠性要求的不同特点，可以选用任意的工作方式，我国常用正常无高频电流方式。

(1)正常无高频电流方式

在电力系统正常工作条件下发信机不发信，沿通道不传送高频电流，发信机只在电力系统发生故障期间才由保护的启动元件启动发信，因此又称之为故障启动发信的方式。在利用正常无高频电流方式时，为了确知高频通道完好，往往采用定期检查的方法，定期检查又可分为手动和自动两种。在手动检查的条件下，值班员手动启动发信，并检查高频信号是否合格，通常是每班一次。该方式在我国电力系统中得到了广泛的采用。自动检查的方法是利用专门的时间元件按规定时间自动启动，检查通道，并向值班员发出信号。

(2) 正常有高频电流方式

在电力系统正常工作条件下发信机处于发信状态,沿高频通道传送高频电流,因此又称之为长期发信方式;其主要优点是使高频保护中的高频通道部分经常处于监视的状态,可靠性较高;此外,无需收、发信机启动元件,使装置稍为简化。它的缺点是因为经常处于发信状态,增加了对其他通信设备的干扰时间;因为经常处于收信状态,外界对高频信号干扰的时间长,要求自身有更高的抗干扰能力。应该指出,在长期发信的条件下,通道部分能否得到完善的监视仍要视具体情况而定。

(3) 移频方式

在电力系统正常工作条件下,发信机处在发信状态,向对端送出频率为 f_1 的高频电流,这一高频电流可作为通道的连续检查或闭锁保护之用。在线路发生故障时,保护装置控制发信机停止发送频率为 f_1 的高频电流,改发频率为 f_2 的高频电流。这种方式能监视通道的工作情况,提高了通道工作的可靠性,并且抗干扰能力较强;但是它占用的频带宽,通道利用率低。

3. 高频信号的种类和性质

在纵联方向、纵联距离保护中,通道中传送的是反应方向继电器和阻抗继电器动作行为的逻辑信号。按照高频载波通道传送的信号在纵联保护中所起作用的不同,可将电力线载波信号分为闭锁信号、允许信号和跳闸信号。

应该指出,必须注意将“高频信号”和“高频电流”区分开来。所谓高频信号是指线路一端的高频保护在故障时向线路另一端的高频保护发出的信息或命令。因此,在经常无高频电流的通道中,当故障时发出高频电流固然代表一种信号,但在经常有高频电流的通道中,当故障时将高频电流停止或者改变其频率也代表一种信号,这一情况就表明了“信号”和“电流”的区别。

(1) 闭锁信号

闭锁信号是阻止保护动作于跳闸的信号。换句话说,无闭锁信号是保护作用于跳闸的必要条件。只有同时满足以下两个条件时保护才作用于跳闸:

1) 本端保护元件动作;

2) 无闭锁信号。

表示闭锁信号的逻辑框图如图 5.8a 所示。

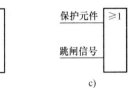

在闭锁式方向比较高频保护中,当外部故障时,闭锁信号自线

图 5.8 高频信号的逻辑框图

路近故障点的一端发出,当线路另一端收到闭锁信号时,其保护元件虽然动作,但不作用于跳闸;当内部故障时,任何一端都不发送闭锁信号,两端保护都收不到闭锁信号,保护元件动作后即作用于跳闸。

(2) 允许信号

允许信号是允许保护动作于跳闸的信号。换句话说,有允许信号是保护动作于跳闸的必要条件。只有同时满足以下两个条件时,保护装置才动作于跳闸:

1) 本端保护元件动作;

2) 有允许信号。

表示允许信号的逻辑框图如图 5.8b 所示。

在允许式方向比较高频保护中，当区内故障时，线路两端互送允许信号，两端保护都收到对端的允许信号，保护元件动作后即作用于跳闸；当区外故障时，近故障端不发出允许信号、保护元件也不动作，近故障端保护不能跳闸；远故障端的保护元件虽动作，但收不到对端的允许信号，保护不能动作于跳闸。

(3)跳闸信号

跳闸信号是直接引起跳闸的信号，换句话说，收到跳闸信号是跳闸的充要条件。表示跳闸信号的逻辑框图如图 5.8c 所示。跳闸的条件是本端保护元件动作，或者对端传来跳闸信号。只要本端保护元件动作即作用于跳闸，与有无对端信号无关；只要收到跳闸信号即作用于跳闸，与本端保护元件动作与否无关。

从跳闸信号的逻辑可以看出，它在不知道对端信息的情况下就可以跳闸，所以本侧和对侧的保护元件必须具有直接区分区内故障和区外故障的能力，如距离保护Ⅰ段、零序电流保护Ⅰ段等。而阶段式保护Ⅰ段是不能保护线路的全长的，所以采用跳闸信号的纵联保护只能使用在两端保护的Ⅰ段有重叠区的线路，才能快速切除全线任一点的短路。

5.2.3　微波通道

电力系统使用的微波通信频段一般在 300~30000MHz 之间，相比于电力线载波的 50~400kHz 频段，频带要宽很多，信息传输容量要大得多，可以传送交流电的波形。微波通信纵联保护使用的频段属于超短波的无线电波，大气电离层已经不能起反射作用，只能在"视线"范围内传播，传输距离不超过 40~60km；如果两个变电所之间距离超出以上范围，就要装设微波中继站，以增强和传递微波信号。

1. 微波通信纵联保护的构成

微波通信纵联保护的结构如图 5.9 所示，包括输电线路两端的保护装置部分(虚框内)和微波通信部分。在两端的保护装置中需要增加将电气量信息转换成传送微波信息的发送端口和接收微波信息的接收端口。微波通信部分由两个或多个微波站(中继站)中的调制、解调设备，发射、接收设备，连接电缆，方向性天线，以及微波传输的天空组成。

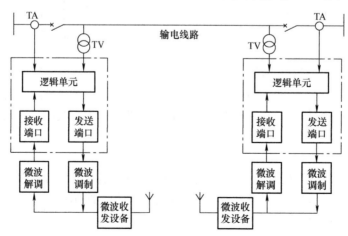

图 5.9　微波通信纵联保护结构示意图

微波信号的调制可以采取频率调制(FM)方式和脉冲编码调制(PCM)方式，可以传送模拟信号，也可以传送数字信号。采用脉冲编码调制(PCM)方式后微波通道可以进一步扩大信息传输量，提高抗干扰能力，也更适合于数字式保护。

2. 微波通信纵联保护的优点

与电力线高频载波保护相比，微波通信纵联保护有以下特点：

1)有一条独立于输电线路的通信通道，输电线路上产生的干扰，如故障点电弧、断路器操作、冲击过电压、电晕等，对通信系统没有影响；通道的检修不影响输电线路运行。

2)扩展了通信频段，可以传递的信息容量增加、速率加快，可以实现纵联电流分相差动原理的保护。

3)受外界干扰的影响小，工业、雷电干扰的频谱基本不在微波频段内，通信误码率低，可靠性高。

4)输电线路的任何故障都不会使通道工作破坏，因此可以传送内部故障时的允许信号和跳闸信号。

需要指出的是，微波通道是理想的通道，保护专用微波通道及设备是不经济的，电力信息系统等在设计时应兼顾继电保护的需要。

5.2.4 导引线通道

导引线通道是最早使用的通信通道，导引线(金属导线)需要和被保护线路平行铺设，用以传送被保护线路各端电气量测量值和有关信号。这种通道一般由两根金属线构成，也可由三根金属线构成。为减小电磁干扰，最好用具有良好导电性能的材料(如铜和铝)做成屏蔽层的屏蔽电缆，并且屏蔽层在电缆两端接地。

导引线通道需要铺导引线电缆传送电气量信息，其投资随线路长度而增加，当线路较长(超过 10km 以上)时就不经济了。此外，导引线越长，自身的运行安全性越低。在中性点接地系统中，除了雷击外，在接地故障时地中电流会引起地电位升高，也会产生感应电压，所以导引线的电缆必须有足够的绝缘水平(例如 15kV 的绝缘水平)，从而使投资增大。上述的影响也可能引起保护的不正确动作。一般导引线中直接传输交流二次电量波形，故导引线保护广泛采用差动保护，但导引线的参数(电阻和分布电容)直接影响保护性能，从而在技术上也限制了导引线保护用于较长的线路，主要用于不超过 15~20km 的重要输电线路。

5.3 纵联电流差动保护

纵联电流差动保护原理建立在基尔霍夫电流定律的基础之上，具有良好的选择性，能灵敏、快速地切除保护区内的故障，不仅被广泛地应用在输电线路保护，而且在能够方便地取得被保护元件两端电流的发电机保护、变压器保护、大型电动机保护中也应用较多。

5.3.1 输电线路纵联电流差动保护的工作原理

输电线路的纵联电流差动保护是纵联保护应用的一个特例。以图 5.10 所示线路为例简要说明纵联电流差动保护的基本原理。根据基尔霍夫电流定律(KCL)可知：当线路 MN 正常运行以及被保护线路外部(如 k_2 点)短路时,若规定电流正方向为由母线流向线路,且不考虑分布电容和电导的影响,M 侧电流为正,N 侧电流为负,两侧电流大小相等、方向相反,即 $\dot{I}_M + \dot{I}_N = 0$。当线路内部短路(如 k_1 点)时,流经输电线两侧的故障电流均为正方向,且 $\dot{I}_M + \dot{I}_N = \dot{I}_k$ ($\dot{I}_k$ 为 k_1 点短路电流)。区内、外短路及正常运行时线路两端电流相量和见表 5.1。利用被保护元件两侧电流和在区内短路与区外短路时一个是短路点电流很大、一个几乎为零的差异,构成电流差动保护;利用被保护元件两侧电流的零序突变量,可以构成零序电流差动保护;利用被保护元件两侧电流在区内短路时几乎同相、区外短路几乎反相的特点,比较两侧电流的相位,可以构成电流相位差动保护。

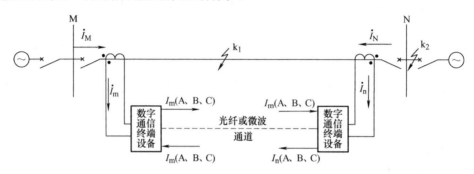

图 5.10　电流纵联差动保护区内、外故障示意图

表 5.1　两端电流相量和

内 部 故 障	外部故障或正常运行
$\sum \dot{i} = \dot{i}_M + \dot{i}_N = \dot{i}_{k1}$	$\sum \dot{i} = \dot{i}_M + \dot{i}_N = 0$

利用输电线路两端电流和(瞬时值或相量)的特征可以构成电流纵联差动保护。由于受电流互感器 TA 误差、线路分布电容等因素的影响,差动元件的门槛值实际上不能设置为零。此时电流差动保护的动作判据实际上为

$$\left| \dot{I}_M + \dot{I}_N \right| \geqslant I_{op} \tag{5.1}$$

式中,$\left| \dot{I}_M + \dot{I}_N \right|$ 为线路两端电流的相量和;I_{op} 为门槛值。

5.3.2　输电线路纵联电流差动保护特性分析

以下主要讨论输电线路纵联电流差动保护的动作特性。输电线路纵联电流差动保护常用不带制动作用和带有制动作用的两种动作判据,分述如下。

(1)不考虑制动作用的动作判据

对于分布电容电流较小的短距离输电线路,如果两端电流互感器正确选择和匹配,在外部短路时不会产生很大的不平衡电流,因此一般不需要制动。其动作方程为

$$I_r = \left| \dot{I}_M + \dot{I}_N \right| \geqslant I_{op} \tag{5.2}$$

式中,I_r 为流入差动元件的电流;I_{op} 为差动元件的动作电流整定值,其值通常按以下两个条件来选取:

1）躲过外部短路时的最大不平衡电流，即

$$I_{op} = K_{rel} K_{np} K_{er} K_{st} I_{k.max} \tag{5.3}$$

式中，K_{rel} 为可靠系数，取 1.2～1.3；K_{np} 为非周期分量系数，当差动回路采用速饱和变流器时取 K_{np} 为 1，当差动回路采用串联电阻降低不平衡电流时取 K_{np} 为 1.5～2；K_{er} 为电流互感器的 10% 误差系数；K_{st} 为电流互感器的同型系数，当两侧电流互感器的型号、容量都相同时取 0.5，不同时取 1；$I_{k.max}$ 为外部短路时流过电流互感器的最大短路电流（二次值）。

2）躲过最大负荷电流。考虑正常运行时一侧电流互感器二次断线时差动元件在流过线路的最大负荷电流时保护不动作，即

$$I_{op} = K_{rel} I_{L.max} \tag{5.4}$$

式中，K_{rel} 为可靠系数，取 1.2～1.3；$I_{L.max}$ 为线路正常运行时的最大负荷电流（二次值）。

取以上两个整定值中较大的一个作为差动元件的整定值。保护应满足线路在单侧电源运行发生内部短路时有足够的灵敏度，即

$$K_{sen} = \frac{I_r}{I_{op}} = \frac{I_{k.min}}{I_{op}} \geqslant 2 \tag{5.5}$$

式中，$I_{k.min}$ 为单侧最小电源作用且被保护线路末端短路时，流过保护的最小短路电流。

若纵联差动保护不满足灵敏度要求，可采用带制动特性的纵联差动保护。

(2) 考虑制动作用的动作判据

对于长距离高压输电线路的分相电流差动保护，因线路分布电容电流大、存在并联电抗器电流、短路电流中非周期分量使电流互感器饱和等原因，在外部短路时可能引起的不平衡电流较大，需要采用带有制动作用的保护才能保证不误动。促使保护动作的电流称为动作电流（即差动电流），可以表示为

$$I_r = \left| \dot{I}_M + \dot{I}_N \right| \tag{5.6}$$

阻止保护动作的电流称为制动电流，可以表示为

$$I_{res} = \left| \dot{I}_M - \dot{I}_N \right| \tag{5.7}$$

使保护刚能启动的最小动作电流称为保护的启动电流，用 I_{op} 表示。保护的启动电流 I_{op} 会随着制动电流 I_{res} 的增大而增大，两者之间的关系称为保护的制动特性。图 5.11 为一典型的多段折线式的制动特性，横坐标表示制动电流。因制动电流一般正比于外部短路时的短路电流，故横坐标也反映外部短路时的短路电流。纵坐标为不平衡电流和保护的启动电流。曲线表示不平衡电流随短路电流变化的曲线，折线则为保护的启动电流。

1）当 $I_{res} \leqslant I_{res0}$ 时，动作特性为一段水平直线，没有制动段，因为短路电流小时，不平

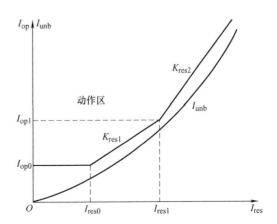

图 5.11　典型多段折线式制动特性

115

衡电流小，不需要制动，最小起动电流定值 I_{op0} 按照之前不考虑制动作用的原则整定即可。动作判据可表示为

$$I_r = \left| \dot{I}_M + \dot{I}_N \right| > I_{op0} \tag{5.8}$$

2）当 $I_{res0} \leqslant I_{res} \leqslant I_{res1}$ 时，动作特性为中间一段倾斜直线，动作判据可表示为

$$I_r = \left| \dot{I}_M + \dot{I}_N \right| \geqslant I_{op0} + K_{res1} \left| I_{res} - I_{res0} \right| \tag{5.9}$$

式中，K_{res1} 为中间段倾斜直线的斜率。

3）当 $I_{res} \geqslant I_{res1}$ 时，动作特性为最后一段倾斜直线，动作判据可表示为

$$I_r = \left| \dot{I}_M + \dot{I}_N \right| \geqslant I_{op0} + K_{res1} \left| I_{res1} - I_{res0} \right| + K_{res2} \left| I_{res} - I_{res1} \right| \tag{5.10}$$

式中，K_{res2} 为最后一段倾斜直线的斜率，K_{res1} 和 K_{res2} 一般可取为 0～1，并且 $K_{res2} > K_{res1}$。

一般情况下，最小制动电流 I_{res0} 应大于正常运行时由于两侧电流互感器特性不同引起的不平衡电流和线路的分布电容电流。微机保护中先计算当前的制动电流 I_{res}，按其所在区间选择相应的动作判据。

5.3.3 纵联电流差动保护的常用算法

在目前微机保护中所用的差动保护除了 5.3.2 节介绍的通用整定算法，还包含其他多种差动保护算法，以满足现场不同运行工况的要求，下面介绍三种常用的纵联电流差动保护算法。

1. 稳态量的分相差动算法

仍设保护装置的动作电流（即差动电流）I_r 和制动电流 I_{res} 为

$$\left. \begin{array}{c} I_{r\varphi} = \left| \dot{I}_{M\varphi} + \dot{I}_{N\varphi} \right| \\ I_{res\varphi} = \left| \dot{I}_{M\varphi} - \dot{I}_{N\varphi} \right| \end{array} \right\} \tag{5.11}$$

式中，φ 为 A、B、C 相。由于是分相差动，保护算法本身具备选相功能。稳态量的差动元件可做成两段式，瞬时动作的第 I 段和略带延时的第 II 段。

（1）稳态 I 段相差动保护

瞬时动作的稳态 I 段相差动元件依靠定值躲开电容电流的影响，其起动电流应取为正常运行下本线路电容电流的 4～6 倍。其动作方程如下：

$$\left. \begin{array}{c} I_{r\varphi} > K_{res}^{I} \times I_{res\varphi} \\ I_{r\varphi} > I_{op0} \\ \varphi = A, B, C \end{array} \right\} \tag{5.12}$$

式中，K_{res}^{I} 为 I 段相差动保护制动系数，且 $0 < K_{res}^{I} < 1$；I_{op0} 为起动电流，由正常运行时未经补偿的实测电容电流的差流获得。

（2）稳态 II 段相差动保护

稳态 II 段相差动元件的起动电流为正常运行下本线路电容电流的 1.5 倍，并带 25～40ms 延时出口。其动作方程如下：

$$\left.\begin{array}{l} I_{r\varphi} > K_{res}^{II} \times I_{res\varphi} \\ I_{r\varphi} > I_{op0} \\ \varphi = A,B,C \end{array}\right\} \tag{5.13}$$

式中，K_{res}^{II} 为 II 段相差动保护制动系数，且 $0 < K_{res}^{II} < 1$；I_{op0} 为"差动电流起动值"（整定值）和实测电容电流的较大值。

2. **工频变化量的分相差动算法**

现在有的厂家用输电线路两端的工频变化量的相电流来构成差动元件，将工频变化量的概念不但用于构成阻抗元件和方向元件，还用于构成差动元件。工频量的分相差动元件的动作电流和制动电流分别为

$$\left.\begin{array}{l} \Delta I_{r\varphi} = \left| \Delta \dot{i}_{M\varphi} + \Delta \dot{i}_{N\varphi} \right| = \left| \Delta (\dot{I}_{M\varphi} + \dot{I}_{N\varphi}) \right| \\ \Delta I_{res\varphi} = \left| \Delta \dot{i}_{M\varphi} - \Delta \dot{i}_{N\varphi} \right| = \left| \Delta \dot{i}_{M\varphi} \right| + \left| \Delta \dot{i}_{N\varphi} \right| \\ \varphi = A,B,C \end{array}\right\} \tag{5.14}$$

式中，$\Delta I_{r\varphi}$ 为工频变化量差动电流，即为两侧电流变化量相量和的幅值；$\Delta I_{res\varphi}$ 为工频变化量制动电流，即为两侧电流变化量的标量和。

由于是分相差动，本身具有选相功能。工频变化量的差动元件也做成比率制动特性。由于工频变化量的差动元件工作在暂态过程，所以其起动电流值与上述稳态 I 段取值相同，可取为正常运行下本线路电容电流的 4～6 倍。其动作方程为

$$\left.\begin{array}{l} \Delta I_{r\varphi} > K_{res} \times \Delta I_{res\varphi} \\ \Delta I_{r\varphi} > I_{op0} \\ \varphi = A,B,C \end{array}\right\} \tag{5.15}$$

式中，K_{res} 为制动系数，且 $0 < K_{res} < 1$；I_{op0} 为起动电流，由正常运行时实测电容电流未经补偿的差流获得。

3. **零序差动元件**

用输电线路两端的零序电流构成差动元件，其动作电流和制动电流分别为

$$\left.\begin{array}{l} I_{0r} = \left| \dot{I}_{0M} + \dot{I}_{0N} \right| \\ I_{0res} = \left| \dot{I}_{0M} - \dot{I}_{0N} \right| \end{array}\right\} \tag{5.16}$$

由于零序电流差动保护本身不具有选相能力，所以在软件中需要配置用于零序电流差动保护选相的元件。零序电流差动保护对高阻接地故障起辅助作用，如果其他保护已经判定故障，则不进行零序差动保护判定。零序电流差动保护原理与相电流差动保护相同，如图 5.12 所示，动作特性为两段折线。

1）当 $I_{0res} \leqslant I_{0res0}$ 时，动作特性为一段水平直线，动作判据可表示为

$$I_{0r} = \left| \dot{I}_{0M} + \dot{I}_{0N} \right| > I_{0op0} \tag{5.17}$$

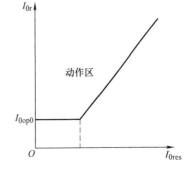

图 5.12 零序电流差动保护比率制动特性

117

2) 当 $I_{0res} \geqslant I_{0res0}$ 时，动作特性为最后一段倾斜直线，动作判据可表示为

$$I_{0r} = \left| \dot{I}_{0M} + \dot{I}_{0N} \right| \geqslant I_{0op0} + K_{0res} \left| I_{0res} - I_{0res0} \right| \tag{5.18}$$

式中，系数 K_{0res} 为后一段倾斜直线的斜率，且 $0 < K_{0res} < 1$。

5.3.4 影响纵联电流差动保护正确动作的因素

1. 电流互感器的误差和不平衡电流

由纵联电流差动保护的原理可知，在外部短路情况下，输电线两侧一次电流虽然大小相等，方向相反，其和为零，但由于电流互感器传变的幅值误差和相位误差，使其二次电流之和不再等于零(此电流也就是不平衡电流)，保护可能进入动作区，误将线路断开。不平衡电流是由于两侧电流互感器的磁化特性不一致，励磁电流不等造成的。稳态负荷下，其值较小；而在短路时，短路电流很大，使电流互感器铁心严重饱和，不平衡电流可能达到很大的数值。

为保证差动保护的选择性，差动元件的启动电流必须躲开上述最大不平衡电流。因此，最大不平衡电流越小，则保护的灵敏度越好，如何减少不平衡电流就成为差动保护的中心问题。为减少不平衡电流，输电线路两端应采用型号相同、磁化特性一致、铁心截面积较大的高精度电流互感器，在必要时，还可采用铁心磁路中有小气隙的电流互感器。

2. 输电线的分布电容电流及其补偿措施

由于线路具有分布电容，因而存在线路电容电流，正常运行和外部短路时线路两端电流之和不为零。对较短的高压架空线路，电容电流不大，线路两侧电流之和不大，纵联电流差动保护可用不平衡电流的门限值躲过它。对于高压长距离架空输电线路或电缆线路，充电电容电流很大，若用门限值躲电容电流，将极大地降低灵敏度，所以通常采用电压测量来补偿电容电流。对于一般长度的输电线路，可以将分布参数等值为集中参数，按照如图 5.13 的 π 形等效电路来进行分析。在正常运行与外部短路时两侧电流 $\dot{I}_M$ 和 $\dot{I}_N$ 的相位差已经不再是 $180°$，而电流 $\dot{I}_{MN}$ 和 $\dot{I}_{NM}$ 的相位差仍然是 $180°$，因此应该使用 $\dot{I}_{MN}$ 和 $\dot{I}_{NM}$ 构成纵联电流差动保护。

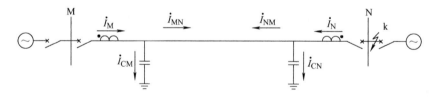

图 5.13   长距离输电线路的 π 形等值电路

利用故障后线路两侧的实测电压对电容电流进行精确补偿，即采用半补偿方案：在线路两侧各补偿电容电流的一半。图 5.14 分别是线路两端 M、N 的正序、负序和零序 π 形等效电路，下面给出电容电流的计算公式。

以 A 相为基准，M 侧的各序电容电流分别为

$$\dot{I}_{MC1} = \frac{\dot{U}_{M1}}{-j2X_{C1}}, \quad \dot{I}_{MC2} = \frac{\dot{U}_{M2}}{-j2X_{C2}}, \quad \dot{I}_{MC0} = \frac{\dot{U}_{M0}}{-j2X_{C0}} \tag{5.19}$$

式中，下标 1、2、0 分别表示正、负、零序参数；X_{C1}、X_{C2} 和 X_{C0} 分别表示输电线路的正、负、零序容抗。

设 $X_{C1}=X_{C2}$，M 侧的各相电容电流为

$$\begin{aligned}\dot{I}_{MC,A} &= \dot{I}_{MC1}+\dot{I}_{MC2}+\dot{I}_{MC0}=\dfrac{\dot{U}_{MA}-\dot{U}_{M0}}{-j2X_{C1}}+\dfrac{\dot{U}_{M0}}{-j2X_{C0}}\\[4pt]\dot{I}_{MC,B} &= \alpha^{2}\dot{I}_{MC1}+\alpha\dot{I}_{MC2}+\dot{I}_{MC0}=\dfrac{\dot{U}_{MB}-\dot{U}_{M0}}{-j2X_{C1}}+\dfrac{\dot{U}_{M0}}{-j2X_{C0}}\\[4pt]\dot{I}_{MC,C} &= \alpha\dot{I}_{MC1}+\alpha^{2}\dot{I}_{MC2}+\dot{I}_{MC0}=\dfrac{\dot{U}_{MC}-\dot{U}_{M0}}{-j2X_{C1}}+\dfrac{\dot{U}_{M0}}{-j2X_{C0}}\end{aligned}\right\} \tag{5.20}$$

式中，$\alpha=e^{j120°}=-\dfrac{1}{2}+j\dfrac{\sqrt{3}}{2}$。

M 侧经补偿后向 N 侧传送的电流为

$$\dot{I}_{MN}=\dot{I}_{M\varphi}-\dot{I}_{MC\varphi}=\dot{I}_{M\varphi}-\left(\dfrac{\dot{U}_{M\varphi}-\dot{U}_{M0}}{-j2X_{C1}}+\dfrac{\dot{U}_{M0}}{-j2X_{C0}}\right) \tag{5.21}$$

同理可得 N 侧经补偿后向 M 侧传送的电流为

$$\begin{cases}\dot{I}_{NM}=-\dot{I}_{N\varphi}-\dot{I}_{NC\varphi}=-\dot{I}_{N\varphi}-\left(\dfrac{\dot{U}_{N\varphi}-\dot{U}_{N0}}{-j2X_{C1}}+\dfrac{\dot{U}_{N0}}{-j2X_{C0}}\right)\\[6pt]\varphi=A,B,C\end{cases} \tag{5.22}$$

式中，$\dot{U}_{M\varphi}$、$\dot{U}_{M0}$ 为对应于 M 侧测得的相电压及零序电压；$\dot{U}_{N\varphi}$、$\dot{U}_{N0}$ 为对应于 N 侧测得的相电压及零序电压。

实际上，补偿工频电容电流，各端如何分配总的电容量并不关键，只是要求总的电容补偿量正确。

3. 负荷电流对纵联电流差动保护的影响

传统的纵联电流差动保护比较线路两侧的全电流，根据对工频故障分量的分析可以知道，全电流是故障状态下负荷电流和故障分量电流的叠加，在一般的内部短路情况下可以满足灵敏度的要求。但是当区内发生经大过渡电阻短路时，因为故障分量电流与负荷电流相差不是太大，负荷电流为穿越性电流，对两侧全电流的大小及相位有影响，会降低保护的动作灵敏度，使得纵联电流差动保护允许过渡电阻能力有限。

图 5.15 为在重负荷条件下发生经大过渡电阻区内短路时的系统接线，按照图示的电流方向，两侧测量得到的全电流分别为

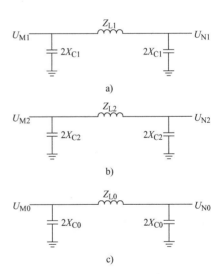

图 5.14　长距离输电线路正、负、
零序 π 形等效电路

a) 正序　b) 负序　c) 零序

$$\begin{cases}\dot{I}_{M\varphi}=\Delta\dot{I}_{M\varphi}+\dot{I}_{L\varphi}\\[4pt]\dot{I}_{N\varphi}=\Delta\dot{I}_{N\varphi}-\dot{I}_{L\varphi}\\[4pt]\varphi=A,B,C\end{cases} \tag{5.23}$$

式中，$\Delta\dot{I}_{M\varphi}$、$\Delta\dot{I}_{N\varphi}$ 分别是 M、N 两侧的故障分量相电流；$\dot{I}_{L\varphi}$ 为负荷电流。

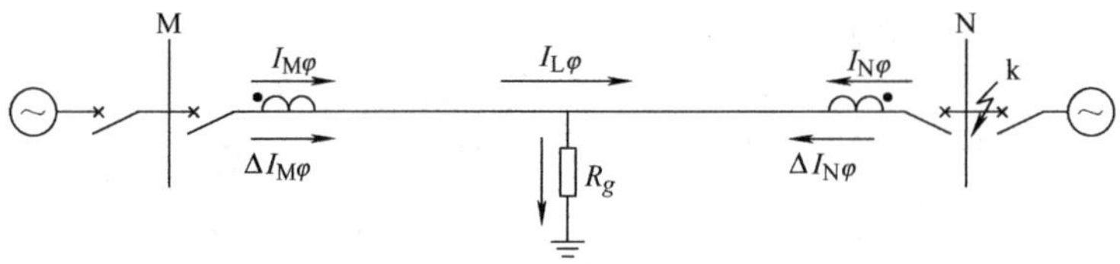

图 5.15　负荷电流对纵联电流差动保护的影响示意图

动作量为

$$I_{\mathrm{r}} = \left| \dot{I}_{\mathrm{M}} + \dot{I}_{\mathrm{N}} \right| = \left| \Delta \dot{I}_{\mathrm{M}} + \Delta \dot{I}_{\mathrm{N}} \right| \tag{5.24}$$

I_{r} 即为短路点的故障分量电流。

制动量为

$$I_{\mathrm{res}} = K \left| \dot{I}_{\mathrm{M}} - \dot{I}_{\mathrm{N}} \right| = K \left| \Delta \dot{I}_{\mathrm{M}} - \Delta \dot{I}_{\mathrm{N}} + 2 \dot{I}_{\mathrm{L}} \right| \tag{5.25}$$

可见在重负荷情况下发生经大电阻短路时，由于 I_{r} 很小而 I_{L} 很大，有可能动作量小于制动量而拒动。

为了提高重负荷情况下保护耐受过渡电阻的能力，不得不降低制动系数 K 的值，同时也就降低了外部故障时的防卫能力，这是纵联电流差动保护的主要缺点。为了消除负荷电流的影响，增强保护的耐过渡电阻能力，提高保护的灵敏度，利用电流的故障分量构成差动保护判据，即

$$\left| \Delta \dot{I}_{\mathrm{M}} + \Delta \dot{I}_{\mathrm{N}} \right| > I_{\mathrm{op}} \tag{5.26}$$

$$\left| \Delta \dot{I}_{\mathrm{M}} + \Delta \dot{I}_{\mathrm{N}} \right| > K \left| \Delta \dot{I}_{\mathrm{M}} - \Delta \dot{I}_{\mathrm{N}} \right| \tag{5.27}$$

式中，$\Delta \dot{I}_{\mathrm{M}}$ 和 $\Delta \dot{I}_{\mathrm{N}}$ 是线路两侧的相电流工频故障分量；I_{set} 为动作门限电流。

制动系数 K 和 I_{op} 值的选取以保证内部在经预定值以下的过渡电阻短路时有足够的动作灵敏度为宜。式 (5.26) 是辅助判据，式 (5.27) 是主判据，两式同时满足时保护跳闸。在区内故障时，式 (5.26)、式 (5.27) 中的制动量、动作量都与负荷电流无关，提高了动作灵敏度。在系统正常运行时，无故障分量，即 $\Delta \dot{I}_{\mathrm{M}}$ 和 $\Delta \dot{I}_{\mathrm{N}}$ 都为零，保护可靠不动作；在区外短路时，$\Delta \dot{I}_{\mathrm{M}}$ 和 $\Delta \dot{I}_{\mathrm{N}}$ 大小相等，相位相反，保护可靠不动作。

5.3.5　两侧电流的同步测量

对于电流差动保护，最重要的是比较两侧"同时刻"的电流，利用导引线直接传递短线路 (小于 10km) 两侧的二次电流，不存在两侧电流的"不同时刻"问题。但是，利用光纤或载波通信远距离传递两侧电流信息时，首先要将各端电流量的瞬时值通过采样数字化，保护常用的采样速率为每工频周波 12～24 点，相差一个采样间隔则相差 15°～30°，保护必须使两侧数据同步才能正确工作。两侧"数据同步"包含两层含义：一是两侧的采样时刻必须严格同时刻，又称为采样同步；二是使用两侧相同时刻的采样数据计算差动电流，也称为数据窗同步。然而通常线路两端相距上百公里，无法使用同一时钟来保证时间统一和采样同步，如何保证两个异地时钟时间的统一和采样时刻的严格同步，成为输电线路纵联电流差动保护应用必须解决的技术问题。常见的同步方法有基于数据通道的同步方法和基于全球定位系统同步时钟的同步方法。以下介绍两种方法的基本原理。

1. 基于数据通道的同步方法

基于数据通道的同步方法包括采样时刻调整法、采样数据修正法和时钟校正法，尤以采样时刻调整法应用较多。图 5.16 所示的线路两侧保护中，任意规定一侧为主站，另一侧为从站。两侧的固有采样频率相同，采样间隔为 T_s，由晶振控制，t_{m1}、t_{m2}、$\cdots$、t_{mj}、$t_{m(j+1)}$ 为主站采样时刻点对应的主站时标，t_{s1}、t_{s2}、$\cdots$、t_{si}、$t_{s(i+1)}$ 为从站采样时刻点对应的主站时标。

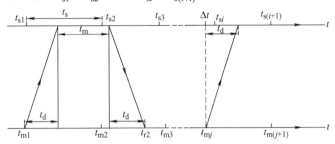

图 5.16　采样时刻调整法原理示意图

（1）通道延时的测定

在正式开始同步采样前，主站在 t_{m1} 时刻向从站发送一帧信息，该信息包括主站当前时标和计算通道延时 t_d 的命令；从站收到命令后延时 t_m 时间将从站当前时标和延时时间 t_m 回送给主站。由于两个方向的信息传送是通过同一路径，可认为传输延时相同。主站收到返回信息的时刻为 t_{r2}，可计算出通道延时为

$$t_d = \frac{t_{r2} - t_{m1} - t_m}{2} \tag{5.28}$$

主站经过延时 t'_m 再将计算结果 t_d 及延时时间 t'_m 送给从站；从站接收到主站再次发来的信息后按照与主站相同的方法计算出通道延时 t'_d，并将其与主站送来的 t_d 进行比较，二者一致时表明通信过程正确、通道延时计算无误，则开始采样，否则自动重复上述过程。

（2）主站时标与从站时标的核对

在上述通道延时的测定过程中，主、从站都将各自的时标送给了对端（也可以专门单独发送），从站可以根据主站时标修改自己的时标，以主站时标为两侧的时标，这种方式应用较多；也可以两侧都保存两侧的时标，记忆两侧时标的对应关系。

（3）采样时刻的调整

假定采用以主站的时标为两侧时标方式，主站在当前本侧采样时刻 t_{mj} 将包括通道延时 t_d 和采样调整命令在内的一帧信息发送给从站，从站根据收到该信息的时刻 t_{r3} 以及 t_d 可首先确定出 t_{mj} 所对应本侧的时刻 t_{si}，然后计算出主、从站采样时刻间的误差

$$\Delta t = t_{si} - (t_{r3} - t_d) = t_{si} - t_{mj} \tag{5.29}$$

式中，t_{si} 为与 t_{mj} 最靠近的从站采样时刻。

$\Delta t > 0$ 说明主站采样较从站超前，$\Delta t < 0$ 说明主站采样较从站滞后。为使两站同步采样，从站下次采样时刻 $t_{s(i+1)}$ 应调整为 $t_{s(i+1)} = (t_{si} + T_s) - \Delta t$。为稳定调节，常采用的调整方式为 $t_{s(i+1)} = (t_{si} + T_s) - \dfrac{\Delta t}{2^n}$，其中 2^n 为稳定调节系数，逐步调整，当两侧稳定同步后，即可向对侧传送采样数据。

基于数据通道的采样时刻调整法，主站采样保持相对独立，其从站根据主站的采样时刻进行实时调整。实验证明，当稳定调节系数 2^n 选取适当值时，两侧采样能稳定同步，两侧不同步的平均相对误差小于 5%。为保证两侧时钟的经常一致和采样时刻实时一致，两侧需要不断地(一定数量的采样间隔)校时和采样同步(取决于两侧晶振的频差)，这将增加通信的数据量。

2. 基于全球定位系统同步时钟的同步方法

全球定位系统 GPS，是美国于 1993 年全面建成的新一代卫星导航和定位系统。由 24 颗卫星组成，具有全球覆盖、全天候工作、24h 连续实时地为地面无限个用户提供高精度位置和时间信息的能力。GPS 传递的时间能在全球范围内与国际标准时钟(UTC)保持高精度同步，是较为理想的全球共享无线电时钟信号源。基于 GPS 时钟的输电线路纵联电流差动保护同步方案如图 5.17 所示。

图 5.17 中，专用定时型 GPS接收机由接收天线和接收模块组成，接收机在任意时刻能同时接收其视野范围内 4~8 颗卫星的信息，通过对接收到的信息进行解码、运算和处理，能从中提取并输出两种时间信号：一是秒脉冲信号(1 Pulse Per Second，1PPS)该脉冲信号上升沿与国际标准时钟的同步误差不超过 $1\mu s$；二是经串行口输出与 1PPS 对应的标准时间(年、月、日、时、分、秒)代码。在线路两端的保护装置中由高稳定性晶振体构成的采样时钟每过 1s 被 1PPS 信号同步一次(相位锁定)，能保证晶振体产生的脉冲前沿与 UTC 具有 $1\mu s$ 的同步精度，在线路两端采样时钟给出的采样脉冲之间具有不超过 $2\mu s$ 的相对误差，实现了两端采样的严格同步。接收机输出的时间码可直接送给保护装置，用来实现两端相同时标。

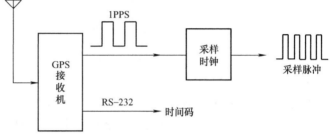

图 5.17 基于 GPS 的同步采样方案

5.4 闭锁式方向纵联保护

5.4.1 输电线路短路时两端功率方向的特征

当线路发生区内故障和区外故障时，输电线路两端功率方向特征有很大区别。发生区内故障(如图 5.18a 所示)时，两端功率方向为由母线流向线路，两端功率方向相同，同为正方向。发生区外故障时(如图 5.18b 所示)，远故障点端功率由母线流向线路，功率方向为正；近故障点端功率由线路流向母线，功率方向为负，两端功率方向相反。同样在系统正常运行时，两端的功率方向相反，线路的送电端功率方向为正、受电端的功率方向为负。

利用输电线路两端功率方向相同或相反的特征可以构成方向纵联保护。当系统中发生故障时，两端保护的功率方向元件判别流过本端的功率方向，功率方向为负者发出闭锁信号，闭锁两端的保护，称为闭锁式方向纵联保护；或者功率方向为正者发出允许信号，允许两端保护跳闸，称为允许式方向纵联保护。

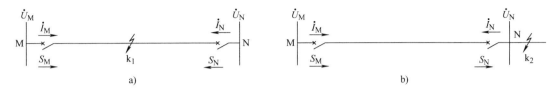

图 5.18　双端电源线路区内、外故障功率方向图

a)内部故障　b)外部故障

5.4.2　方向纵联保护的方向元件

功率方向测量元件是方向纵联保护中的关键元件，其作用是判断故障的方向，应该满足以下要求：

1)正确反映所有类型故障时故障点的方向，并且无死区；

2)不受负荷的影响，在正常负荷状态下不启动；

3)不受系统振荡影响，在振荡无故障时不误动，振荡中再故障时仍能正确判定故障点的方向；

4)在两相运行中又发生短路时仍能正确判定故障点的方向。

在 20 世纪 80 年代，我国出现了基于突变量的方向元件，其性能比较完善，一直到现在仍被广泛应用，下面对其进行简要介绍。

根据前文对工频故障分量的分析，对于双端电源的输电线路，按照规定的电压、电流正方向，在保护的正方向短路时，保护安装处电压、电流关系为

$$\Delta \dot{U} = -\Delta \dot{I} Z_{s} \tag{5.30}$$

式中，$\Delta \dot{U}$、$\Delta \dot{I}$ 为保护安装处工频故障分量电压、电流；Z_{s} 为保护安装处母线上等效电源的阻抗。

在保护的反方向短路时，保护安装处电压、电流关系为

$$\Delta \dot{U} = \Delta \dot{I} Z_{s}' \tag{5.31}$$

式中，Z_{s}' 为线路阻抗和对侧母线等效电源阻抗之和。

可见，比较故障分量电压、电流的相位关系，可以明确地判定故障的方向。为了便于实现电压、电流相位关系的判定，实际的方向元件是比较故障分量电压和故障分量电流在模拟阻抗 Z_{r} 上产生的电压之间相位关系，设 Z_{r}、Z_{s} 及 Z_{s}' 的阻抗角相等，所以当正方向故障时，功率方向为正，即

$$\arg \frac{\Delta \dot{U}}{Z_{r} \Delta \dot{I}} = \arg \left(-\frac{Z_{s}}{Z_{r}} \right) = 180° \tag{5.32}$$

考虑各种因素的影响，正方向故障时，功率方向为正的判据为

$$270° > \arg \frac{\Delta \dot{U}}{Z_{r} \Delta \dot{I}} > 90° \tag{5.33}$$

当反方向故障时，功率方向为负，即

$$\arg \frac{\Delta \dot{U}}{Z_{r} \Delta \dot{I}} = \arg \left(\frac{Z_{s}}{Z_{r}} \right) = 0° \tag{5.34}$$

考虑各种因素的影响，反方向故障时，功率方向为负的判据为

$$90° > \arg\frac{\Delta\dot{U}}{Z_r\Delta\dot{I}} > -90° \tag{5.35}$$

由于负序、零序分量本身就是故障分量，类似地可以得到当正方向故障时，有

$$\left.\begin{aligned}\dot{U}_2 &= -\dot{I}_2 Z_{2s}\\ \dot{U}_0 &= -\dot{I}_0 Z_{0s}\end{aligned}\right\} \tag{5.36}$$

式中，Z_{2s}、Z_{0s} 分别为保护安装处背侧母线上等效电源的负序和零序阻抗。

当反方向故障时，有

$$\left.\begin{aligned}\dot{U}_2 &= \dot{I}_2 Z'_{2s}\\ \dot{U}_0 &= \dot{I}_0 Z'_{0s}\end{aligned}\right\} \tag{5.37}$$

式中，Z'_{2s}、Z'_{0s} 分别为线路和对侧母线上等效电源的负序和零序阻抗之和。

负序、零序方向元件在正方向故障时，功率方向为正的判据为

$$\left.\begin{aligned}270° > \arg\frac{\dot{U}_2}{Z_{2r}\dot{I}_2} > 90°\\ 270° > \arg\frac{\dot{U}_0}{Z_{0r}\dot{I}_0} > 90°\end{aligned}\right\} \tag{5.38}$$

式中，Z_{2r}、Z_{0r} 为元件中的模拟阻抗，其相角分别与电源的负序及零序阻抗角相等。

同理可得功率方向为负的判据为

$$\left.\begin{aligned}90° > \arg\frac{\dot{U}_2}{Z_{2r}\dot{I}_2} > -90°\\ 90° > \arg\frac{\dot{U}_0}{Z_{0r}\dot{I}_0} > -90°\end{aligned}\right\} \tag{5.39}$$

由以上分析可知，反映工频故障分量的方向元件具有以下几个特点：
①不受负荷状态的影响；②不受故障点过渡电阻的影响；③正、反方向短路时，方向性明确；④无电压死区；⑤不受系统振荡影响。

5.4.3 闭锁式方向纵联保护

目前在电力系统中广泛使用由光纤通道或电力线载波通道实现的闭锁式方向纵联保护。基于电力线载波通道实现的闭锁式方向纵联保护采用正常无高频电流而在区外故障时发闭锁信号的方式构成，其工作原理如图 5.19 所示。此闭锁信号由功率方向为负的一侧发出，被两端的收信机接收，闭锁两端的保护，故称为闭锁式方向纵联保护。

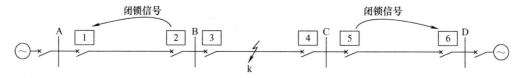

图 5.19　闭锁式方向纵联保护工作原理

1. 闭锁式方向纵联保护的工作原理

现利用图 5.19 说明闭锁式方向纵联保护的工作原理。系统正常运行时，所有保护都不启动，各线路上也都没有高频电流。假定短路发生在 BC 线路上，则所有保护都启动，但保护 2、5 的功率方向为负，其余保护的功率方向全为正。保护 2 启动发信机发出高频闭锁信号，非故障线路 AB 上出现与该高频信号对应的高频电流，保护 1、2 都收到该闭锁信号，从而将保护 1、2 闭锁；保护 5 启动发信机发出高频闭锁信号，非故障线路 CD 上出现与该高频信号对应的高频电流，保护 5、6 都收到该闭锁信号，从而将保护 5、6 闭锁；因此非故障线路的保护不跳闸。故障线路 BC 上保护 3、4 功率方向全为正，不发闭锁信号，线路 BC 上不出现高频电流，保护 3、4 判定有正方向故障且没有收到闭锁信号，满足保护跳闸条件，保护 3、4 分别跳闸，切除故障线路。可见闭锁式方向纵联保护的跳闸判据是：本端保护方向元件判定为正方向故障且收不到闭锁信号。

闭锁式方向纵联保护的优点是利用非故障线路一端的闭锁信号，使故障线路不跳闸，而对于故障线路跳闸，则不需要闭锁信号。这样在区内故障伴随有通道破坏(例如通道相接地或断线)时，两端保护仍能可靠跳闸。这是闭锁式保护得到广泛应用的主要原因。

2. 闭锁式方向纵联保护的工作过程

闭锁式方向纵联保护安装于被保护线路的两端，其单端保护的简化动作逻辑由方向元件和闭锁信号共同决定。需要指出的是，如果闭锁信号是由对端保护发出的，那么该信号的传输需要经过发信机、高频通道、收信机等环节，信号从发出到被接收之间有一定的延时，而方向元件的判定是本端保护独立完成的，因此两个信号之间存在时间上的配合问题。换句话说，如果本端方向元件为正方向但没有闭锁信号时可能有以下两种情况：其一对端保护也判定为正方向，因而没有发出闭锁信号；其二是对端保护判定为反方向，也发出了闭锁信号，但由于传输延时，本端保护尚未接收到该闭锁信号。为了防止在第二种情况下保护误动跳闸，闭锁式方向纵联保护必须考虑信号延时到来的可能影响。现在对此作详细分析。

图 5.20 为线路一侧保护装置的动作逻辑图，另一侧与此完全相同。其中 KW⁺为功率正方向元件，KA2 为高定值电流启动停信元件，KA1 为低定值电流启动发信元件，t_1 为瞬时动作延时返回元件，t_2 为延时动作瞬时返回元件。发生各种故障时保护的工作情况如下：

(1)区外短路

如图 5.19 所示，1、2 分别表示线路 AB 上两端保护。对于 B 端保护 2，启动元件 KA1 启动发信后，功率方向为负，功率正方向元件 KW⁺不动作，发信机不停信，Y1 元件不动作，Y2 的两个输入条件都不满足，保护 2 不能跳闸。

对于 A 端的保护 1，元件 KA1 的灵敏度高，保护可能启动，KA1 启动后先启动发信机发出闭锁信号，但是随之启动元件 KA2、功率正方向元件 KW⁺同时动作，Y1 元件有输出，立即停止发信，并经 t_2 延时后 Y2 元件的一个输入条件满足，保护是否跳闸取决于本端保护是否收到对端(B 端)的保护发出的闭锁信号。

当外部故障被切除之前，B 端保护 2 不停地发闭锁信号，A 端保护 1 的 Y2 元件不动作，A 端保护不跳闸。当外部故障被切除后，A 端保护的启动元件 KA2、功率正方向元件 KW⁺立即返回，A、B 两端的启动元件 KA1 立即返回，B 端保护经 t_1(一般为 100ms)延时后停止发信，A 端保护正方向元件 KW⁺即使返回慢，也能确保在外部故障切除时可靠闭锁。

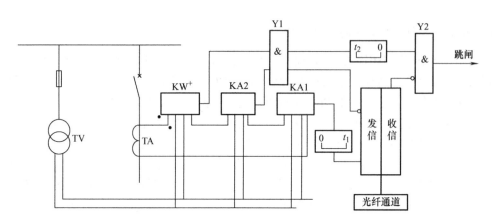

图 5.20　闭锁式方向纵联保护的原理接线图

可见在外部故障情况下，如果远故障点(功率方向为正)一端收不到对端发来的高频电流，保护将会误跳闸。根据前面对闭锁信号传输延时的分析，闭锁式方向纵联保护不误动的关键是近故障点(功率方向为负)一端的保护要及时发出闭锁信号并保持发信状态，同时远故障点(功率方向为正)一端的保护要延时，确认对端是否发出闭锁信号。t_2 延时元件就是考虑对端的闭锁信号传输需要一定的时间才能达到本端，防止在此之前由于收不到闭锁信号导致保护误动，一般整定 t_2 为 4～16ms。

(2)两端供电线路区内短路

对于图 5.19 中线路 BC 两端保护 3、4，两端的启动发信元件 KA1 都启动发信，而且，两侧功率方向都为正，两侧正方向元件 KW$^+$ 动作后准备跳闸并停止发信，经 t_2 延时后两侧跳闸。

(3)单端供电线路区内短路

两端供电线路如果一端电源的停运可能变成单端供电线路，如图 5.19 系统 D 母线电源停运。当 BC 线路区内短路时，B 侧保护 3 的工作情况同(2)的分析，C 侧保护 4 不启动，因而不发闭锁信号，B 侧(电源侧)保护收不到闭锁信号并且本侧功率方向为正，满足跳闸条件，则立即跳开电源侧断路器，切除故障。

通过以上工作过程的分析可看出，在区外故障时依靠近故障侧(功率方向为负)保护发出的闭锁信号实现远故障侧(功率方向为正)的保护不跳闸，并且保护启动后为防止保护误动，两端的保护(不论是远故障端或近故障端)总是首先假定故障发生在反方向，因此保护启动后首先启动发出高频闭锁信号，然后再根据本端的故障方向判别结果，决定是停信还是保持发信状态。这带来了两个问题：其一是需等待以确定对端的闭锁信号确实没有发出或消失后，才能根据本端的判别结果跳闸，延迟了保护动作时间，这是闭锁式纵联保护的固有缺点。其二是需要一个启动发信元件 KA1 和一个停信元件 KA2，并且本侧 KA1 灵敏度要比两侧的 KA2 都高。如图 5.19 所示短路，若 AB 线路上保护 1、2 的两个元件灵敏度配合不当，保护 2 的 KA1 灵敏度低于保护 1 的 KA2 而没有启动，则会造成保护 1 的误跳闸。

5.5　闭锁式距离纵联保护和零序纵联保护

了解了闭锁式方向纵联保护的基本原理后，就很容易理解闭锁式距离纵联保护和零序纵联保护的原理。方向纵联保护是一种综合比较两端方向元件动作行为的保护，主要利用方向元件具有方向性的特点构成保护。我们自然想到不仅仅基于工频变化量的方向元件具有方向性，具有方向性的阻抗或零序方向元件也可以保证在反方向短路时可靠不动作。那么可否利用具有方向性的阻抗元件或零序方向元件来替代方向纵联保护中的方向元件构成保护呢？答案是肯定的，下面介绍距离纵联保护和零序纵联保护。

5.5.1　距离纵联保护的原理与特点

方向纵联保护仅反应区内故障而动作，可以快速地切除保护范围内部的各种故障，但却不能作为变电所母线和下级线路的后备。距离保护却可以作为变电所母线和下级线路的后备，由于在距离保护中所用的主要元件(如启动元件、方向阻抗元件等)也可以作为实现闭锁式方向纵联保护的主要元件，因此经常把两者结合起来构成闭锁式距离纵联保护，使得区内故障时能够瞬时动作切除故障，而在区外故障时则具有不同的时限特性，起到后备保护的作用，从而兼有两种保护的优点，并且能简化整个保护的接线。

距离纵联保护的构成原理和方向纵联保护相似，只是用阻抗元件替代功率方向元件。当线路区内短路时，输电线路两端的测量阻抗都是短路阻抗，一定位于距离保护Ⅱ段的动作区内，两侧的Ⅱ段同时启动；当正常运行时，两侧的测量阻抗是负荷阻抗，距离保护Ⅱ段不启动；当发生外部短路时，两侧的测量阻抗也是短路阻抗，但一侧为反方向，至少有一侧的距离保护Ⅱ段不启动。其一端保护的工作原理框图如图 5.21 所示。其中，三段式距离保护的各段定值和时间仍按照前文讲解的距离保护整定，核心的变化是距离保护Ⅱ段的跳闸时间元件增加了瞬时动作的与门元件。该元件的动作条件是本侧Ⅱ段动作且收不到闭锁信号，表明故障在两端保护的Ⅱ段内即本线路内，立即跳闸，这样就实现了纵联保护瞬时切除全线任意点短路的速动功能。需要注意的是距离Ⅲ段作为启动元件，其保护范围应超过正、反向相邻线路末端母线，一般无方向性。

和方向纵联保护相比，它的优点在于：①当故障发生在保护Ⅱ段范围内时相应的方向阻抗元件才启动，当故障发生在距离保护Ⅱ段以外时相应的方向阻抗元件不启动，减少了方向元件的启动次数，从而提高了保护的可靠性；②当检修纵联保护(主保护)的信息传输通道时，两侧的距离保护仍可独立运行，方便检修计划的安排。值得注意的是，距离保护(后备保护)的Ⅱ段作为方向元件，虽简化了纵联保护(主保护)，但也会导致后备保护检修时主保护被迫停运。

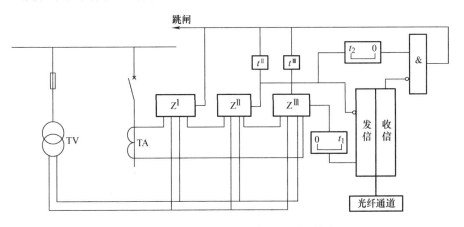

图 5.21　闭锁式距离纵联保护的原理接线

5.5.2 闭锁式距离纵联保护的动作范围和时限

闭锁式距离纵联保护的阻抗元件的动作范围和时限如图5.22所示。可以看到，闭锁式距离纵联保护实际上是由两端完整的三段式距离保护附加通信部分组成，它以两端的距离保护Ⅲ段作为故障启动发信元件(也可以增加负序电流加零序电流的专门启动元件)，以两端的距离保护Ⅱ段为方向判别元件和停信元件，以距离保护Ⅰ段作为两端各自独立跳闸段。

闭锁式距离纵联保护可以近似地看作常规三段式距离保护和以方向阻抗(方向距离Ⅱ段)替代功率方向判别元件的闭锁式方向纵联保护的集成。其主要缺点是当后备保护检修时，主保护也被迫停运，运行检修灵活性不够。

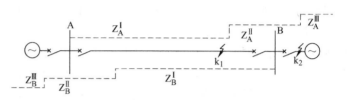

图 5.22　闭锁式距离纵联保护的阻抗元件的动作范围和时限

5.5.3 闭锁式零序方向纵联保护

零序电流方向保护对接地故障反应灵敏、延时小，零序功率方向元件无死区，电压互感器二次侧断线时不会误动作，接线简单可靠，系统振荡时不会误动作，所以不需要采取振荡闭锁措施，实现闭锁式纵联保护方案时要比距离保护更加方便。

实现闭锁式零序方向纵联保护方案时，可用灵敏度高的零序电流Ⅲ段启动发信机，而用保护区延伸到下段线路的零序电流Ⅱ段作为停止发信机使用，如图5.23所示。应注意的是作为发信机的启动元件，动作时不应该带有方向性。因为启动元件如带有方向性，在反方向故障时，它就不能启动发信机。而作为停止发信机用的零序Ⅱ段保护，则必须具有方向性，这样才能做到在保护范围内任一点发生内部故障都能瞬时地切除。在保护范围外部故障时，根据故障点的远近，可以用不同的时限来切除故障，起到相邻元件的远后备保护作用。

闭锁式零序方向纵联保护的工作原理与闭锁式距离纵联保护相似，这里不再重复。

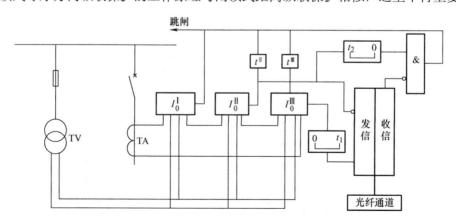

图 5.23　闭锁式零序纵联保护的原理接线

5.6 保护的远跳与远传

对于 220kV 及以上的超高压线路，当发生某些故障时，仅断开本侧的断路器并不能真正切除故障，而需要将对侧断路器也跳开时就需要进行远方跳闸。典型的情况包括以下几类：

1) 3/2 接线的断路器失灵保护动作：断路器失灵后需要发远方跳闸命令，将和失灵断路器连接的电源切除。

2) 高压侧无断路器的线路并联电抗器保护动作：并联电抗器未配置专用断路器而和线路共用时，本侧断路器跳开并不能切除故障，需要发远方跳闸命令使对侧跳。

3) 线路过电压保护动作：本侧线路过电压保护动作后并不能解决线路过电压问题，需要发远方跳闸命令使对侧断路器跳开才能避免过电压。

4) 线路变压器组的变压器保护动作：线路变压器组中间无断路器，变压器故障只能发远方跳闸命令使远方的断路器跳闸切除故障。

微机保护装置利用数字通道，不仅交换两侧的电流数据，同时也交换开关量信息，实现一些辅助功能，其中包括远跳及远传，如图 5.24 所示。

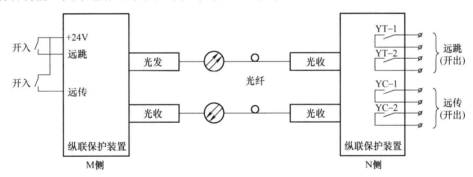

图 5.24　远跳和远传功能示意图

5.6.1 远跳

保护装置采样得到远跳开入为高电平时，经过专门的互补校验处理，作为开关量，连同电流采样数据及循环冗余校验码等，打包为完整的一帧信息，通过数字通道，传送给对侧保护装置。对侧装置每收到一帧信息，都要进行循环冗余校验，循环冗余校验后经过连续三次确认，再单独对开关量进行互补校验。只有通过上述校验，并且经过防抖确认后，才认为收到的远跳信号是可靠的。收到经校验确认的远跳信号后，若整定控制字"远跳受本侧控制"整定为 0，则无条件置三跳出口，起动 A、B、C 三相出口跳闸继电器，同时闭锁重合闸；若整定控制字"远跳受本侧控制"整定为 1，则须本侧装置启动才出口。此外，保护装置还可以接收调度中心传送过来的远方跳闸命令，使故障线路的保护启动并跳闸。

远方跳闸保护对通道的依赖较大，应当尽可能采用光纤等性能良好的通信通道，同时为了提高远方跳闸保护的安全性，防止误动作，接收端宜设置就地故障判别元件，以确定是否发生故障及是否应当进行远方跳闸。典型的就地故障判别元件启动量有：低电流、过电流、负序电流、零序电流、低功率、负序电压、低电压、过电压等，就地故障判别元件应保证对其所保护的相邻线路或电力设备故障有足够灵敏度防止拒动。需要注意的是远方跳闸保护动作后应闭锁重合闸。

5.6.2 远传

同远跳一样，保护装置也可以借助数字通道传送本侧远传接点的开关量信息，如图 5.24 所示。区别只是在于接收侧保护装置在收到远传信号后，并不作用于该装置的跳闸出口，而只是如实的将对侧装置的开入接点状态反映到对应的开出接点上。

习题及思考题

5.1 纵联保护的基本原理是什么？

5.2 纵联保护与阶段式保护最根本的差别是什么？陈述纵联保护的主要优、缺点。

5.3 通道传输的信号种类、通道的工作方式有哪些？

5.4 载波通道是由哪些设备组成的？

5.5 光纤通道有何优缺点？光纤传输光波的基本原理是什么？

5.6 为什么应用载波(高频)通道时最好传送闭锁信号？

5.7 图 5.25 所示系统，线路全部配置闭锁式方向比较式纵联保护，分析在 k 点短路时各端保护方向元件的动作情况，各线路保护的工作过程及结果。

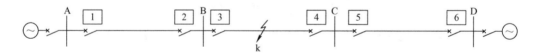

图 5.25 习题 5.7 图

5.8 输电线路方向式比较元件中，为什么优先采用负序方向或故障分量的方向元件？有何优、缺点？

5.9 为什么纵联电流差动保护要求两侧测量和计算要严格同步，而方向比较式纵联保护则没有两侧同步的要求？

5.10 异地同步测量的主要方法有哪些？同步计算如何保证？如果两侧电流互感器的电流比不同，又如何保证计算结果的正确性？

5.11 为什么要采用带有制动作用的差动特性？它根据什么条件整定？

5.12 纵联电流差动保护的不平衡电流是由哪些因素产生的？为什么不平衡电流随着短路电流的增大而增大？

5.13 与方向比较式纵联保护相比，距离纵联保护有哪些优缺点？

第6章
电力系统自动重合闸

在电力系统的故障中，大多数是输电线路(特别是架空线路)的故障。运行经验表明，架空线路故障大都是"瞬时性"的，例如，由雷电引起的绝缘子表面闪络，大风引起的碰线，鸟类以及树枝等物体掉落在导线上引起的短路等，在线路被继电保护装置迅速断开以后，电弧即行熄灭，外界物体(如树枝、鸟类等)也被电弧烧掉而消失。此时，如果把断开的线路上的断路器再合上，就能够恢复正常供电。因此，称这类故障是"瞬时性故障"。除此之外，也有"永久性故障"，例如由于线路倒杆、断线、绝缘子击穿或损坏等引起的故障，在线路被断开以后，它们仍然是存在的。这时，即使再合上电源，由于故障依然存在，线路还要被继电保护再次断开，因而不能恢复正常供电。

当然，重新合上断路器的工作可由运行人员手动操作进行，但手动操作时，停电时间太长，用户电动机多数可能停转，重新合闸取得的效果并不显著。为此在电力系统中广泛采用当断路器跳闸以后，能够自动地将断路器重新合闸的自动重合闸装置代替运行人员的手动合闸。

6.1 自动重合闸的作用、基本要求及分类

6.1.1 自动重合闸的作用

在现场运行的线路重合闸装置，并不判断是瞬时性故障还是永久性故障，在保护跳闸后经预定延时将断路器重新合闸。显然，对瞬时性故障重合闸可以成功(指恢复供电不再断开)，对永久性故障重合闸不可能成功。用重合成功的次数与总动作次数之比来表示重合闸的成功率，一般在60%～90%之间，主要取决于瞬时性故障占总故障的比例。衡量重合闸工作正确性的指标是正确动作率，即正确动作次数与总动作次数之比。

在电力系统中采用重合闸的技术经济效果主要归纳如下：

1)大大提高供电的可靠性，减少线路停电的次数，特别是对单侧电源的单回线路尤为显著；

2)在高压输电线路上采用重合闸，还可以提高电力系统并列运行的稳定性，从而提高传输容量；

3)对断路器本身由于机构不良或继电保护误动作而引起的误跳闸，也能起纠正的作用。

在采用重合闸以后，当重合于永久性故障时，也将带来一些不利的影响。例如：

1)使电力系统再一次受到故障的冲击，对超高压系统还可能降低并列运行的稳定性；

2)使断路器的工作条件变得更加恶劣，因为它要在很短的时间内连续切两次短路电流。这种情况对于油断路器必须加以考虑，因为在第一次跳闸时，由于电弧的作用，已使绝缘介质的绝缘强度降低，在重合后第二次跳闸时，是在绝缘强度已经降低的不利条件下

进行的,因此,油断路器在采用重合闸以后,其遮断容量也有不同程度的降低(一般降低到80%左右)。

对于重合闸的经济效益,应该用无重合闸时因停电而造成的国民经济损失来衡量。由于重合闸装置的本身投资很低、工作可靠,因此,在电力系统中获得了广泛的应用。

6.1.2 对自动重合闸的基本要求

对1kV及以上的架空线路和电缆与架空线路的混合线路,当其上有断路器时,就应装设自动重合闸;此外,在供电给地区负荷的电力变压器上,以及发电厂和变电所的母线上,必要时也可以装设自动重合闸。对自动重合闸的基本要求为:

1)在下列情况下不希望重合闸装置重合时,重合闸装置不应动作。

① 由值班人员手动操作或通过遥控装置将断路器断开时。

② 手动投入断路器,由于线路上有故障,而随即被继电保护将其断开。因为这种情况下,故障属于永久性的,它可能是由于检修质量不合格、隐患未消除或者接地线忘记拆除等原因所产生,因此再重合一次也不可能成功。

③ 当断路器处于不正常状态(例如操动机构中使用的气压、液压降低等)而不允许实现重合闸时。

2)当断路器由继电保护动作或者其他原因而跳闸后,重合闸均应该动作,使断路器重新合闸。

3)自动重合闸装置的动作次数应符合预先的规定。如一次式重合闸应该只动作1次,当重合于永久性故障而再次跳闸以后,不应该再动作;对二次式重合闸应该能够动作2次,当第二次重合于永久性故障而跳闸以后,不应该再动作。

4)自动重合闸在动作以后,一般应能自动复归,准备好下一次再动作。但对10kV及以下电压的线路,如当地有值班人员时,为简化重合闸的实现,也可以采用手动复归的方式。

5)自动重合闸装置的合闸时间应能整定,并有可能在重合闸以前或重合闸以后加速继电保护的动作,以便更好地与继电保护相配合,加速故障的切除。

6)双侧电源的线路上实现重合闸时,应考虑合闸时两侧电源间的同步问题,并满足所提的要求。

为了能满足第1)、2)项所提出的要求,应优先采用由控制开关的位置与断路器位置不对应的原则来启动重合闸,即当控制开关在合闸位置而断路器实际上在断开位置的情况下,使重合闸启动,这样就可以保证不论是任何原因使断路器跳闸以后,都可以进行一次重合。

6.1.3 自动重合闸的分类

采用重合闸的目的有二:其一是保证并列运行系统的稳定性;其二是尽快恢复瞬时故障元件的供电,从而自动恢复整个系统的正常运行。目前在10kV及以上的架空线路和电缆与架空线的混合线路上,广泛采用重合闸装置,只有个别的由于受系统条件的限制不能使用重合闸的除外。例如:断路器遮断容量不足;防止出现非同期情况;或者防止在特大型汽轮发电机出口重合于永久性故障时产生更大的扭转力矩,而对轴系造成损坏等。

根据重合闸控制断路器连续合闸次数的不同,可将重合闸分为多次重合闸和一次重合闸。多次重合闸一般使用在配电网中与分段器配合，自动隔离故障区段，是配电自动化的重要组成部分。而一次重合闸主要用于输电线路，提高系统的稳定性。后续讲述的重合闸，正是这部分内容，其他重合闸的原理与其相似。

根据重合闸控制断路器相数的不同，可将重合闸分为单相重合闸、三相重合闸和综合重合闸。对一个具体的线路，究竟使用何种重合闸方式，要结合系统的稳定性分析，选取对系统稳定最有利的重合方式。一般说来有：

1)没有特殊要求的单电源线路，宜采用一般的三相重合闸。

2)凡是选用简单的三相重合闸能满足要求的线路，都应当选用三相重合闸。

3)当发生单相接地短路时，如果使用三相重合闸不能满足稳定性要求，会出现大面积停电或重要用户停电，应当选用单相重合闸或综合重合闸。

6.2 输电线路的三相一次重合闸

6.2.1 单侧电源线路的三相一次重合闸

三相一次重合闸的跳、合闸方式为：无论本线路发生何种类型的故障，继电保护装置均将三相断路器跳开，重合闸启动，经预定延时(可整定，一般在 0.5~1.5s)发出重合脉冲，将三相断路器一起合上。若是瞬时性故障，因故障已经消失，重合成功，线路继续运行；若是永久性故障，继电保护再次动作跳开三相，不再重合。

单侧电源线路的三相一次自动重合闸，由于下述原因实现简单：在单侧电源的线路上，不需要考虑电源间同步的检查问题；三相同时跳开，重合不需要区分故障类别和选择故障相，只需要在重合时断路器满足允许重合的条件下，经预定的延时发出一次合闸脉冲。这种重合闸的实现器件有电磁继电器组合式、晶体管式、集成电路式、可编程逻辑控制式和与数字式保护一体化工作的数字式等多种，目前主要采用数字式。图 6.1 所示为单侧电源输电线路三相一次重合闸的工作原理框图，主要由重合闸启动、重合闸时间、一次合闸脉冲、手动跳闸后闭锁、手动合闸于故障时保护加速跳闸等元件组成。

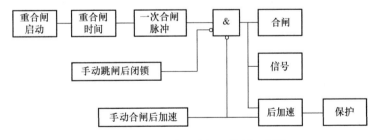

图 6.1　三相一次重合闸工作原理框图

1. 重合闸启动

当断路器由继电保护动作跳闸或其他非手动原因而跳闸后，重合闸均应启动。一般使用断路器的辅助常开触点或者用合闸位置继电器的触点构成，在正常运行情况下，当断路器由合闸位置变为跳闸位置时，马上发出启动指令。

2. 重合闸时间

启动元件发出启动指令后，时间元件开始计时，达到预定的延时后，发出一个短暂的合闸脉冲命令。这个延时就是重合闸时间，是可以整定的，选择的原则见后述。

3. 一次合闸脉冲

当延时时间到后，它马上发出一个可以合闸的脉冲命令，并且开始计时，准备重合闸的整组复归，复归时间一般为 15～25s。在这个时间内，即使再有重合闸时间元件发出的命令，它也不再发出可以合闸的第二个命令。此元件的作用是保证在一次跳闸后有足够的时间合上（对瞬时故障）和再次跳开（对永久故障）断路器，而不会出现多次重合。

4. 手动跳闸后闭锁

当手动跳开断路器时，也会启动重合闸回路，为消除这种情况造成的不必要合闸，设置闭锁环节，使之不能形成合闸命令。

5. 重合闸后加速保护跳闸回路

对于永久性故障，在保证选择性的前提下，尽可能地加快故障的再次切除，需要保护与重合闸配合。当手动合闸到带故障的线路上时，保护跳闸，故障一般是因为检修时的接地线没拆除、缺陷未修复等永久故障，不仅不需要重合，而且要加速保护的再次跳闸。

6.2.2 双侧电源线路的检同期三相一次自动重合闸

1. 双侧电源输电线路重合闸的特点

在双侧电源的输电线路上实现重合闸时，除应满足在 6.1.2 节中提出的各项要求外，还必须考虑如下的特点：

1）当线路上发生故障跳闸以后，常常存在着重合闸时两侧电源是否同步，以及是否允许非同步合闸的问题。一般根据系统的具体情况，选用不同的重合闸重合条件。

2）当线路上发生故障时，两侧的保护可能以不同的时限动作于跳闸，例如一侧为第 I 段动作，而另一侧为第 II 段动作，此时为了保证故障点电弧的熄灭和绝缘强度的恢复，以使重合闸有可能成功，线路两侧的重合闸必须保证在两侧的断路器都跳闸以后，再进行重合，其重合闸时间与单侧电源的有所不同。

因此，双侧电源线路上的重合闸，应根据电网的接线方式和运行情况，在单侧电源重合闸的基础上，采取某些附加的措施，以适应新的要求。

2. 双侧电源输电线路重合闸的主要方式

(1)快速自动重合闸

在现代高压输电线路上，采用快速重合闸是提高系统并列运行稳定性和供电可靠性的有效措施。所谓快速重合闸，是指保护断开两侧断路器后在 0.5～0.6s 内使之再次重合，在这样短的时间内，两侧电动势角摆开不大，系统不可能失去同步，即使两侧电动势角摆大了，冲击电流对电力元件、电力系统的冲击均在可以耐受范围内，线路重合后很快会拉入同步。使用快速重合闸需要满足一定的条件：

1)线路两侧都装有可以进行快速重合的断路器，如快速气体断路器等。

2) 线路两侧都装有全线速动的保护，如纵联保护等。

3) 重合瞬间输电线路中出现的冲击电流对电力设备、电力系统的冲击均在允许范围内。输电线路中出现的冲击电流周期分量可估算为

$$I = \frac{2E}{Z_\Sigma} \sin \frac{\delta}{2} \tag{6.1}$$

式中，Z_Σ 为系统两侧电动势间总阻抗；δ 为两侧电动势角差，最严重的取 $180°$；E 为两侧发电机电动势，可取 $1.05 U_N$。

按规定，由式(6.1)算出的电流，不应超过下列数值

对于汽轮发电机

$$I \leqslant \frac{0.65}{X_d''} I_N \tag{6.2}$$

对于有纵轴和横轴阻尼绕组的水轮发电机

$$I \leqslant \frac{0.6}{X_d''} I_N \tag{6.3}$$

对于无阻尼或阻尼绕组不全的水轮发电机

$$I \leqslant \frac{0.61}{X_d'} I_N \tag{6.4}$$

对于同步调相机

$$I \leqslant \frac{0.84}{X_d} I_N \tag{6.5}$$

对于电力变压器

$$I \leqslant \frac{100}{U_k \%} I_N \tag{6.6}$$

式中，I_N 为各元件的额定电流；X_d'' 为次暂态电抗标幺值；X_d' 为暂态电抗标幺值；X_d 为同步电抗标幺值；$U_k \%$ 为短路电压百分值。

(2) 非同期重合闸

当快速重合闸的重合时间不够快，或者系统的功角摆开比较快，两侧断路器合闸时系统已经失步，合闸后期待系统自动拉入同步，此时系统中各电力元件都将受到冲击电流的影响，当冲击电流不超过式(6.2)～式(6.6)规定值时，可以采用非同期重合闸方式，否则不允许采用非同期重合方式。

(3) 检同期自动重合闸

当必须满足同期条件才能合闸时，需要使用检同期重合闸。因为实现检同期比较复杂，根据发电厂送出线路或输电断面上的输电线路电流间相互关系，有时采用简单的检测系统是否同步的方法。检同步重合有以下几种方法：

1) 系统的结构保证线路两侧不会失步。电力系统之间，在电气上有紧密的联系时(例如具有 3 个以上联系的线路或 3 个紧密联系的线路)，由于同时断开所有联系的可能性几乎不存在，因此，当任一条线路断开之后又进行重合闸时，都不会出现非同步合闸的问题，可以直接使用不检同步重合闸。

2)在双回线路上检查另一回线路有电流的重合方式。在线路没有其他旁路联接的双回线路上(如图 6.2 所示),当不能采用非同步重合闸时,可采用检定另一回线路上是否有电流的重合闸。因为当另一回线路上有电流时,即表示两侧电源仍保持联系,一般是同步的,因此可以重合。采用这种重合闸方式的优点是电流检定比同步检定简单。

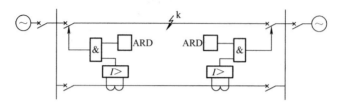

图 6.2　双回线路上采用检查另一回线路有电流的重合闸示意图

3)必须检定两侧电源确实同步之后,才能进行重合。为此可在线路的一侧采用检查线路无电压先重合,因另一侧断路器是断开的,不会造成非同期合闸;待一侧重合成功后,而在另一侧采用检定同步的重合闸,如图 6.3 所示。

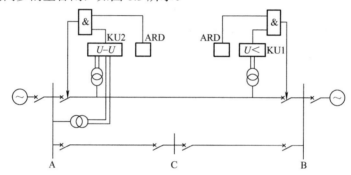

图 6.3　具有同步和无电压检定的重合闸接线示意图

3. 具有同步检定和无电压检定的重合闸

具有同步检定和无电压检定的重合闸的接线示意图如图 6.3 所示,除在线路两侧均装设重合闸装置以外,在线路的一侧还装设有检定线路无电压的元件 KU1,当线路无电压时允许重合闸重合;而在另一侧则装设检定同步的元件 KU2,检测母线电压与线路电压间满足同期条件时允许重合。这样当线路有电压或是不同步时,重合闸就不能重合。

当线路发生故障,两侧断路器跳闸以后,检定线路无电压一侧的重合闸首先动作,使断路器投入。如果重合不成功,则断路器再次跳闸。此时,由于线路另一侧没有电压,同步检定元件不动作,因此,该侧重合闸根本不启动。如果重合成功,则另一侧在检定同步之后,再投入断路器,线路即恢复正常工作。

在使用检查线路无电压方式重合闸的一侧,当该侧断路器在正常运行情况下由于某种原因(如误碰跳闸机构,保护误动作等)而跳闸时,由于对侧并未动作,线路上有电压,因而就不能实现重合,这是一个很大的缺陷。为了解决这个问题,通常都是在检定无电压的一侧也同时投入同步检定元件,两者经"或门"并联工作。此时如遇有上述情况,则同步检定继电器就能够起作用,当符合同步条件时,即可将误跳闸的断路器重新投入。但是,在使用同步检定的另一侧,其无电压检定是绝对不允许同时投入的。

这种重合闸方式的配置原则如图 6.4 所示，一侧投入无电压检定和同步检定(两者并联工作)，而另一侧只投入同步检定。两侧的投入方式可以利用其中的切换片定期轮换，这样可使两侧断路器切断故障的次数大致相同。

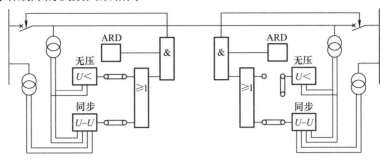

图 6.4   采用同步检定和无电压检定重合闸的配置关系

在重合闸中所用的无电压检定元件，就是一般的低电压动作元件，其整定值的选择应保证只当对侧断路器确实跳闸之后，才允许重合闸动作，根据经验，通常都是整定为 0.5 倍额定电压。

6.2.3   重合闸时限的整定原则

现在电力系统广泛使用的重合闸都不区分故障是瞬时性的还是永久性的。对于瞬时性故障，必须等待故障点的故障消除、绝缘强度恢复后才有可能重合成功，而这个时间与湿度、风速等气候条件有关。对于永久性故障，除考虑上述时间外，还要考虑重合到永久故障后，断路器内部的油压、气压的恢复以及绝缘介质绝缘强度的恢复等，保证断路器能够再次切断短路电流。按以上原则确定的最小时间，称为最小重合闸时间，实际使用的重合闸时间必须大于这个时间，并根据重合闸在系统中所起的主要作用计算确定。

1. 单侧电源线路的三相重合闸的最小时间

单侧电源线路的重合闸其主要作用是尽可能缩短电源中断的时间，重合闸的动作时限原则上应越短越好，应按照最小重合闸时间整定。因为电源中断后，电动机的转速急剧下降，电动机被其负荷转矩所制动，当重合闸成功恢复供电以后，很多电动机要自起动，断电时间越长电动机转速降得越低，自起动电流越大，往往又会引起电网内电压的降低，因而造成自起动的困难或拖延其恢复正常工作的时间。

重合闸的最小时间按下述原则确定：

1)在断路器跳闸后，故障点的电弧熄灭并使周围介质恢复绝缘强度需要的时间。考虑该时间时，还必须计及负荷电动机向故障点反馈电流所产生的影响，因为这是导致绝缘强度恢复变慢的因素。

2)在断路器动作跳闸熄弧后，其触头周围绝缘强度的恢复以及消弧室重新充满油、气需要的时间；同时其操动机构恢复原状准备好再次动作需要的时间。

3)如果重合闸是利用保护跳闸出口启动，其动作时限还应该加上断路器的跳闸时间。

根据我国一些电力系统的运行经验，重合闸的最小时间为 0.3～0.4s。

2. 双侧电源线路三相重合闸的最小时间

双侧电源线路三相重合闸的最小时间除满足单侧电源线路的三相重合闸的最小时间原

则外，还应考虑线路两侧继电保护以不同时限切除故障的可能性。

从最不利的情况出发，每一侧的重合闸都应该以本侧先跳闸而对侧后跳闸来作为考虑整定时间的依据。如图 6.5 所示，设本侧保护（保护 1）的动作时间为 $t_{pr.1}$、断路器动作时间为 t_{QF1}，对侧保护（保护 2）的动作时间为 $t_{pr.2}$、断路器动作时间为 t_{QF2}，则在本侧跳闸以后，对侧还需要经过（$t_{pr.2}+t_{QF2}-t_{pr.1}-t_{QF1}$）的时间才能跳闸。再考虑故障点灭弧和周围介质去游离的时间 t_u，则先跳闸一侧重合闸装置 ARD 的动作时限应整定为

$$t_{ARD} = t_{pr.2} + t_{QF2} - t_{pr.1} - t_{QF1} + t_u \tag{6.7}$$

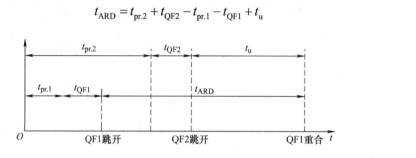

图 6.5　双侧电源线路重合闸动作时限配合的示意图

当线路上装设纵联保护时，一般考虑一端快速辅助保护动作（如电流速断、距离保护 I 段）时间（约 30ms），另一端由纵联保护跳闸（可能慢至 100～120ms）。当线路采用阶段式保护做主保护时，$t_{pr.1}$ 应采用本侧 I 段保护的动作时间，而 $t_{pr.2}$ 一般采用对侧 II 段（或 III 段）保护的动作时间。

3. 双侧电源线路三相重合闸的最佳重合时间的概念

重合闸对系统稳定性的影响主要取决于重合闸方式（故障跳开与重合的相数，如单相重合、三相重合、与综合重合等）和重合时间。前者根据系统条件在配置重合闸时确定，后者在整定重合闸时间时通过计算确定。

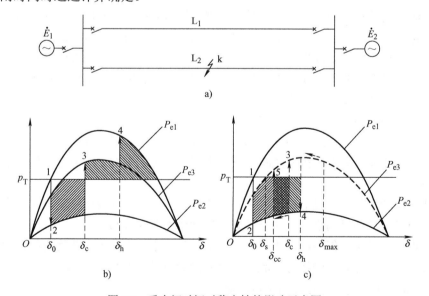

图 6.6　重合闸时间对稳定性的影响示意图

对于联系薄弱依靠重合闸成功才能维持首摆稳定的系统(一般在个别电厂投产初期或联网初期,线路尚未完全建成时),瞬时故障切除后重合时间越短,两侧功角摆开越小,重合成功后增大的减速面积越大,越能阻止系统的失步。如果两侧功角摆开到一定程度,即使重合成功也不能阻止系统的失步。这种结构的系统,一般重合于永久性故障后是不稳定的,重合闸时间整定为最小时间,这个最小时间就是最佳时间。图 6.6a 给出一个单机经两回线路向无限大母线系统送电,L2 线路故障后重合闸时间说明。图 6.6b 给出线路较长、阻抗较大时的功角特性,因为不重合或重合不成功系统都是不稳定的,最佳重合时间是最小重合时间。

对于故障切除后不重合首摆可以稳定的系统,线路较短,联系紧密,其功角特性如图 6.6c 所示。若重合成功系统肯定是稳定的;如果重合于永久故障并再次被保护切除,不同的重合时间,会造成系统稳定和不稳定两种后果。合适的重合时间可以使不重合是稳定的系统变得更稳定,也可以使很大的摇摆幅度在重合后变得很小;不合适的重合时间,可以使不重合是稳定的系统因为不恰当时机的重合变得不稳定。

对图 6.6c 的情况,系统正常运行于 P_{e1} 的 1 点,功角为 δ_0,短路后运行点落在 P_{e2} 的 2 点并且功角逐步增大,至 δ_c 故障切除,运行于 P_{e3} 的 3 点。在惯性作用下,摆至 δ_{max} 加速面积与减速面积相等,开始回摆至 δ_h 时,重合于永久故障上,运行在 P_{e2} 的 4 点。继续回摆至 δ_{cc} 时,故障被再次切除,落于 P_{e3} 的 5 点,5 点越靠近新的稳定平衡点 δ_s,则后续的摇摆越轻微。在此减速过程中由于再次短路,减小了发电机转子在回摆中累积的减速能量,从而使发电机转子上的净累积能量很小,经轻微几次摇摆后,落于新的稳定平衡点 δ_s 运行。

如果重合不是发生在回摆而是在加速过程中,例如在 δ_{max} 附近,会由于再次故障产生的加速能量使转子角度继续增大而失步。

从理论和实际的计算都可以证明,重合闸操作存在最佳时刻。最佳重合时刻的条件是最后一次操作完成后,对应最终网络拓扑下稳定平衡点的系统暂态能量值最小的时刻。最佳重合时刻是周期性出现的,并且最佳时刻的附近是次最佳,它使"最佳时刻"具有实际的可捕捉的应用意义。最佳重合时刻受故障前运行方式、状态和故障类型的影响,略有变化,但影响最大的是整个系统的等值惯性。最佳重合时刻可以由附加在重合闸元件中专门的环节来捕捉,但算法较复杂;也可以用专门的计算软件在给定运行方式、故障情况、重合闸方式后自动计算。但现场应用的重合闸时间元件是简单的计时元件,只能整定一个固定的时间,因此不能随故障情况实现最佳时刻重合。现在一般只能按照对稳定性影响最严重的故障条件计算并整定最佳重合时刻,保证在重合于严重的永久故障时对系统的再次冲击最小,在其他故障形态下重合时尽管不是最佳,但可能是次佳,不会是最坏。图 6.7

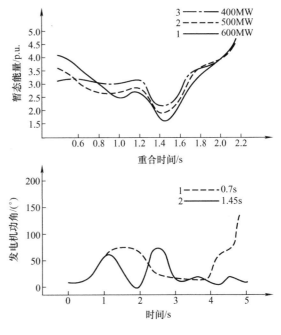

图 6.7 重合闸时间对稳定性的影响

给出我国某实际系统中某关键联络线在三相永久故障时三相重合闸时间与系统暂态能量、重合后摇摆角度的关系。图 6.7a 的横坐标为重合时间，纵坐标为重合后系统的暂态能量，表明了故障前输送功率对暂态能量的影响。图 6.7b 表明在最佳时刻(暂态能量最小)1.45s 重合时阻尼了系统摇摆，很快稳定而在该系统实际使用的时间 0.7s 重合，叠加了故障冲击，系统快速失步。

6.2.4 自动重合闸与继电保护的配合

为了能尽量利用重合闸所提供的条件以加速切除故障，继电保护与之配合时，一般采用重合闸前加速保护和重合闸后加速保护两种方式，根据不同的线路及其保护配置方式选用。

1. 重合闸前加速保护

重合闸前加速保护一般又简称为"前加速"。图 6.8 所示的网络接线中，假定在每条线路上均装设过电流保护，其动作时限按阶梯型原则来配合。因而，在靠近电源端保护 3 处的时限就很长。为了加速故障的切除，可在保护 3 处采用前加速的方式，即当任何一条线路上发生故障时，第一次都由保护 3 瞬时无选择性动作予以切除，重合闸以后保护第二次动作切除故障是有选择性的。例如故障是在线路 AB 以外(如 k_1 点故障)，则保护 3 的第一次动作是无选择性的，但断路器 QF3 跳闸后，如果此时的故障是瞬时性的，则在重合闸以后就恢复了供电；如果故障是永久性的，则保护 3 第二次就按有选择性的时限 t_3 动作。为了使无选择性的动作范围不扩展得太长，一般规定当变压器低压侧短路时，保护 3 不应动作。因此，其启动电流还应按照躲开相邻变压器低压侧的短路(如 k_2 点短路)来整定。

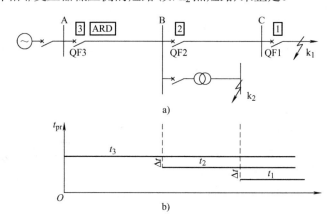

图 6.8 重合闸前加速保护的网络接线图

采用前加速的优点是：

1)能够快速地切除瞬时性故障；

2)可能使瞬时性故障来不及发展成永久性故障，从而提高重合闸的成功率；

3)能保证发电厂和重要变电所的母线电压在 0.6～0.7 倍额定电压以上，从而保证厂用电和重要用户的电能质量；

4)使用设备少，只需装设一套重合闸装置，简单，经济。

前加速的缺点是：

1)断路器工作条件恶劣，动作次数较多；

2)重合于永久性故障上时，故障切除的时间可能较长；

3)如果重合闸装置或断路器 QF3 拒绝合闸，则将扩大停电范围。甚至在最末一级线路上故障时，都会使连接在这条线路上的所有用户停电。

前加速保护主要用于 35kV 以下由发电厂或重要变电所引出的直配线路上，以便快速切除故障，保证母线电压。

2. 重合闸后加速保护

重合闸后加速保护一般又简称为"后加速"。所谓后加速就是当线路第一次故障时，保护有选择性动作，然后进行重合。如果重合于永久性故障，则在断路器合闸后再加速保护动作，瞬时切除故障，而与第一次动作是否带有时限无关。

"后加速"的配合方式广泛应用于 35kV 以上的网络及对重要负荷供电的输电线路上。因为，在这些线路上一般都装有性能比较完备的保护装置，例如，三段式电流保护、距离保护等，因此，第一次有选择性地切除故障的时间(瞬时动作或具有 0.3～0.5s 的延时)均为系统运行所允许，而在重合闸以后加速保护的动作(一般是加速保护第 Ⅱ 段的动作，有时也可以加速保护第 Ⅲ 段的动作)，就可以更快地切除永久性故障。如图 6.9a 所示，当线路 BC 末端发生故障时，保护 2 的第 Ⅱ 段可以有选择性地将故障切除，然后重合闸装置(ARD)启动，如果是永久性故障，则在断路器合闸后瞬时切除故障，不再考虑保护 2 的延时。

后加速的优点是：

1)第一次是有选择性地切除故障，不会扩大停电范围，特别是在重要的高压电网中，一般不允许保护无选择性地动作而后以重合闸来纠正(即前加速)；

2)保证了永久性故障能瞬时切除，并仍然是有选择性的；

3)和前加速相比，使用中不受网络结构和负荷条件的限制，一般说来是有利而无害的。

后加速的缺点是：

1)每个断路器上都需要装设一套重合闸，与前加速相比略为复杂；

2)第一次切除故障可能带有延时。

利用后加速元件 KCP 所提供的动合触点实现重合闸后加速过电流保护的原理接线如图 6.9b 所示。图中 KA 为过电流元件的触点，当线路发生故障时，它启动时间元件 KT，然后经整定的时限后 KT2 触点闭合，启动出口元件 KCO 而跳闸。当重合闸启动以后，后加速元件 KCP 的触点将闭合 1s 的时间，如果重合于永久性故障上，则 KA 再次动作，此时即可由时间元件 KT 的瞬时动合触点 KT1、连接片XB 和 KCP 的触点串联而立即启动 KCO动作于跳闸，从而实现了重合闸后过电流保护加速动作的要求。

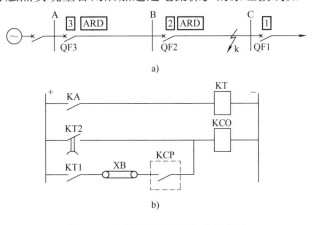

图 6.9 重合闸后加速保护的接线图

6.3 高压输电线路的单相自动重合闸

前文所讨论的自动重合闸，都是三相式的，即不论输电线路上发生单相接地短路还是相间短路故障，继电保护动作后均使断路器三相断开，然后重合闸再将三相投入。

但是，运行经验表明，在 220~500kV 的架空线路上，由于线间距离大，其绝大部分短路故障都是单相接地短路。在这种情况下，如果只把发生故障的一相断开，而未发生故障的两相仍然继续运行，然后再进行单相重合，就能够大大提高供电的可靠性和系统并列运行的稳定性。如果线路发生的是瞬时性故障，则单相重合成功，即恢复三相的正常运行。如果是永久性故障，则再次切除故障并不再进行重合，目前一般是采用重合不成功时就跳开三相的方式。这种单相短路跳开故障单相、经一定时间重合单相、若不成功再跳开三相的重合方式称为单相自动重合闸。

6.3.1 单相自动重合闸与保护的配合关系

通常继电保护装置只判断故障发生在保护区内、区外，决定是否跳闸，而决定跳三相还是跳单相、跳哪一相，是由重合闸内的故障判别元件和故障选相元件来完成的，最后由重合闸操作箱发出跳、合断路器的命令。图 6.10 所示为保护装置、选相元件与重合闸回路的配合框图。

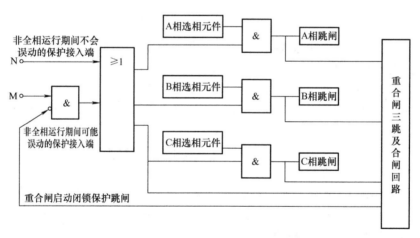

图 6.10　保护装置、选相元件与重合闸回路的配合框图

保护装置和选相元件动作后，经"与"门进行单相跳闸，并同时启动重合闸的合闸回路。对于单相接地故障，就进行单相跳闸和单相重合。对于相间短路则在保护和选相元件相配合进行判断之后，跳开三相，然后进行三相重合或不进行重合。

在单相重合闸过程中，由于出现纵向不对称，因此将产生负序分量和零序分量，这就可能引起本线路保护以及系统中其他保护的误动作。对于可能误动作的保护，应整定保护的动作时限大于单相非全相运行的时间以躲避之，或在单相重合闸动作时将该保护予以闭锁。为了实现对误动作保护的闭锁，在单相重合闸与继电保护相连接的输入端都设有两个端子：一个端子接入在非全相运行中仍然能继续工作的保护，习惯上称为 N 端子；另一个端子则接入非全相运行中可能误动作的保护，称为 M 端子。在重合闸启动以后，利用"否"回路即可将接入 M 端的保护跳闸回路闭锁。当断路器被重合而恢复全相运行时，这些保护也立即恢复工作。

6.3.2 单相自动重合闸的特点

1. 故障相选择元件

为实现单相重合闸，首先就必须有故障相的选择元件(简称选相元件)。对选相元件的基本要求有：

1)应保证选择性，即选相元件与继电保护相配合只跳开发生故障的一相，而接于另外两相上的选相元件不应动作；

2)在故障相末端发生单相接地短路时，接于该相上的选相元件应保证足够的灵敏性。

根据网络接线和运行的特点，满足以上要求的常用选相元件有如下几种：

1)电流选相元件：采集每相电流值并送入过电流元件，其启动电流按照大于最大负荷电流的原则进行整定，以保证动作的选择性。这种选相元件适于装设在电源端，且短路电流比较大的情况，它是根据故障相短路电流增大的原理而动作的。

2)低电压选相元件：采集每相电压值并送入低电压元件，其启动电压应小于正常运行时以及非全相运行时可能出现的最低电压。这种选相元件一般适于装设在小电源侧或单侧电源线路的受电侧，因为在这一侧如用电流选相元件，则往往不能满足选择性和灵敏性的要求。

3)阻抗选相元件、相电流差突变量选相元件等，常用于高压输电线路上，有较高的灵敏度和选相能力。

2. 动作时限的选择

当采用单相重合闸时，其动作时限的选择除应满足三相重合闸时所提出的要求(即大于故障点灭弧时间及周围介质去游离的时间，大于断路器及其操动机构复归原状准备好再次动作的时间)外，还应考虑下列问题：

1)不论是单侧电源还是双侧电源，均应考虑两侧选相元件与继电保护以不同时限切除故障的可能性；

2)潜供电流对灭弧所产生的影响。这是指当故障相线路自两侧切除后(如图 6.11 所示)，由于非故障相与断开相之间存在有静电(通过电容)和电磁(通过互感)的联系，因此，虽然短路电流已被切除，但在故障点的弧光通道中，仍然流有如下电流：

① 非故障相 A 通过 A、C 相间的电容 C_{ac} 供给的电流；

② 非故障相 B 通过 B、C 相间的电容 C_{bc} 供给的电流；

③ 继续运行的两相中，由于流过负荷电流 $\dot{I}_{La}$ 和 $\dot{I}_{Lb}$ 而在 C 相中产生互感电动势 $\dot{E}_M$，此电动势通过故障点和该相对地电容 C_0 而产生的电流。

这些电流的总和就称为潜供电流。由于潜供电流的影响，将使短路时弧光通道的去游离受到严重阻碍，而自动重合闸只有在故障点电弧熄灭且绝缘强度恢复以后才有可能成功，因此，单相重合闸的时间还必须考虑潜供电流的影响。一般线路的电压越高，线路越长，则潜供电流就越大。潜供电流的持续时间不仅与其大小有关，而且也与故障电流的大小、故障切除的时间、弧光的长度以及故障点的风速等因素有关。因此，为了正确地整定单相重合闸的时间，国内外许多电力系统都是由实测来确定灭弧时间。如我国某电力系统中，在220kV的线路上，根据实测确定保证单相重合闸期间的熄弧时间应在0.6s以上。

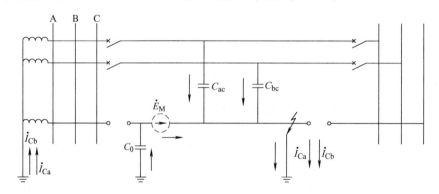

图6.11　C相单相接地时，潜供电流的示意图

3．对单相重合闸的评价

采用单相重合闸的主要优点是：

1）能在绝大多数的故障情况下保证对用户的连续供电，从而提高供电的可靠性；当由单侧电源单回线路向重要负荷供电时，对保证不间断供电更有显著的优越性。

2）在双侧电源的联络线上采用单相重合闸，可以在故障时大大加强两个系统之间的联系，从而提高系统并列运行的动态稳定性。对于联系比较薄弱的系统，当三相切除并继之以三相重合闸而很难再恢复同步时，采用单相重合闸就能避免两系统解列。

采用单相重合闸的缺点是：

1）需要有按相操作的断路器。

2）需要专门的选相元件与继电器保护相配合，再考虑一些特殊的要求后，使重合闸回路的接线比较复杂。

3）在单相重合闸过程中，由于非全相运行能引起本线路和电网中其他线路的保护误动作，因此，就需要根据实际情况采取措施予以防止。这将使保护的接线、整定计算和调试工作复杂化。

由于单相重合闸具有以上特点，并在实践中证明了它的优越性，因此，已在220～500kV的线路上获得了广泛的应用。对于110kV的电网，一般不推荐这种重合闸方式，只在由单侧电源向重要负荷供电的某些线路及根据系统运行需要时才考虑使用。

6.4　高压输电线路的综合重合闸简介

以上分别讨论了三相重合闸和单相重合闸的基本原理和实现中需要考虑的一些问题。对于有些线路，在采用单相重合闸后，如果发生各种相间故障时仍然需要切除三相，然后再进行三相重合闸，如重合不成功则再次断开三相而不再进行重合。因此，实践上在实现单相重合闸时，也总是把实现三相重合闸的问题结合在一起考虑，故称它为"综合重合闸"。在综合重合闸的接线中，应考虑能实现只进行单相重合闸、三相重合闸或综合重合闸以及停用重合闸的各种可能性。

实现综合重合闸回路接线时，应考虑的一些基本原则如下：

1) 单相接地短路时跳开单相，然后进行单相重合；如重合不成功则跳开三相而不再进行重合。

2) 各种相间短路时跳开三相，然后进行三相重合；如重合不成功，仍跳开三相，而不进行重合。

3) 当选相元件拒绝动作时，应能跳开三相并进行三相重合。

4) 对于非全相运行中可能误动作的保护，应进行可靠的闭锁；对于在单相接地时可能误动作的相间保护(如距离保护)，应有防止单相接地误跳三相的措施。

5) 当一相跳开后重合闸拒绝动作时，为防止线路长期出现非全相运行，应将其他两相自动断开。

6) 任意两相的分相跳闸继电器动作后，应联跳第三相，使三相断路器均跳闸。

7) 无论单相或三相重合闸，在重合不成功之后，均应考虑能加速切除三相，即实现重合闸后加速。

8) 在非全相运行过程中，如又发生另一相或两相的故障，保护应能有选择性地予以切除。上述故障如发生在单相重合闸的脉冲发出以前，则在故障切除后能进行三相重合；如发生在重合闸脉冲发出以后，则切除三相不再进行重合。

9) 对空气断路器或液压传动的油断路器，当气压或液压低至不允许实现重合闸时，应将重合闸回路自动闭锁；但如果在重合闸过程中下降到低于运行值时，则应保证重合闸动作的完成。

习题及思考题

6.1 电力系统对自动重合闸的具体要求有哪些？

6.2 什么是瞬时性故障？什么是永久性故障？

6.3 三相一次重合闸的组成部分有哪些？

6.4 双侧电源输电线路的自动重合闸特点是什么？有哪些重合闸方式？

6.5 在什么条件下重合闸可以不考虑两侧电源的同期问题？

6.6 具有同期检定和无电压检定的自动重合闸工作过程是怎样的？

6.7 三相重合闸的最小重合时间主要由哪些因素决定？单相重合闸的最小重合时间由哪些因素决定？

6.8 为什么存在最佳重合时间，由哪些主要因素决定？

6.9 对选相元件的基本要求是什么？常用的选相原理有哪些？

6.10 什么是重合闸前加速保护？有何优缺点？主要适用于什么场合？

6.11 什么是重合闸后加速保护？有何优缺点？主要适用于什么场合？

6.12 潜供电流的产生原因及其影响因素有哪些？

第7章
变压器保护

7.1 变压器的故障和非正常状态

电力变压器主体由铁心及其上的绕组构成，并被置于装有变压器油的油箱中，以保证绝缘和冷却的需要，而各绕组的两端则通过绝缘套管引至油箱外。

7.1.1 变压器的故障

变压器的故障分为油箱内部故障和油箱外部故障。

油箱内部故障包括各相绕组之间的相间短路、中性点直接接地星形侧绕组的单相接地短路、绕组内匝间短路。这些短路不仅导致绕组、铁心及绝缘损坏，而且使绝缘材料在高温下剧烈汽化，严重时会引起油箱爆炸。

油箱外部故障是指在绝缘套管及引出线上发生的相间和接地短路。

7.1.2 变压器的非正常状态

变压器的非正常状态主要包括外部短路引起的过电流、负荷长时间超过额定容量引起的过电流、外部接地短路引起的中性点过电压、电压升高或频率降低引起的过励磁、变压器油温过高、油箱漏油、冷却系统故障等。

7.2 变压器纵联差动保护

变压器纵联差动保护反应绕组和引出线相间短路、中性点直接接地星形侧绕组和引出线单相接地短路、绕组匝间短路。

7.2.1 基本原理

图 7.1 是单相两绕组和三绕组变压器实现纵联差动保护的原理接线图，以母线指向变压器为电流正方向，各侧装设电流互感器，并根据同名端将二次侧并联，流入差流继电器的差动电流 i_d 等于各电流互感器二次侧电流的相量和。

变压器纵联差动保护的保

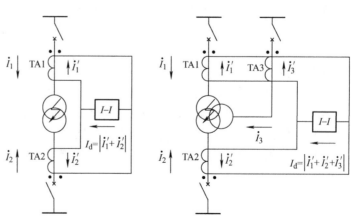

图 7.1 变压器纵联差动保护的单相原理接线图

护范围是绕组和引出线，在正常运行或外部故障时差动电流应该为零，为此，各侧电流互感器的电流比 n_{TA1}、n_{TA2}、n_{TA3} 和各侧电压比 n_{T12}、n_{T13}、n_{T23} 需要满足以下条件：

$$\left.\begin{array}{l} \dfrac{n_{TA2}}{n_{TA1}} = n_{T12} \\[3mm] \dfrac{n_{TA3}}{n_{TA1}} = n_{T13} \\[3mm] \dfrac{n_{TA3}}{n_{TA2}} = n_{T23} \end{array}\right\} \tag{7.1}$$

称为幅值校正。微机变压器保护则通过为各侧提供调整系数加以实现幅值校正。

由于电流互感器是按标准电流比生产的，其规格种类是有限的，变压器的电压比也是固定的，式(7.1)中电流互感器的电流比称为计算变比，其关系并不能得到严格满足，采用实际变比产生的差异效果用变比差系数表示为

$$\left.\begin{array}{l} \Delta f_{d12} = \left| 1 - \dfrac{n_{TA1}}{n_{TA2}} n_{T12} \right| \\[3mm] \Delta f_{d13} = \left| 1 - \dfrac{n_{TA1}}{n_{TA3}} n_{T13} \right| \\[3mm] \Delta f_{d23} = \left| 1 - \dfrac{n_{TA2}}{n_{TA3}} n_{T23} \right| \end{array}\right\} \tag{7.2}$$

实际使用的变压器是三相的，星形侧和三角形侧的接线方式常常采用 YNd11。在正常运行或外部故障时，变压器星形侧电流滞后于三角形侧电流 30°，为使此时的差动电流为零，还需要进行相位校正。

一种方法是将变压器星形侧的电流互感器二次侧接为三角形，将变压器三角形侧的电流互感器二次侧接为星形。变压器星形侧的二次电流由于三角形联结相位较一次电流移动 30°，实现了相位校正。但幅值也同时增加了 $\sqrt{3}$ 倍，故应该将该侧电流互感器的电流比增加 $\sqrt{3}$ 倍以抵消电流幅值的增加。因此变压器两侧电流互感器的电流比应该满足

$$\frac{n_{TA2}}{n_{TA1}/\sqrt{3}} = n_{T12} \tag{7.3}$$

另一种方法为数字式变压器纵联差动保护所采用，原理如图 7.2 所示。

变压器两侧的电流互感器二次侧均接为星形，且电流比满足式(7.1)，差动电流计算式为

$$\left.\begin{array}{l} \dot{I}_{da} = \dot{I}_{\Delta a} + \dfrac{\dot{I}_{Ya} - \dot{I}_{Yb}}{\sqrt{3}} \\[3mm] \dot{I}_{db} = \dot{I}_{\Delta b} + \dfrac{\dot{I}_{Yb} - \dot{I}_{Yc}}{\sqrt{3}} \\[3mm] \dot{I}_{dc} = \dot{I}_{\Delta c} + \dfrac{\dot{I}_{Yc} - \dot{I}_{Ya}}{\sqrt{3}} \end{array}\right\} \tag{7.4}$$

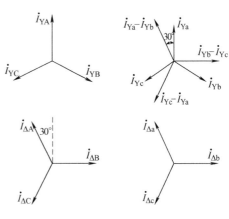

图 7.2　YNd11 联结电流相量图

7.2.2　不平衡电流

正常运行或外部故障时流经变压器的电流是穿越性的，此时差动电流应该为零，但实际情况是存在一定数值的不平衡电流，主要因素包括：

1.　电流互感器实际电流比和计算电流比不同

这部分不平衡电流等于电流比差系数乘以流过变压器的穿越电流。

数字式变压器差动保护继电器可以利用其平衡系数 K_{ph}，能够对这部分不平衡电流进行精确地调整，使其趋于零。

2.　改变变压器调压分接头

式 (7.1) 或式 (7.3) 中变压器的电压比是中间分接头对应的额定电压比，改变分接头实际上就是改变了变压器的电压比，而各侧电流互感器的电流比是不会随之改变的，式 (7.1) 或式 (7.3) 中的关系被破坏，使不平衡电流为零的条件不成立。一般取全部正负调压范围的一半来计算改变调压分接头所产生的不平衡电流。

3.　各侧电流互感器传变特性不同

(1) 稳态情况下的不平衡电流

变压器两侧电流互感器的二次电流为一次电流减励磁电流，分别记为 $\dot{I}_1 - \dot{I}_{m1}$ 和 $\dot{I}_2 - \dot{I}_{m2}$。励磁电流越大，二次电流的误差越大。即使考虑电流互感器二次接线及电流比选择理想化，正常运行时差动保护中仍然有不平衡电流

$$\begin{aligned}\dot{I}_{unb} &= (\dot{I}_1 - \dot{I}_{m1}) + (\dot{I}_2 - \dot{I}_{m2}) \\ &= (\dot{I}_1 + \dot{I}_2) - (\dot{I}_{m1} + \dot{I}_{m2}) = -(\dot{I}_{m1} + \dot{I}_{m2})\end{aligned} \tag{7.5}$$

若近似认为变压器两侧电流互感器的励磁电流滞后各自一次侧电流的相位差一致，可知 I_{unb} 实际是两电流互感器励磁电流之差。因此，导致励磁电流增加及产生差异的各种因素，都是使不平衡电流增大的原因。

(2) 暂态过程中的不平衡电流

外部故障的暂态过程中，一次侧电流中包含非周期分量。由于非周期分量对时间的变化率远小于周期分量的变化率，很难变换到二次侧，而大部分成为电流互感器的励磁电流。另外，由于互感器绕组中的磁通和电流不能突变，也会产生二次非周期分量。因此，非周期分量使不平衡电流大为增加。实验显示，暂态不平衡电流大于稳态不平衡电流。

(3) 减小该不平衡电流影响的措施

针对该不平衡电流的起因，可采取以下措施：

1) 保证电流互感器在外部最大短路电流流过时能满足 10% 误差曲线的要求。

2) 减小电流互感器二次回路负载阻抗以降低稳态不平衡电流。常用办法是：增大控制电缆导线截面和尽量缩短电缆长度，可以减小电缆电阻；增大电流互感器电流比 (减小二次额定电流)，可以减小二次侧负载阻抗折算到一次侧时的等效阻抗。

综合上述产生不平衡电流的三个因素，在正常运行或外部故障时，流过变压器穿越电流最大的情况下计算最大不平衡电流

$$\dot{I}_{\text{unb.max}} = (\Delta f_{\text{d}} + \Delta U + K_{\text{ap}} K_{\text{ss}} K_{\text{er}}) I_{\text{k.max}} \tag{7.6}$$

式中，Δf_{d} 为变比差系数，采用数字式变压器差动保护可以取值为零，但考虑可靠性，一般取值为 0.05；ΔU 为变压器调压差系数，一般取全部正负调压范围的一半；K_{ap} 为非周期分量系数，可取 1.5～2.0；K_{ss} 为电流互感器的同型系数，型号相同时取 0.5，型号不同时取 1；K_{er} 为电流互感器的变比误差，此时取 10%；$I_{\text{k.max}}$ 为外部故障最大短路电流归算到二次测的数值。纵联差动保护应该躲过最大不平衡电流，避免在正常情况或外部故障时误动。

7.2.3　励磁涌流及防止方法

励磁电流仅流经变压器的一侧，其通过电流互感器反应到差动回路中不能够被平衡，因此变压器的励磁电流是不平衡电流产生因素之一。在正常情况下，励磁电流一般不超过额定电流的 2%～5%；在外部故障时，由于电压降低，励磁电流数值将更小。两种情况对应的不平衡电流都很小，此时通常不会导致纵联差动保护误动。但当变压器空载投入或外部故障切除后电压恢复时，则可能出现很大的励磁电流，称其为励磁涌流。

1. 单相变压器的励磁涌流

设绕组端电压为 $u(t) = U_{\text{m}} \sin(\omega t + \theta)$，和铁心磁通 Φ 的关系为 $u(t) = \dfrac{\text{d}\Phi}{\text{d}t}$，如图 7.3a 所示。

变压器空载投入时的磁通

$$\Phi = \int u(t)\text{d}t = -\Phi_{\text{m}} \cos(\omega t + \theta) + C \tag{7.7}$$

式中，C 为积分常数，因为 $t=0$ 时，Φ 等于剩磁 Φ_{r}，故 $C = \Phi_{\text{r}} + \Phi_{\text{m}} \cos\theta$。

于是变压器空载投入时的铁心磁通为

$$\Phi = -\Phi_{\text{m}} \cos(\omega t + \theta) + \Phi_{\text{m}} \cos\theta + \Phi_{\text{r}} \tag{7.8}$$

空载投入半个周期后，铁心磁通为 $2\Phi_{\text{m}} \cos\theta + \Phi_{\text{r}}$。在电压过零（$\theta = 0°$）时空载投入将产生最大磁通 $2\Phi_{\text{m}} + \Phi_{\text{r}}$，该值远大于变压器的饱和磁通 Φ_{s}，如图 7.3b 所示。

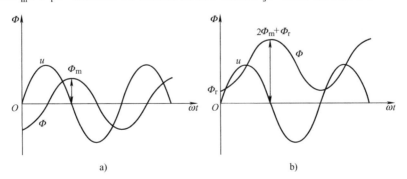

图 7.3　磁通与电压的关系

a) 稳态运行时　b) 在 $u = 0$ 瞬间空载投入

求得磁通后，根据图 7.4b 的简化磁化曲线，可得到变压器空载投入磁通如图 7.4a 所示时对应的励磁涌流，如图 7.4c 所示。

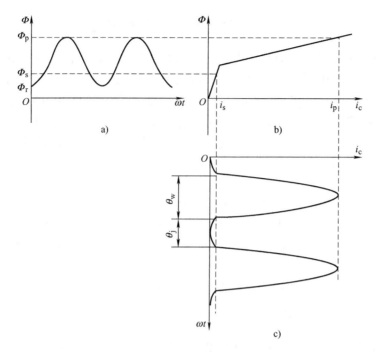

图 7.4 单相变压器励磁涌流的产生机理

a)空载投入时的磁通 b)磁化曲线 c)励磁涌流

变压器铁心未饱和前，励磁电流很小，可忽略不计；当铁心饱和后，励磁电流急剧增大，其数值可达额定电流的 6～8 倍。励磁涌流的大小和衰减时间与合闸瞬间电压的相位角、铁心中剩磁的多少和方向、电源容量、回路阻抗以及变压器容量和铁心材料的性质等都有关系。例如，在电压瞬时值最大时合闸，根据式(7.8)，铁心磁通等于稳态磁通与剩磁之和，此时就不会出现励磁涌流，只有正常时的励磁电流。

励磁涌流具有以下特点：

1)含有大量非周期分量，使波形偏于时间轴的一侧；

2)含有大量高次谐波，并且以二次谐波为主；

3)波形出现间断(瞬时值趋于零)，间断角为 θ_j，而 θ_w 称为波宽。间断角的大小与电压初相位、铁心饱和度及剩磁有关。根据相关分析，铁心饱和度越高，励磁涌流越大，间断角越大。

2. 三相变压器的励磁涌流

三相变压器空载投入时，三相绕组都会产生励磁涌流，如图 7.5 所示。对于 Yd11 接线的三相变压器，当星形侧的电流互感器二次绕组接为三角形时，每相差动回路中的励磁涌流是两相绕组励磁涌流之差，此时三相变压器的励磁涌流具有以下特点：

1)由于三相电压相位相差 120°，任何时刻空载投入变压器，至少两相会出现程度不同的励磁涌流。

2)可能会出现某相励磁涌流不再偏于时间轴的一侧，为对称性涌流，其数值比较小，无非周期分量。

3)三相励磁涌流中有一相或两相的二次谐波含量较小，但至少有一相较大。

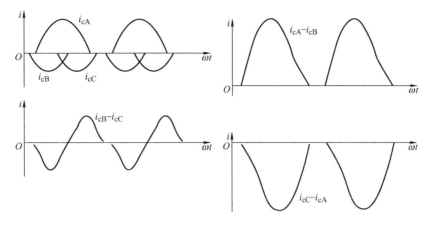

图 7.5 三相变压器励磁涌流

4) 励磁涌流的波形间断角显著减小，其中对称性涌流的间断角最小。

3. 防止励磁涌流引起误动的方法

因为励磁涌流远大于最大不平衡电流，所以必须采取有效措施，以避免此时纵联差动保护误动，常用的方法如下：

1) 二次谐波制动。励磁涌流中含有大量的二次谐波，当二次谐波分量与基波分量的比值大于整定值(二次谐波制动比 K_2)时就将差动保护闭锁，以防止励磁涌流引起误动。二次谐波制动比 K_2 的取值范围是 15%~20%。三相变压器的各相励磁涌流严重程度不相同，其二次谐波含量也各异，可能出现某相励磁涌流的二次谐波分量比率小于 15% 的情况。为了空载投入时可靠闭锁保护，广泛应用三相或门制动方式，即任一相差动电流中二次谐波分量与基波分量的比值大于 K_2 时，判断为励磁涌流，闭锁三相纵联差动保护。但在三相变压器空载投入于故障情况时，故障相为故障电流，非故障相为励磁涌流，三相或门制动将使差动保护的动作延时至励磁涌流消失，影响差动保护的快速性。

2) 间断角识别励磁涌流制动。变压器的非对称性涌流和对称性涌流都具有显著的间断特征，而内部故障时的故障电流波形没有明显的间断，通过检测差流间断角的大小可以识别是否是励磁涌流。实验表明，非对称性涌流间断角较大，一般大于 65°；而对称性涌流间断角可能小于 65°，但同时其波宽一般约等于 120°。故间断角制动的判据为

$$\theta_j > 65° \text{ 或 } \theta_w < 140° \tag{7.9}$$

上述间断角制动原理能够识别各相励磁涌流，因此可以采用分相制动方式，从而使差动保护在三相变压器空载投入于故障情况时能够可靠快速动作。

3) 其他制动方法。根据故障电流具有前、后半周期波形对称的特征，而励磁涌流不具有该特征，应用微分波形对称法、积分波形对称法和波形相关性方法识别励磁涌流。另外还有基于虚拟三次谐波的方法，而小波理论、数学形态学理论等也提出了识别励磁涌流的方法。

7.2.4 纵联差动保护的整定原则

1. 纵联差动保护的动作电流

1) 躲过外部故障时的最大不平衡电流，动作电流整定为

$$I_{op} = K_{rel}I_{unb.max} \tag{7.10}$$

式中，可靠系数 K_{rel} 取 1.3，最大不平衡电流按式(7.6)计算。

2) 躲过变压器正常最大负荷情况下电流互感器二次回路断线引起的差动电流，动作电流整定为

$$I_{op} = K_{rel}I_{L.max} \tag{7.11}$$

式中，可靠系数 K_{rel} 取 1.3，$I_{L.max}$ 是变压器的最大负荷电流。

按上述条件计算动作电流，取较大者。最大不平衡电流和最大负荷电流都应该折算到电流互感器的二次侧。考虑到 Yd11 接线的三相变压器各侧电流互感器二次侧的接线情况，通常在 d 侧计算比较方便。

2. 纵联差动保护的灵敏性校验

灵敏系数按下式计算：

$$K_{sen} = \frac{I_{k.min}}{I_{op}} \tag{7.12}$$

式中，$I_{k.min}$ 是保护范围内故障时的最小差动电流，按照要求，灵敏系数 K_{sen} 不应该小于2。

7.2.5 比率制动式纵联差动保护

1. 保护原理

一般可认为不平衡电流的大小与穿越电流成比率，穿越电流越大，不平衡电流越大。在正常情况或外部故障时，变压器纵联差动保护只要躲过不平衡电流就不会误动，即动作电流可随穿越电流变化，并不需要总是大于最大不平衡电流。这种利用穿越电流实现制动，使保护的动作电流随制动电流成比率变化的变压器纵联差动保护称为比率制动式纵联差动保护，动作方程为

$$I_d > I_{op} = K_{res}I_{res} \tag{7.13}$$

式中，I_d 是差动电流；I_{res} 是制动电流；K_{res} 是制动系数；I_{op} 是动作电流。

两绕组变压器和三绕组变压器各相的差动电流和制动电流可以按下式的形式分别表示为

$$\left.\begin{array}{l} I_d = \left|\dot{I}'_1 + \dot{I}'_2\right| \\ I_{res} = \dfrac{\left|\dot{I}'_1 - \dot{I}'_2\right|}{2} \end{array}\right\} \tag{7.14}$$

$$\left.\begin{array}{l} I_d = \left|\dot{I}'_1 + \dot{I}'_2 + \dot{I}'_3\right| \\ I_{res} = \text{MAX}\left[\left|\dot{I}'_1\right|, \left|\dot{I}'_2\right|, \left|\dot{I}'_3\right|\right] \end{array}\right\} \tag{7.15}$$

式(7.14)和式(7.15)中制动电流只是多种定义形式中的两种，但都应该满足在正常或外部故障时等于或正比于穿越电流。

比率制动式纵联差动保护基于差动电流和制动电流的大小关系而动作，其动作特性可以展示在关于差动电流和制动电流的坐标平面上，如图 7.6 所示。

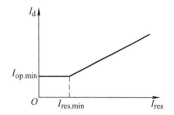

图 7.6 折线比率制动式纵联差动保护动作特性

图中的折线并不完全对应于式(7.13)表示的差动电流和制动电流之间的关系。因为当正常或外部故障时，在穿越电流很小的情况下，差动保护中存在部分与穿越电流无关的不平衡电流，如变压器励磁电流、测量回路的杂散噪声等，此时穿越电流对应的制动电流很可能小于不平衡电流对应的差动电流，而导致差动保护误动，故设置一个最小动作电流 $I_{op.min}$ 是必要的，在折线的水平段无制动特性，折线对应的动作方程为

$$\left.\begin{array}{l} I_d > I_{op.min}, \quad I_{res} \leqslant I_{res.min} \\ I_d > K(I_{res} - I_{res.min}) + I_{op.min}, \quad I_{res} > I_{res.min} \end{array}\right\} \tag{7.16}$$

式中，折线制动段的斜率 $K = \dfrac{I_d - I_{op.min}}{I_{res} - I_{res.min}}$。定义动作特性曲线斜线段的制动系数 $K_{res} = \dfrac{I_d}{I_{res}}$。折线以上部分为差动保护动作区，折线以下部分为差动保护制动区。

2. 整定计算

1) 最小动作电流按躲过变压器额定负载时的不平衡电流整定：

$$I_{op.min} = K_{rel}(\Delta f_d + \Delta U + K_{er})I_n \tag{7.17}$$

式中，可靠系数 K_{rel} 取 1.3～1.5；Δf_d 是电流互感器的变比差系数，采用数字式变压器差动保护可以取值为零，但考虑可靠性，一般取值为 0.05；ΔU 是变压器调压差系数，一般取全部正负调压范围的一半；K_{er} 是电流互感器的变比误差，此时可取 0.05；I_n 是变压器额定电流归算到二次测的数值。

2) 最小制动电流一般整定为

$$I_{res.min} = (0.8～1)I_n$$

3) 折线斜率为

$$K = \frac{K_{rel}I_{unb.max} - I_{op.min}}{I_{res.max} - I_{res.min}} \tag{7.18}$$

式中，最大不平衡电流 $I_{unb.max}$ 按式(7.6)计算；最大制动电流 $I_{res.max}$ 按定义的形式计算，若选取式(7.16)或式(7.17)中的制动电流，则等于外部故障时的最大短路电流归算到二次侧的数值。

4) 灵敏系数按最小方式下变压器引出线上两相金属性短路计算各侧短路电流，并进一步计算最小差动电流 $I_{d.min}$ 和制动电流，及该制动电流在动作特性曲线上对应的动作电流 I_{op}。

$$K_{sen} = \frac{I_{d.min}}{I_{op}} \tag{7.19}$$

要求灵敏系数不小于 2。

7.2.6 差动电流速断保护

变压器纵联差动保护的二次谐波制动能够防止励磁涌流引起保护误动。但是在保护区内发生严重短路时，如果电流互感器出现饱和而使其二次侧电流波形发生畸变，则二次侧电流中含有大量谐波分量，从而使涌流判别元件误判为励磁涌流，致使差动保护拒动或延迟动作，严重损坏变压器。因此，为了保证与加快大型变压器内部故障时动作的可靠性与故障切除速度，需要设置无二次谐波制动的差动速断保护，即只反应差动电流中工频分量的大小，不考虑其中谐波及波形畸变的影响。当区内（特别是变压器绕组端部）故障时差动电流达到整定值时，速断元件快速动作出口，跳开变压器各侧断路器。

1. 整定计算

1）按躲过变压器最大励磁涌流整定：

$$I_{op} = KI_n \tag{7.20}$$

式中，I_n 是变压器额定电流归算到二次侧的数值；倍数 K 的取值与变压器容量和系统电抗的大小有关，容量越大，系统电抗越大，K 的值越小，一般推荐值：

6300kVA 及以下　　　　7～12；

6300～31500kVA　　　　4.5～7；

40000～120000kVA　　　3～6；

120000kVA 及以上　　　2～5。

2）按躲过外部短路最大不平衡电流整定：

$$I_{op} = K_{rel}I_{unb.max} \tag{7.21}$$

式中，最大不平衡电流 $I_{unb.max}$ 按式(7.6)计算；可靠系数 K_{rel} 取 1.3～1.5。整定结果取两者较大值。

2. 灵敏性校验

灵敏系数为

$$K_{sen} = \frac{I_{k.min}}{I_{op}} \tag{7.22}$$

式中，$I_{k.min}$ 是变压器各侧金属性短路最小短路电流。要求灵敏系数不小于2。

7.2.7 零序电流差动保护

超高压大型变压器绕组的短路类型主要是绕组对铁心的绝缘损坏，造成单相接地短路，相间短路可能性较小。变压器纵联差动保护采用的工作电流是相电流，会使保护在变压器发生内部单相接地故障时灵敏度比较低，主要原因是变压器中性点接地的星形侧发生单相接地短路时，三角形侧没有零序电流或由于故障点所在位置的影响使两侧电流呈现为穿越电流特性。故实现可靠的变压器绕组单相接地短路保护十分必要。

变压器零序电流差动保护的原理接线如图 7.7 所示。对于图中 YNynd 接线的变压器也可以在中性点接地侧分别各装一套独立的零序电流差动保护。零序电流差动保护要求各个电流互感器具有相同电流比，当电流比不等时，必须采取措施(如设定平衡系数)进行调整。

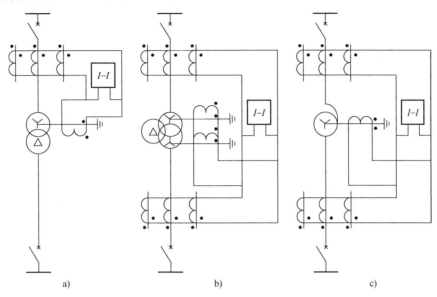

图 7.7 变压器零序电流差动保护的原理接线

a) YNd 接线变压器 b) YNynd 接线变压器 c) 自耦变压器

当变压器内部接地故障时，零序差流等于接地点短路电流折算至二次侧的值。励磁涌流中的零序分量对于零序电流差动保护属于穿越性电流，不会引起保护误动。变压器星形侧绕组的单相匝间短路可以等效为短路匝数相同的绕组某位置对中性点的短路，及单相接地故障，因此零序电流差动保护可以反应星形侧绕组的单相匝间短路故障。

零序电流差动保护按躲过正常或外部故障情况下的最大不平衡电流整定。

$$I_{unb.max} = (\Delta f_d + K_{er})I_{k.max} \tag{7.23}$$

式中各参数与式(7.6)相同。

零序电流差动保护同样广泛采用比率制动特性，最小动作电流为 $(0.3 \sim 0.6)I_n$，最大制动电流为 $(0.8 \sim 1.0)I_n$，I_n 是折算到二次侧的变压器额定电流，折线斜率一般取 0.5。按最小运行方式下变压器引出线金属性接地短路进行灵敏性校验，要求灵敏系数不小于 2，计算方法参考式(7.19)。

7.3 变压器气体保护

变压器发生严重漏油或匝数很少的匝间短路及绕组断线时，差动保护及其他反应电气量的保护往往会因为灵敏度不足而不能动作，故需要设置气体保护共同构成主保护。规程规定容量为 800kVA 及以上的油浸变压器和 400kVA 及以上的车间内油浸变压器应该装设气体保护。对有载调压的油浸式变压器的调压装置也应该装设独立的气体保护。气体保护的主要元件是气体继电器，其安装在油箱和储油柜之间的连接管道上，如图 7.8 所示。

变压器油是绕组的绝缘和冷却介质。当变压器油箱内的绕组发生故障时，在电流和电弧的作用下变压器油盒绝缘材料因受热分解产生气体，气体产生的数量和速度与故障严重程度有关，全部气体会从油箱经过连接管道及气体继电器流向油枕。当变压器油箱严重漏油或油箱内绕组轻微故障如数量很少的匝间短路、铁心烧损时，缓慢产生的气体经过一定时间的累积达到一定容积(开口杯浮力减小使杠杆转动)就会引起继电器的"轻气体"动作于告警信号。

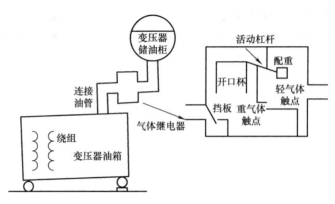

图 7.8　变压器气体保护原理示意图

当油箱内绕组严重故障时，短时间内产生的大量气体会推动变压器油高速经气体继电器所在的连接管道流向储油柜，该油流速度就会引起气体继电器的"重气体"动作(挡板转动)于变压器各侧断路器跳闸。

气体保护虽然简单、灵敏、经济，但其动作速度较慢，且仅能反应变压器油箱内部的故障，因此，气体保护与差动保护都不能相互替代。根据气体保护的运行实践，其误动率较高，当前主要问题是提高可靠性。

7.4　变压器相间短路的后备保护

变压器后备保护的作用是为变压器差动保护和气体保护提供近后备，并防止由外部故障引起变压器绕组过电流，为相邻元件(母线或线路)提供远后备。变压器相间短路后备保护的实现方式有过电流保护、低电压启动的过电流保护、复合电压启动的过电流保护，可根据变压器容量和灵敏度要求选择使用。

对于两绕组变压器，相间短路后备保护安装在升压变压器的低压侧、降压变压器的高压侧，保护动作时跳开两侧断路器。如果带方向元件，则指向变压器方向。

7.4.1　过电流保护

该保护的原理接线如图 7.9 所示。

动作电流按躲过变压器的最大负荷电流 $I_{\text{L.max}}$ 整定，即

$$I_{\text{op}} = \frac{K_{\text{rel}}}{K_{\text{re}}} I_{\text{L.max}} \qquad (7.24)$$

式中，可靠系数 K_{rel} 取 1.2～1.3，继电器返回系数 K_{re} 取 0.85～0.95。

最大负荷电流 $I_{\text{L.max}}$ 考虑以下情况并取其最大者：①并列运行的变压器其中一台退出运行后的负荷转移；

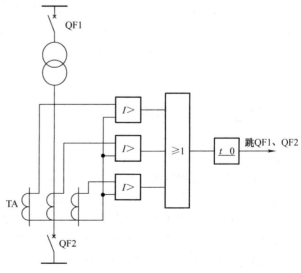

图 7.9　变压器过电流保护原理接线图

②降压变压器低压侧所接电动机自起动时的最大电流；③两台分列运行的变压器，负荷侧母线分段断路器装有备用电源自动投入装置，备用电源投入后负荷电流的增加。

灵敏系数为

$$K_{\text{sen}} = \frac{I_{\min}^{k(2)}}{I_{\text{op}}} \tag{7.25}$$

式中，$I_{\min}^{k(2)}$ 是保护区末端两相金属性短路时流过保护的最小短路电流。要求 $K_{\text{sen}} \geqslant 1.3$（近后备）或 $K_{\text{sen}} \geqslant 1.2$（远后备）。

动作时间与相邻元件后备保护相配合。

7.4.2 低电压过电流保护

该保护的原理接线如图 7.10 所示，当电流继电器和低电压继电器都动作后保护才可能跳闸。

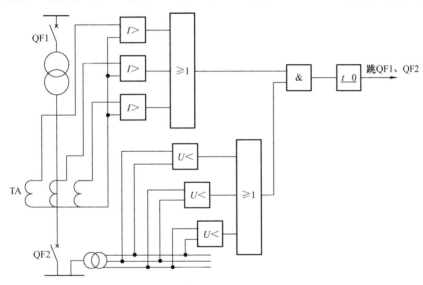

图 7.10 变压器低电压过电流保护原理接线图

动作电流按躲过变压器的额定电流 I_{N} 整定，即

$$I_{\text{op}} = \frac{K_{\text{rel}}}{K_{\text{re}}} I_{\text{N}} \tag{7.26}$$

式中，可靠系数和继电器返回系数与式(7.24)相同，灵敏度校验同式(7.25)。动作时间与相邻元件后备保护相配合。

低压继电器的整定：

1)按躲过正常运行时可能出现的最低电压 $U_{\min}$ 整定

$$U_{\text{op}} = \frac{U_{\min}}{K_{\text{rel}} K_{\text{re}}} \tag{7.27}$$

式中，可靠系数 K_{rel} 取 1.1～1.2，继电器返回系数 K_{re} 取 1.05～1.25。正常运行时可能出现的最低电压 $U_{\min} = 0.9 U_{\text{N}}$，$U_{\text{N}}$ 根据低压继电器的接线为额定线电压或相电压。

2)对于发电厂的升压变压器，低压继电器由发电机侧电压互感器供电时，应该考虑躲过

发电机失磁运行时出现的低电压

$$U_{op} = (0.5 \sim 0.6)U_N \tag{7.28}$$

3) 按躲过电动机自起动时的电压整定。当低压继电器由变压器低压侧电压互感器供电时，按式 (7.28) 整定。当低压继电器由变压器高压侧电压互感器供电时

$$U_{op} = 0.7U_N \tag{7.29}$$

低压继电器的灵敏度校验用下式计算

$$K_{sen} = \frac{U_{op}}{U_{r.max}} \tag{7.30}$$

式中，$U_{r.max}$ 是最小运行方式下保护区末端两相金属性短路时，保护安装处的最高残压。要求 $K_{sen} \geqslant 1.3$ (近后备) 或 $K_{sen} \geqslant 1.2$ (远后备)。

为防止电压互感器二次回路断线导致低电压继电器误动，应该设置电压回路断线告警信号。

7.4.3 复合电压过电流保护

该保护的原理接线如图 7.11 所示，当低电压继电器或负序过电压继电器动作后，结合电流继电器的动作情况保护才可能跳闸。

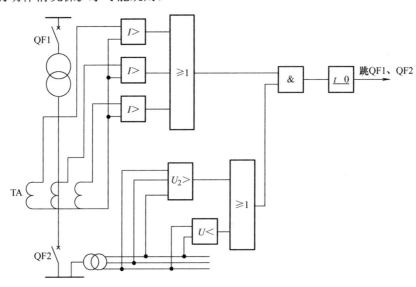

图 7.11 变压器负荷电压过电流保护原理接线图

对称短路时低电压继电器动作，不对称短路时负序过电压继电器动作。保护装置中的过电流继电器和低电压继电器的整定原则与低电压过流保护相同。负序过电压继电器按躲过正常运行时出现的负序最大不平衡电压整定

$$U_{op} = (0.06 \sim 0.12)U_N \tag{7.31}$$

灵敏系数为

$$K_{sen} = \frac{U_{2.min}^{k(2)}}{U_{op}} \tag{7.32}$$

式中，$U_{2.\min}^{k(2)}$ 是保护区末端两相金属性短路时，保护安装处的最小负序电压。要求 $K_{sen} \geq 2.0$（近后备）或 $K_{sen} \geq 1.5$（远后备）。

复合电压过电流保护在不对称短路时电压继电器的灵敏度较高，广泛地应用于大容量变压器，代替了低电压过电流保护。但是大容量变压器的额定电流很大，而相邻元件末端两相短路时的故障电流可能较小，因此复合电压过电流保护的远后备灵敏系数往往不能够满足要求。在这种情况下，可以采用负序过电流保护，以提高不对称短路时的灵敏度。还可以采用阻抗保护来解决保护之间配合、灵敏度等问题。

7.4.4　三绕组变压器的过电流保护

三绕组变压器的相间短路后备保护在相邻元件故障时，应该有选择性地跳开近故障一侧的断路器，保证另外两侧继续运行，尽可能地缩小故障影响范围；当变压器内部故障时，应该跳开三侧断路器。

对于单侧电源的三绕组变压器可以有如下两种方案：

1）如图 7.12a 所示，装设两套过电流保护，一套装在电源侧，另一套装在负荷容量较小的负荷侧（因整定值较小而使灵敏度较大），如图中的 Ⅲ 侧。负荷侧的过电流保护只作为该侧相邻元件的后备保护，其动作时限 $t_{Ⅲ}$ 应在该侧相邻元件后备保护的动作时限 $t_{Ⅲ}'$ 上增加延时 Δt，保护动作后跳开 QF3。

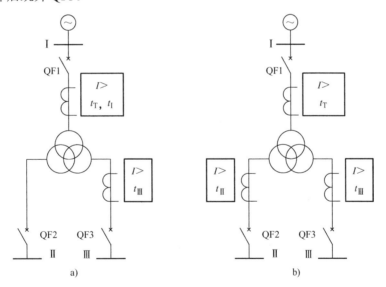

图 7.12　单电源三绕组变压器过电流保护配置

电源侧的过电流保护作为 Ⅱ 侧相邻元件的后备保护，其动作时限 $t_Ⅰ$ 应在该侧相邻元件后备保护的动作时限 $t_Ⅱ'$ 上增加延时 Δt，保护动作后跳开 QF2；Ⅲ 侧相邻元件故障时，为防止电源侧的过电流保护无选择性地跳开 QF2，其动作时限 $t_Ⅰ$ 还应在 Ⅲ 侧的过电流保护的动作时限 $t_{Ⅲ}$ 上增加延时 Δt，取两者较大值。同时，电源侧的过电流保护作为变压器的后备保护，增设动作时限 t_T，在动作时限 $t_Ⅰ$ 上增加延时 Δt，保护动作后跳开变压器各侧断路器。

2）当图 7.12a 中电源侧的过电流作为 Ⅱ 侧相邻元件的后备保护灵敏度不足时，应该在三侧都装设过电流保护，如图 7.12b 所示。负荷侧的过电流保护作为该侧相邻元件的后备保护，动作时限整定方法和前面相同,保护动作后跳开各自一侧的断路器。电源侧的过电流保护作为变压器的后备保护,其动作时限与负荷侧的过电流保护的动作时限相配合,取两者较大值,保护动作后跳开变压器各侧断路器。

对于多侧电源的三绕组变压器,应在各侧装设过电流保护作为相邻元件的后备保护,与前面相同,其动作时限 t_I、t_{II}、t_{III} 在各自一侧相邻元件的后备保护的动作时限 t_I'、t_{II}'、t_{III}' 上增加延时 Δt,保护动作后跳开各自一侧的断路器。电源侧的过电流保护还应该增设一个方向指向母线的方向元件。同时,主电源侧(升压变压器的低压侧、降压变压器的高压侧、联

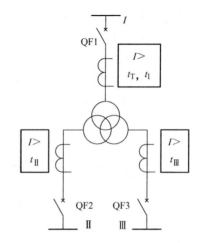

图 7.13 多侧电源三绕组变压器过电流保护配置

络变压器的大电源侧)的过电流保护作为变压器的后备保护,设另一个动作时限 t_T,在动作时限 t_I、t_{II}、t_{III} 上增加延时 Δt,取其中最大值,保护动作后跳开变压器各侧断路器。

7.5 变压器接地短路的后备保护

大型变压器星形侧通常连接大接地系统,各种类型故障中单相接地短路发生的概率最高。在变压器星形侧设置零序保护,作为变压器及相邻元件接地短路的后备保护。为限制电力系统短路时的零序电流在一定范围之内,变压器中性点采取部分直接接地的运行方式,也保证了零序网络基本不变,有利于零序电流保护的灵敏性。变压器星形侧中性点的运行方式可以利用中性点接地刀开关进行转换,直接接地时采用零序电流保护,不接地时采用零序电压保护。

7.5.1 零序电流保护

普通变压器零序电流保护从变压器星形侧中性点引出线上的零序电流互感器获取零序电流,如图 7.14 所示。相邻元件接地短路时,为了尽量避免将正常变压器切除,零序电流保护动作后以较短时限断开母线联络断路器或分段断路器,使故障影响范围缩小,而以较长时限断开变压器各侧断路器。

零序电流保护为两段式,每段均按上述方式设置两个延时。零序电流 I 段与相邻元件的零序电流 I 段或 II 段在动作值 $I_{0.xII}$ 和动作时间 t_{xII} 上相配合

$$I_{0.op\,I} = K_{rel}K_{b.max}I_{0.x\,II} \tag{7.33}$$

式中,$K_{b.max}$ 是最大零序电流分支系数。

$$t_{op\,I-1} = t_{x\,II} + \Delta t \tag{7.34}$$

$$t_{op\,I-2} = t_{op\,I-1} + \Delta t \tag{7.35}$$

零序电流 II 段与相邻元件的零序电流 III 段在动作值和动作时间上相配合,计算方法与式 (7.33)、式 (7.34)、式 (7.35) 类似。

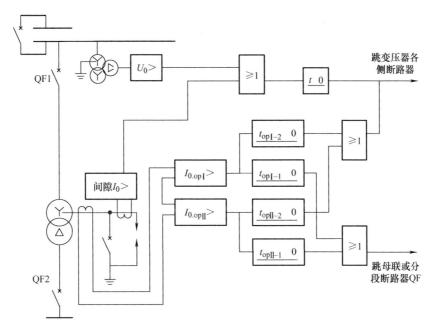

图 7.14　变压器接地保护原理接线图

零序电流 I 段的灵敏度按变压器母线处接地短路校验，零序电流 II 段的灵敏度按相邻元件末端接地短路校验。

对于两侧星形中性点直接接地运行的三绕组变压器，应该在两侧中性点处分别装设两段式的零序电流保护。在动作电流整定时要考虑对侧接地短路的影响，灵敏度不够时可考虑装设零序电流方向元件。若不是双母线运行，各段也设两个时限，短时限动作于跳开变压器的本侧断路器，长时限动作于跳开变压器的各侧断路器。若是双母线运行，也需要按照尽量减少影响范围的原则，有选择性地跳开母联断路器、变压器本侧断路器和各侧断路器。

自耦变压器的高压侧和中压侧绕组具有电气联系和共同的直接接地中性点，相关分析表明，自耦变压器中性点回路的零序电流大小和方向都受两侧所连接的电网的运行方式和短路点位置的影响，有较大变化。因此，不能取用直接接地中性点回路电流构成零序电流保护，而应该取用高压侧和中压侧套管电流互感器中性线上的零序电流。如果作为相邻元件的接地后备保护，为了满足选择性要求，两侧零序电流保护应该设置零序方向元件，动作方向由变压器指向该侧母线，即指向本侧电力系统，整定计算与普通变压器相同。可采用零序电流差动保护反应自耦变压器绕组的接地短路。

7.5.2　零序电压保护

全绝缘变压器中性点可以不接地运行，此时将失去零序电流保护。分级绝缘变压器中性点可经间隙接地运行。所谓经间隙接地是指变压器中性点与地之间装设放电间隙，当发生接地短路造成中性点电压过高时放电间隙击穿，形成中性点接地，从而保证变压器绝缘不受损坏。为避免间隙放电时间过长，应装设反应间隙放电电流的间隙零序电流保护，如图 7.14 所示。放电间隙电流的大小与变压器零序阻抗、放电电弧电阻等因素有关，难以准确计算。根据一般经验，间隙零序电流保护的一次动作电流取 100A，并带 0.3s 的短时限，以躲过暂态电压的影响。然而，放电间隙动作的实际可靠性较差，受气象条件、调整精度以及连续放电次数的影响较大。

变压器中性点不直接接地运行时更可靠的保护是零序电压保护，零序电压取自电压互感器二次侧的开口三角形绕组，如图7.14所示。零序电压保护的整定值应躲过系统存在直接接地中性点的情况下，发生接地短路时保护安装处的最大零序电压；同时，在系统失去全部直接接地中性点的情况下，发生接地短路时保护能够灵敏动作。根据系统中零序阻抗与正序阻抗的比值对单相接地短路时零序电压的影响，一般零序电压保护整定值为 $3U_{0.op} = 150 \sim 180V$。该保护只在中性点直接接地的变压器全部被切除后才能够动作，不需要与其他接地保护相配合，因此其动作时间只需要躲过暂态过电压的时间，一般可取 0.3～0.5s。

7.6 变压器过励磁保护

变压器的感应电动势为

$$E = 4.44 fNSB \times 10^{-8} \tag{7.36}$$

式中，f 为频率；N 为绕组匝数；S 为铁心截面积；B 为磁通密度(磁感应强度)。

不计绕组漏电抗上的电压降，近似认为感应电动势 E 与绕组端电压 U 相等，则磁通密度为

$$B = \frac{10^8}{4.44NS} \frac{U}{f} = K \frac{U}{f} \tag{7.37}$$

对于给定的变压器，K 为常数。

根据式(7.37)可知，电压升高或频率降低会导致磁通密度增加，使变压器励磁电流增加，特别是在铁心饱和后，励磁电流急剧增加，造成变压器过励磁。

变压器过励磁会使铁心损耗增加，温度升高。同时漏磁通增加，使变压器金属构件的涡流损耗增加，发热并引起高温，严重时造成局部变形和周围绝缘介质损伤。另外，变压器过励磁会导致纵联差动保护的不平衡电流增加，此时励磁电流中含有较大的五次谐波。因此，对于大型变压器的纵联差动保护通常设置五次谐波制动，以防止在过励磁情况下发生误动。

变压器的过励磁程度用过励磁倍数表示为

$$n = \frac{B}{B_N} = \frac{U}{U_N} \frac{f_N}{f} = \frac{U^*}{f^*} \tag{7.38}$$

式中，B_N 是额定磁感应强度；U^* 和 f^* 分别是变压器电压 U 和系统频率 f 对于额定值 U_N 和 f_N 的标幺值。

变压器有一定的过励磁承受能力，通常反应于过励磁倍数的大小，构成反时限特性的过励磁保护，在变压器允许过励磁范围内保护动作于发信号，当超过允许值后保护可动作于跳闸。

7.7 变压器保护的基本配置

1) 变压器的气体保护和纵联差动保护(对小容量变压器则为电流速断保护)构成双重化的快速保护，但对于变压器外部引出线只有一套快速保护，当纵联差动保护拒动时，引出线

故障只能够由后备保护带延时切除。为了在任何情况下都能够快速切除故障，对于大型变压器应该装设双重纵联差动保护。通常，一套采用二次谐波制动原理，另一套采用间断角鉴别原理。

2) 各侧装设复合电压过电流保护作为相间短路的后备保护。

3) 星形侧装设零序电流保护和零序电压保护作为接地短路的后备保护。

4) 各侧装设过负荷保护，动作电流按式(7.26)整定，动作时间与相邻元件后备保护相配合。对于自耦变压器，过负荷保护应该能够反应公共绕组的负荷情况。过负荷保护带时限动作于信号，必要时也可以动作于自动减负荷或跳闸。

5) 对于变压器油温升高和冷却系统故障，设置动作于信号或跳闸的非电量保护。

习题及思考题

7.1 为什么具有制动特性的差动继电器能够提高灵敏度？

7.2 励磁涌流是怎么产生的？与哪些因素有关？

7.3 三相励磁涌流是否会出现两个对称性涌流？为什么？

7.4 变压器纵联差动保护中消除励磁涌流影响的措施有哪些？它们利用了哪些特征？各自有何特点？

7.5 三绕组变压器相间后备保护的配置原则是什么？

7.6 零序电流保护为什么在各段中均设两个时限？

7.7 全绝缘变压器和分级绝缘变压器对接地保护的要求有何区别？

7.8 Yndd 联结的三绕组变压器采用数字式纵联差动保护，该保护的相位校正由软件来完成。已知 $\dfrac{n_{TA3}}{n_{TA1}} = n_{T13}$，$\dfrac{n_{TA3}}{n_{TA2}} = n_{T23}$，试写出保护装置中差动电流的表达式。

7.9 为什么变压器纵联差动保护和气体保护不能够相互替代？

第8章

发电机保护

8.1 发电机的故障和非正常状态

大型发电机结构复杂、造价昂贵,是影响电力系统安全可靠运行和电能质量的重要元件;而且发电机一旦发生故障,检修周期长,直接和间接损失都巨大。所以需要针对发电机的各种故障和非正常状态设置完备的保护。

发电机的主要故障包括:定子绕组的相间短路、匝间短路和单相接地;转子绕组(励磁回路)一点和两点接地;发电机低励磁和失磁。

发电机的不正常状态包括:定子绕组对称过负荷、不对称过负荷和过电压;转子绕组过负荷、逆功率、过励磁、失步等。

8.2 定子绕组相间短路保护

统计数据表明,发电机及其机端引出线的故障中相间短路是最多的,是发电机保护考虑的重点。

8.2.1 纵联差动保护的基本原理和不平衡电流

发电机定子绕组相间短路的主保护是纵联差动保护,如图 8.1 所示。发电机两侧的 TA1 和 TA2 采用相同的电流互感器,规定指向发电机为一次电流的正方向,当发电机定子绕组及其引出线相间短路时,差动电流为一次故障处电流折算到二次侧的值,当其超过整定值时纵联差动保护动作于瞬时跳闸。当正常运行或外部发生故障时,差动回路中仅有不平衡电流,保护按躲过最大不平衡电流整定。

在发电机端三相短路的情况下计算最大不平衡电流:

$$\dot{I}_{unb.max} = K_{ap}K_{ss}K_{er}I_{k.max} \qquad (8.1)$$

式中,K_{ap} 是非周期分量系数,可取 $1.5\sim2.0$;K_{ss} 是电流互感器的同型系数,型号相同时取 0.5,型号不同时取 1;K_{er} 是电流互感器的变比误差,可取 10%;$I_{k.max}$ 是外部故障最大短路电流归算到二次测的数值。

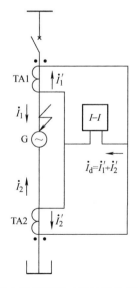

图 8.1 发电机纵联差动保护的单相原理接线

8.2.2 比率制动式纵联差动保护

按躲过最大不平衡电流整定的纵联差动保护的动作值比较大，降低了保护的灵敏性，在内部故障时有可能拒动，为此通常采用灵敏度更高的比率制动式纵联差动保护，其差动电流和制动电流分别定义为

$$\left.\begin{array}{l} I_{d} = \left| \dot{I}_1' + \dot{I}_2' \right| \\ I_{res} = \dfrac{\left| \dot{I}_1' - \dot{I}_2' \right|}{2} \end{array}\right\} \qquad (8.2)$$

一般采用折线型的动作特性，如图 8.2 所示，动作方程为

$$\left.\begin{array}{l} I_{d} > I_{op.min}, \ \ I_{res} \leqslant I_{res.min} \\ I_{d} > K(I_{res} - I_{res.min}) + I_{op.min}, \ \ I_{res} > I_{res.min} \end{array}\right\} \qquad (8.3)$$

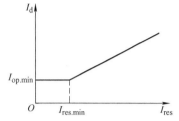

图 8.2 折线比率制动式纵联差动保护动作特性

1）最小动作电流按躲过额定负载时的最大不平衡电流整定：

$$\dot{I}_{op.min} = K_{rel} K_{er} I_n \qquad (8.4)$$

式中，K_{er} 是电流互感器的变比误差，可取 0.05；I_n 是发电机额定电流归算到二次侧的数值；可靠系数 K_{rel} 取 1.3～1.5。

2）最小制动电流一般整定为

$$I_{res.min} = (0.8 \sim 1) I_n$$

3）折线斜率为

$$K = \frac{K_{rel} I_{unb.max} - I_{op.min}}{I_{res.max} - I_{res.min}} \qquad (8.5)$$

式中，最大不平衡电流 $I_{unb.max}$ 按式（8.1）计算；最大制动电流 $I_{res.max}$ 等于外部故障时的最大短路电流归算到二次侧的数值。

4）灵敏系数按最小方式下发电机机端两相金属性短路计算各侧短路电流，并进一步计算最小差动电流 $I_{d.min}$ 和制动电流及该制动电流在动作特性曲线上对应的动作电流 I_{op}。

$$K_{sen} = \frac{I_{d.min}}{I_{op}} \qquad (8.6)$$

要求灵敏系数不小于 2。

8.2.3 不完全纵联差动保护

大容量发电机的定子绕组每相往往由两个或两个以上并联的分支组成，在这种情况下可以构成不完全纵联差动保护，如图 8.3 所示。发电机不完全纵联差动保护与完全纵联差动保护组成发电机绕组匝间短路的双重化主保护，而且不完全纵联差动保护能够反应匝间短路及分支绕组的开焊故障。

对于每一相绕组，中性点侧接入保护的分支数 N 一般为总分支数 a 的 1/2，当总分支数

为奇数时，N 取 $\frac{1}{2}a+1$。N 增大时相间短路灵敏度提高而匝间短路灵敏度下降，N 减小时相间短路灵敏度下降而匝间短路灵敏度提高。

中性点侧电流互感器 TA2、TA3 的电流比 n_2 与机端侧电流互感器 TA1 的电流比 n_1 的关系如下：

$$n_2 = \frac{N}{a}n_1 \tag{8.7}$$

对于微机保护，则可以选择相同电流比的电流互感器，由软件中的相关参数调节差动电流的平衡。

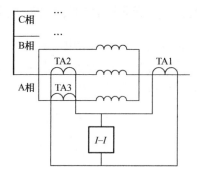

图 8.3 不完全纵联差动保护原理接线

8.3 定子绕组匝间短路保护

8.3.1 横联差动保护基本原理

大容量发电机定子每相由数个并联绕组组成时，可以比较不同分支的电流，如图 8.4 所示，构成横联差动保护，电流互感器的异极性端相接。

不论是绕组内部匝间短路 k_1，还是同相异分支匝间短路 k_2，均会导致分支绕组电流不相等产生差动电流而使保护动作。但当 N 或 N_1-N_2 的值很小时，差动电流值不足以越过动作值，保护不会启动。

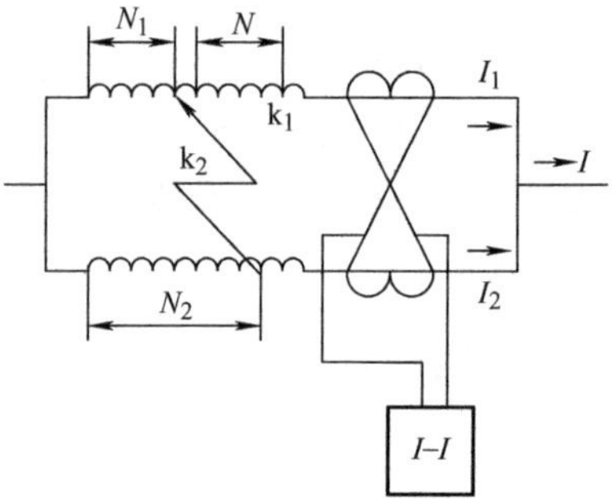

8.3.2 单元件横联差动保护

在定子绕组平均分成两部分的情况下，在两部分绕

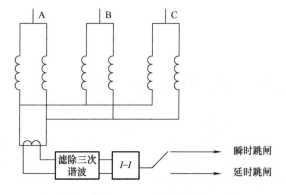

图 8.4 横联差动保护原理接线

组的星形中性点连线上，只装设一个电流互感器和电流继电器构成单元件横联差动保护，如图 8.5 所示。

单元件横联差动保护的实质是把两部分绕组的三相电流之和进行比较，故又称为零序横联差动保护，能够反应相间短路、匝间短路及分支开焊故障。因为只使用一个电流互感器，不存在由不同电流互感器产生的不平衡电流，其动作电流比横联差动保护更小，灵敏度更高，启动电流一次值为

$$I_{op} = (0.2 \sim 0.3)I_N \tag{8.8}$$

在外部故障导致发电机电流波形畸变较严重时，中性点连线上会出现三次谐波分量，可装设三次谐波滤过器以消除对保护灵敏性的影响。

图 8.5 单元件横联差动保护原理接线

在转子回路发生两点接地故障时，转子回路的磁势平衡被破坏，则在定子绕组并联分支中所感应的电势不同，三相电势平衡被破坏，从而使并联分支中性点连线上通过较大的电流，造成单元件横联差动保护误动作。若此两点接地故障是永久性的，则这种动作是允许的(最好是由转子两点接地保护切除故障，这有利于查找故障原因)，但若两点接地故障是瞬时性的，则这种动作瞬时切除发电机是不允许的。因此，需增设 0.5～1s 的延时，以躲过瞬时两点接地故障。也就是当出现转子一点接地时，即将跳闸信号切换至延时回路，为转子永久性两点接地故障做好动作准备。

8.3.3 裂相横联差动保护

如图 8.6 所示，将每相一部分分支电流之和与另一部分分支电流之和进行比较，构成裂相横联差动保护。如果所有的分支都包含在内，称为完全裂相横联差动保护，否则称为不完全裂相横联差动保护。裂相横联差动保护可以反应几乎发电机内部的所有情况，是大型多分支发电机的有效保护方式。

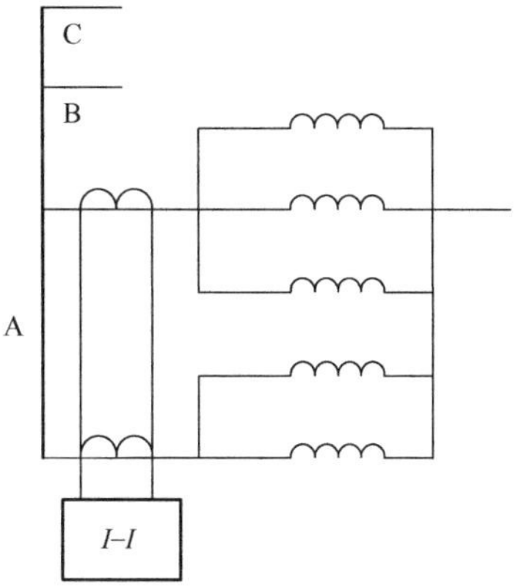

8.3.4 转子二次谐波电流保护

图 8.6 裂相横联差动保护原理接线

当匝间短路时，发电机定子绕组中出现负序电流分量，它所产生的反向旋转磁场在转子回路中感应出二次谐波电流，基于此电流可瞬时动作于跳闸。

在定子绕组两相短路和发电机外部发生不对称短路时，也会在转子回路中感应出二次谐波电流。通过分析可知，当定子绕组匝间短路或两相短路时，机端负序功率方向与外部不对称短路时相反。故可以为保护加装负序功率方向继电器，在外部不对称短路时闭锁保护，防止误动。保护二次谐波动作电流一般按不对称度为8%时计算。可知该保护还可以反应定子绕组两相短路。

8.3.5 定子纵向零序电压保护

定子绕组匝间短路破坏了三相绕组的对称性，机端对定子绕组中性点的三相电压不对称而出现所谓的纵向零序电压。该电压由专用电压互感器(一次侧星形绕组中性点与发电机定子绕组中性点连接，而且不接地)的二次侧开口三角形绕组两端取得。保护的动作电压根据躲过外部不对称短路时产生的最大不平衡电压计算。

$$U_{0.op} = (1.2 \sim 1.5)U_{0.max} \tag{8.9}$$

该最大不平衡电压可由实测和外推法确定。运行经验表明，动作电压二次值一般可取2.5～3V。不平衡电压主要是三次谐波电压，故保护需要配置性能良好的三次谐波滤波器，以提高灵敏度并防止保护误动。

当发电机外部故障而短路电流很大时，波形畸变非常严重，三次谐波电压经过滤波器后数值仍然很高。为此，可采用上述负序功率方向闭锁的方式。还要装设防止因专用电压互感器断线而使保护误动的闭锁元件。

8.4 定子绕组单相接地保护

考虑安全因素，发电机的外壳都是接地的。由于发电机定子绕组与铁心间绝缘破坏而引起的定子单相接地故障比较普遍。当接地电流较大时，能在故障点引起电弧，使定子绕组的绝缘和定子铁心烧坏。并且也容易发展成相间或匝间短路，造成更大的危害。

发电机定子绕组中性点有不接地、经消弧线圈接地(欠补偿方式，补偿接地短路故障处的容性电流，防止产生电弧)、经配电变压器高阻接地(防止暂态过电压破坏定子绕组绝缘)三种运行方式。对于发电机中性点不同的接地方式，发生定子单相接地后的接地电流、过电压及保护方式有所不同。

当机端单相金属性接地电容电流，亦即三相总的电容电流小于允许值时，发电机中性点可不接地，单相接地保护带延时动作于信号；若大于允许值，宜采用消弧线圈(欠补偿)接地，补偿后的接地电流(容性)小于允许值时保护仍带延时动作于信号；但当消弧线圈退出运行或由于其他原因使残余电流大于允许值时，保护应切换为动作于停机。发电机中性点经配电变压器高阻接地时，接地故障电流大于电容电流，一般情况下都将大于允许值，所以保护应带延时动作于停机，其时限应与系统保护相配合。

8.4.1 基波零序电压保护

如图 8.7 所示，以中性点不接地的发电机为例，A 相定子绕组在 k 处单相接地，α 表示故障点到中性点的匝数与一相绕组全部匝数的百分比。故障处各相对地电压为

$$\left.\begin{array}{l} \dot{U}_{\mathrm{ka}} = 0 \\ \dot{U}_{\mathrm{kb}} = \alpha\dot{E}_{\mathrm{B}} - \alpha\dot{E}_{\mathrm{A}} \\ \dot{U}_{\mathrm{kc}} = \alpha\dot{E}_{\mathrm{C}} - \alpha\dot{E}_{\mathrm{A}} \end{array}\right\} \quad (8.10)$$

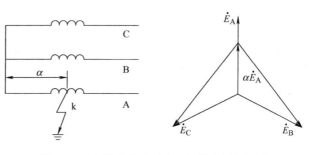

图 8.7 单相接地故障示意及机端电压相量图

故障处的零序电压为

$$\dot{U}_{\mathrm{k}(0)} = \frac{1}{3}(\dot{U}_{\mathrm{ka}} + \dot{U}_{\mathrm{kb}} + \dot{U}_{\mathrm{kc}}) = -\alpha\dot{E}_{\mathrm{A}} \quad (8.11)$$

定子绕组上各处的零序电压是无法直接测量的，但可以通过机端的电压互感器来获取，机端各相对地电压为

$$\left.\begin{array}{l} \dot{U}_{\mathrm{Ga}} = (1-\alpha)\dot{E}_{\mathrm{A}} \\ \dot{U}_{\mathrm{Gb}} = \dot{E}_{\mathrm{B}} - \alpha\dot{E}_{\mathrm{A}} \\ \dot{U}_{\mathrm{Gc}} = \dot{E}_{\mathrm{C}} - \alpha\dot{E}_{\mathrm{A}} \end{array}\right\} \quad (8.12)$$

机端的零序电压为

$$\dot{U}_{\mathrm{G}(0)} = \frac{1}{3}(\dot{U}_{\mathrm{Ga}} + \dot{U}_{\mathrm{Gb}} + \dot{U}_{\mathrm{Gc}}) = -\alpha\dot{E}_{\mathrm{A}} \quad (8.13)$$

由上式可知，如图 8.7 所示定子绕组单相接地时，故障处的零序电压与机端的零序电压相等，并随故障位置的不同而改变，越靠近机端，零序电压越高，可以利用该基波零序电压构成定子绕组单相接地保护。

机端电压互感器开口三角形绕组的输出为 3 倍机端零序电压二次值，根据电压互感器的电压比 $\dfrac{U_N}{\sqrt{3}}/\dfrac{100}{3}$，如图 8.7 所示，定子绕组单相接地时该电压值为 $\alpha \times 100\text{V}$。考虑在发电机正常运行时受三次谐波电动势、各相电压互感器特性差异的影响，以及外部故障时向发电机系统传递的零序电压，基波零序电压保护的动作值应该躲过由此产生的不平衡零序电压，一般为 15V。如果加装了三次谐波电压滤过器，动作电压值可以取 5～10V。当故障位置位于 $\alpha < 5\%$ 或 $\alpha < 10\%$ 的区域时，基波零序电压小于动作电压值，保护不能动作，故 $\alpha < 5\%$ 或 $\alpha < 10\%$ 的区域是该保护的动作死区。

8.4.2 三次谐波零序电压保护

如图 8.8 所示，在三次谐波电动势作用下，在发电机机端 S 和中性点 N 都能够测量到三次谐波对地电容电压，称为三次谐波零序电压。考虑外部系统对地电容的存在，不论发电机中性点不接地或是通过欠补偿消弧线圈接地，在正常运行时都有

$$\frac{U_{S3}}{U_{N3}} < 1 \tag{8.14}$$

当发电机定子绕组在 α 处发生单相接地时，如图 8.9 所示，不论中性点是否有消弧线圈，总有

$$\frac{U_{S3}}{U_{N3}} = \frac{1-\alpha}{\alpha} \tag{8.15}$$

$$\left.\begin{array}{l} \dfrac{U_{S3}}{U_{N3}} < 1, \quad \alpha > 50\% \\[2mm] \dfrac{U_{S3}}{U_{N3}} \geqslant 1, \quad \alpha \leqslant 50\% \end{array}\right\} \tag{8.16}$$

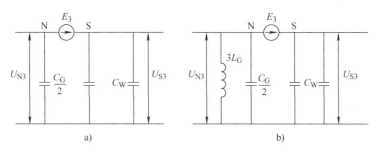

图 8.8　发电机三次谐波电动势等效电路图

利用机端三次谐波零序电压为动作量，中性点三次谐波零序电压为制动量，且将 $U_{S3} \geqslant U_{N3}$ 作为动作条件，可以在 $\alpha \leqslant 50\%$ 的区域内保护定子绕组单相接地故障。

动作判据 1 为

$$\left|U_{S3}/U_{N3}\right| > \beta = (1.05 \sim 1.15)\beta_0 \qquad (8.17)$$

式中，β_0 是实测发电机正常运行时的最大三次谐波零序电压比值，该判据灵敏度较低。

改进的动作判据 2 为

$$\left|U_{S3} - K_P U_{N3}\right| > \beta\left|U_{N3}\right| \qquad (8.18)$$

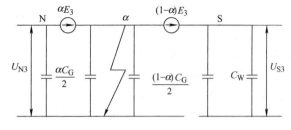

图 8.9　发电机单相接地时三次谐波电动势等效电路图

式中，β 取 $0.2 \sim 0.3$，并根据三次谐波零序电压实测值调整 K_P，使正常运行时动作量值趋于零。

可知，三次谐波零序电压保护和基波零序电压保护的动作区之和能够覆盖定子绕组的全部，故两者组合可以构成 100% 定子绕组单相接地保护。

8.5　负序过电流保护

电力系统中发生不对称短路，或三相负荷不对称时，将有负序电流流过发电机的定子绕组，并在发电机中产生对转子以两倍同步转速的磁场，从而在转子中产生倍频电流。

对于汽轮发电机，倍频电流由于趋肤效应的作用，主要在转子表面流通，并经转子本体、槽楔和阻尼条，在转子的端部附近沿周向构成闭合回路。这一周向电流有很大的数值（约 $100 \sim 300 \text{kA}$），将在护环与转子本体之间和槽楔与槽壁之间等接触面上，形成过热点，将转子烧伤。倍频电流还将使转子的平均温度升高，使转子挠性槽附近断面较小的部位和槽楔、阻尼环与阻尼条等分流较大的部位，形成局部高温，从而导致转子表层金属材料的强度下降，危及机组的安全。此外，转子本体与护环的温差超过允许限度，将导致护环松脱，造成严重的破坏。国内外发电机（特别是汽轮发电机）因负序电流烧伤转子的事例屡见不鲜。因此，大型汽轮发电机都要求装设比较完善的负序电流保护，它由定时限和反时限两部分组成。发电机有一定的承受负序电流的能力，流过发电机定子绕组的负序电流只要不超过规定的限度，转子就不会遭到损伤，故发电机承受负序电流的能力就是构成和整定负序电流保护的依据。

对于水轮发电机，转子各极都由叠片构成，在相同的负序电流作用下，其附加损耗要比汽轮发电机小得多。因此，对水轮发电机负序电流保护的构成方式将与汽轮发电机有所不同。

此外，负序电流流过定子绕组时，由于负序旋转磁场相对于正序旋转磁场以两倍同步转速旋转，从而产生了倍频交变电磁转矩，作用在转子轴系和定子机座上，引起倍频振动。通常，这种倍频振动不是确定发电机承受负序电流能力的决定条件。

8.5.1　发电机承受负序电流的能力

发电机定子绕组中流过负序电流后，如其值超过一定数值，则转子将遭受损伤，甚至遭受破坏。因此，发电机都要依其转子的材料和结构特点，规定长期承受的负序电流的限额，用 $I_{2\infty}$ 表示。发电机单机容量的增长，一方面靠增大电机尺寸，另一方面是改进冷却方式，提高材料的利用率，因而电机尺寸并不随容量成比例增长。这样，大机组转子表面的热负荷便相应提高，除励磁电流产生的热负荷增加外，气隙磁通高次谐波在转子表面产生的热负荷也明显提高。因此，对于大型汽轮发电机，其负序电流产生的热负荷允许值要相应降低，也就是承受负序电流的能力相应降低。发电机长期承受的负序电流以额定电流为基值的标幺值表示，一般取值为 0.04～0.1。水轮发电机取值大于汽轮发电机取值，且有阻尼绕组的大于无阻尼绕组的。发电机长期承受负序电流的实际能力，要通过负序电流试验加以校验。施加负序电流后，测量转子各部位的温升，被转子各部件允许温度所限定的最小负序电流即为 $I_{2\infty}$。

在短时间内，负序电流使转子温度升高的程度与负序电流的大小及其持续时间的长短有关。在给定的允许温升下，若负序电流大则允许时间就短。考虑发热时间较短，将转子视为绝热体，并假设负序磁场产生的倍频电流只在转子本体和槽楔表面流动，所产生损耗全部用于转子表面温升，既不向周围介质散热，也不沿转子本体向大轴中心传热。此时，发电机承受短时负序电流的能力用转子发热常数 A 表示

$$A = I_2^2 t = \frac{\theta c_\mathrm{v} \left[0.4 d_\mathrm{a} + \dfrac{\rho_\mathrm{a}}{\rho_\mathrm{c}} 0.6 d_\mathrm{c} \right]^2}{0.9 \rho_\mathrm{a} A_1^2} \tag{8.19}$$

或

$$A = I_2^2 t = \frac{\theta c_\mathrm{v} \left[0.6 d_\mathrm{c} + \dfrac{\rho_\mathrm{c}}{\rho_\mathrm{a}} 0.4 d_\mathrm{a} \right]^2}{0.9 \rho_\mathrm{c} A_1^2} \tag{8.20}$$

式中，I_2 为以发电机额定电流为基值的（平均）负序电流标幺值；t 为持续时间（s）；θ 为发热部分的表面平均温升（℃）；c_v 为材料比热 $[W \cdot s / (\mathrm{cm}^3 \cdot \text{℃})]$；$d_\mathrm{c}$ 为感应电流在转子本体的透入深度（cm）；d_a 为感应电流在槽楔中的透入深度（cm）；ρ_a 为槽楔的电阻率（Ω/cm）；ρ_c 为转子钢的电阻率（Ω/cm）；A_1 为定子额定线负荷（A/cm）。

关于 A 的数值，应采用制造厂所提供的数据。其参考值为：对凸极式发电机或调相机可取 $A=40$；对于空气或氢气表面冷却的隐极式发电机，可取 $A=30$；对于导线直接冷却的 100～300MW 汽轮发电机，可取 $A=6～15$。随着发电机组容量的不断增大，A 值也随之减小。

8.5.2 负序过电流保护的构成

对中小机组，国内通常采用两段定时限负序电流保护。Ⅰ段动作电流按与相邻元件后备保护配合的条件整定，一般情况下，根据选择性条件,可取 $I_\mathrm{I} = (0.5～0.6) I_\mathrm{N}$，经 3～5s 动作于跳闸。Ⅱ段动作电流按躲过长期允许的负序电流 $I_{2\infty}$ 整定，一般取 $I_\mathrm{II} = 0.1 I_\mathrm{N}$，经 5～10s 动作于报警信号。

这种两段式定时限负序电流保护用于 A 值较小的大型汽轮发电机时，保护装置的动作特性与发电机发热常数曲线不能相匹配：在负序电流很大时，动作时间大于允许时间，不安全；在负序电流较小时，动作时间小于允许时间，没有充分利用发电机的承受能力。为此，国内外都要求装设与发电机承受负序电流能力相匹配的反时限负序电流保护动作于解列或程序跳闸，其动作特性为

$$t = \frac{A}{I_2^2 - a} \tag{8.21}$$

式中，a 是反映转子散热特性的常数，可取 $a = I_{2\infty}^2$。

考虑到发电机机端两相短路时，有专门的相间短路保护动作于切除故障，以及负序电流

接近 $I_{2\infty}$ 时，有专门的定时限负序电流保护动作于报警信号，所以不必使反时限特性的动作范围过宽，可以将动作电流和动作时间的范围适当缩小，为其设置上、下限数值。

动作于报警信号的定时限负序电流保护的动作值为

$$I_{2.op} = \frac{K_{rel}}{K_{re}} I_{2\infty} \tag{8.22}$$

式中，可靠系数 $K_{rel} = 1.2$，返回系数 $K_{re} = 0.9 \sim 0.95$。动作时间按躲过发变组后备保护的最长动作时间整定(增加 Δt)。

反时限下限动作电流按与定时限负序电流保护配合整定：

$$I_{2s.op} = K_{co} I_{2.op} \tag{8.23}$$

式中，配合系数 $K_{co} = 1.05$。

将上述动作电流代入式(8.21)计算动作时间，如果数值大于 1000 时，动作时间取反时限下限动作时间 $T_{2s} = 1000s$。

反时限上限动作电流按发电机对应的变压器高压侧两相短路的条件整定：

$$I_{2u.op} = \frac{1}{X_d'' + X_2 + 2X_t} \tag{8.24}$$

式中，X_d'' 是发电机次暂态电抗；X_2 是发电机负序电抗；X_t 是变压器电抗。

反时限上限动作时间 $T_{2u} = 0.5s$，是与纵联保护配合整定的结果。

8.6 发电机失磁保护

8.6.1 失磁运行状态特征

发电机失磁故障是指发电机的励磁全部消失或部分消失。失磁的原因有转子绕组故障、励磁机故障、自动灭磁开关误跳闸、半导体励磁系统中某些元件损坏或回路发生故障以及误操作等。

当发电机完全失去励磁时，励磁电流将逐渐衰减至零。由于发电机的同步电动势 E_d 随着励磁电流的减小而减小，因此，其电磁转矩也将小于原动机的转矩，引起转子加速，使发电机的功角 δ 增大。当 δ 超过静态稳定极限角时，发电机与系统失去同步。发电机失磁后将从并列运行的电力系统中吸取感性无功功率供给转子励磁电流，在定子绕组中感应电动势。在发电机超过同步转速后，转子回路中将感应出差频电流，此电流产生异步制动转矩，当异步转矩与原动机转矩达到新的平衡时，即进入稳定的异步运行。

当发电机失磁后而异步运行时，将对电力系统和发电机产生以下影响：

1)需要从电网中吸收很多的无功功率以建立发电机的磁场。所需无功功率的多少，主要取决于发电机的参数以及实际运行时的转差率。汽轮发电机与水轮发电机相比，前者的同步电抗较大(定子绕组和转子绕组之间的互感较大)，则所需无功功率较少。但当转差率 s 增大时，其所需的无功功率也要增加。

2)由于从电力系统中吸收无功功率将引起电力系统的电压下降，如果电力系统的容量较小或无功功率的储备不足，则可能使失磁发电机的机端电压、升压变压器高压侧的母线电压或其他邻近点的电压低于允许值，从而破坏了负荷与各电源间的稳定运行，甚至可能因电压崩溃而使系统瓦解。

3）由于失磁发电机吸收了大量的无功功率，因此为了防止其定子绕组过电流，发电机所能发出的有功功率将较同步运行时有不同程度的降低，吸收的无功功率越多，则能够输出的有功功率越少。

4）失磁后发电机的转速超过同步转速，因此，在转子及励磁回路中将产生差频电流，形成附加的损耗，使发电机转子和励磁回路过热。显然，当转差率越大所引起的过热也越严重。

5）低励磁或失磁运行时定子端部漏磁增加，将使端部铁心过热。由于汽轮发电机异步功率较大，调速器也比较灵敏，因此当超速运行后调速器立即关小汽闸，使汽轮机的输出功率与发电机的异步功率很快达到平衡。在转差率小于 0.5%的情况下即可稳定运行。故汽轮发电机在很小的转差率下异步运行一段时间，原则上是完全允许的。此时，是否需要并允许其异步运行，则主要取决于电力系统的具体情况。例如，当电力系统的有功功率供应比较紧张，同时，一台发电机失磁后，系统能够供给它所需要的无功功率，并能保证电网的电压水平时，则失磁后就应该继续运行；反之，如系统中有功功率有足够的储备，或者系统没有能力供给它所需要的无功功率，则失磁以后就不应该继续运行。

对水轮发电机而言，考虑到：①其异步功率较小，必须在较大的转差下（一般达到 1%～2%）运行，才能发出较大的功率；②由于水轮机的调速器不够灵敏，时滞较大，甚至可能在功率尚未达到平衡以前就大大超速，从而应使发电机与系统解列；③由于水轮机的同步电抗较小，如果异步运行，则需要从电网吸收大量的无功功率；④其直轴和交轴很不对称，异步运行时，机组振动较大等。由于这些因素的影响，水轮发电机一般不允许在失磁以后继续运行。

在发电机上，尤其是在大型发电机上应装设失磁保护，以便及时发现失磁故障，并采取必要的措施，如发信号、自动减负荷、动作于跳闸等，以保证电力系统和发电机的安全。

8.6.2 失磁后机端测量阻抗

如图 8.10 所示，发电机送到受端的功率为

$$\left.\begin{aligned}
S &= P - jQ \\
P &= \frac{E_d U_S}{X_d + X_S} \sin\delta \\
Q &= \frac{E_d U_S}{X_d + X_S} \cos\delta - \frac{U_S^2}{X_d + X_S} \\
\varphi &= \arctan\frac{Q}{P}
\end{aligned}\right\} \tag{8.25}$$

式中，E_d、U_g 和 U_S 分别是发电机同步电动势、机端相电压和系统相电压；δ 是机端电压和系统电压的相位差（功角）；X_d 和 X_S 分别是发电机同步电抗和系统电抗；φ 是受端功率因素角。

发电机从失磁开始到接入稳态异步运行一般分为三个阶段：

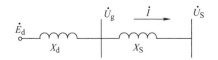

图 8.10　发电机并网运行等效电路

（1）失磁后到失步前（$\delta < 90°$）

在此阶段，E_d 持续减小而 δ 持续增大，总体效果是 P 保持不变。而 Q 是先减小而后反向增大，发电机由发出无功功率变为吸收无功功率。发电机机端测量阻抗

$$Z_g = \frac{\dot{U}_g}{\dot{I}} = \frac{\dot{U}_S + j\dot{I}X_S}{\dot{I}} = \frac{\dot{U}_S\hat{U}_S}{\dot{I}\hat{U}_S} + jX_S$$

$$= \frac{U_S^2}{S} + jX_S = \frac{U_S^2}{2P}\left(1 + \frac{P+jQ}{P-jQ}\right) + jX_S$$

$$= \left(\frac{U_S^2}{2P} + jX_S\right) + \frac{U_S^2}{2P}e^{j2\varphi} \tag{8.26}$$

该方程在阻抗复平面上的轨迹是一个圆，圆心坐标为 $\left(\dfrac{U_S^2}{2P}, X_S\right)$，半径为 $\dfrac{U_S^2}{2P}$。因为这个圆是在 P 不变的条件下做出的，因此称为等有功功率圆。

发电机失磁前，向系统输出无功功率，φ 角为正，测量阻抗位于第一象限。失磁后，Q 变小后又反向变大，φ 角变为负，测量阻抗沿圆周移入第四象限。

（2）临界失步点（$\delta = 90°$）

此时，发电机处于失去静稳定的临界状态，从系统中吸收无功功率，且为一常数，故也称为等无功点。此时机端测量阻抗

$$Z_g = \frac{\dot{U}_g}{\dot{I}} = \frac{U_S^2}{S} + jX_S$$

$$= \frac{U_S^2}{-j2Q}\left(1 - \frac{P+jQ}{P-jQ}\right) + jX_S$$

$$= \frac{U_S^2}{-j2Q}(1 - e^{j2\varphi}) + jX_S \tag{8.27}$$

将此时的 Q 值代入上式，得

$$Z_g = -j\frac{X_d - X_S}{2} + j\frac{X_d + X_S}{2}e^{j2\varphi} \tag{8.28}$$

该方程圆心坐标为 $\left(0, -\dfrac{X_d - X_S}{2}\right)$，半径为 $\dfrac{X_d + X_S}{2}$。这个圆是在 Q 为常数的条件下做出的，因此称为等无功功率圆，也称为临界失步圆，或静稳阻抗圆，其圆周为发电机以不同的有功功率 P 临界失稳时机端阻抗的轨迹，圆内为静稳破坏区。

（3）异步运行阶段

根据静稳定破坏后的异步运行阶段的等效电路图，机端测量阻抗为

$$Z_g = -\left[jX_1 + \frac{jX_{ad}\left(\dfrac{R_2}{S} + jX_2\right)}{jX_{ad} + \dfrac{R_2}{s} + jX_2}\right] \tag{8.29}$$

考虑两种极端情况，发电机空载运行失磁时 $(s \approx 0)$ 和其他运行方式下失磁时的极限情况 $(s \to -\infty)$，机端测量阻抗分别是

$$Z_g = -jX_1 - jX_{ad} = -jX_d \tag{8.30}$$

$$Z_g = -j\left(X_1 + \frac{X_{ad}X_2}{X_{ad} + X_2}\right) = -jX'_d \tag{8.31}$$

以 $(0, -X_d)$ 和 $(0, -X'_d)$ 为直径端点的圆称为稳态异步运行阻抗圆，此时平均异步功率和原动机输入功率相平衡。

综上所述，发电机失磁后，机端阻抗从正常运行状态的 a 点沿等有功功率圆 1 的圆周移向其与等无功功率圆 2 的交点 b，最后稳定于稳态异步阻抗圆 3 内的 c 点，如图 8.11 所示。

8.6.3　失磁保护的构成

1. 低电压判据

一般采用系统低电压判据。当多台发电机并联运行时，一台发电机失磁，系统（高压母线）电压降不下来时，则采用机端低电压判据。

1）系统低电压判据，取系统侧高压母线电压，按三相都躲过高压系统母线允许最低正常运行电压 $U_{h.min}$ 整定，该电压由调度部门提供。

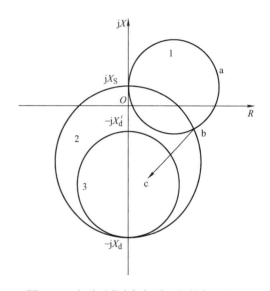

图 8.11　失磁后发电机机端阻抗的变化轨迹

$$U_{op} = (0.85 \sim 0.95)U_{h.min} \tag{8.32}$$

2）机端低电压判据，取发电机机端电压，按三相都躲过强行励磁起动电压及不破坏厂用电的安全整定

$$U_{op} = (0.8 \sim 0.85)U_N \tag{8.33}$$

式中，U_N 是发电机的额定电压。

2. 定子阻抗判据

1）异步边界阻抗继电器。异步边界阻抗圆动作判据主要用于与系统联系紧密的发电机失磁故障检测，它能反应失磁发电机机端测量阻抗。

图 8.12 的圆 1 称为异步边界阻抗圆，为躲开系统振荡的影响，整定值为

$$X_a = \frac{X'_d}{2} \tag{8.34}$$

考虑到保护在不同转差率下异步运行时能

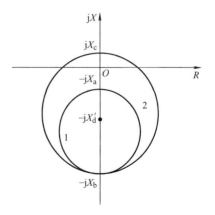

图 8.12　发电机失磁定子阻抗保护的动作特性

可靠动作，整定值为

$$X_b = (1 \sim 1.2)X_d \tag{8.35}$$

2) 静稳极限阻抗继电器。图 8.12 的圆 2 称为静稳极限阻抗圆，整定值为

$$X_c = X_S \tag{8.36}$$

式中，X_S 是最小方式下系统归算至发电机母线侧的等值电抗。

$$X_b = X_d \tag{8.37}$$

3) 无功反向定值(与静稳极限阻抗配合)，按躲过发电机额定有功下允许的进相运行无功功率 Q_{jx} 整定

$$Q_{op} = K_{rel}Q_{jx} \tag{8.38}$$

式中，可靠系数 K_{rel} 取 1.1~1.3。

为防止故障或振荡时误动，可整定为

$$Q_{op} = 5\%Q_N \tag{8.39}$$

式中，Q_N 是发电机的额定无功功率。

3. 转子电压判据

1) 励磁低电压，按躲开空载运行时的最低励磁电压整定：

$$U_{f.op} = 0.8U_{fdo} \tag{8.40}$$

式中，U_{fdo} 是发电机空载励磁电压。

2) 变励磁电压判据。励磁低电压的整定值是固定的，在发电机输出有功功率较大的情况下发生部分失磁时，测量阻抗可能已越过静稳边界，但励磁电压仍大于动作值，以致保护不动作。因此目前趋向于采用按当前有功负荷下静稳边界所对应的励磁电压整定。以隐极机为例，有功功率为 $P = \dfrac{E_q U_S}{X_d + X_S}\sin\delta$，失磁后，在静稳极限处 $\delta = 90°$，极限电动势 $E_{q.lim} = \dfrac{P(X_d + X_S)}{U_S}$。以标幺值表示时，$U_S = 1$，与 $E_{q.lim}$ 对应的静稳极限励磁电压 $U_{f.lim} = E_{q.lim} = P(X_d + X_S)$。

$$U_{f.op} = K_{rel}U_{f.lim} \tag{8.41}$$

式中，可靠系数 K_{rel} 小于 1，按保护装置说明书确定。

4. 失磁判据组合及动作时间

1) 由低电压判据、定子阻抗判据和转子电压判据组成与逻辑时，按躲过振荡过程中短时的电压降低整定，且为防止系统电压崩溃，一般整定为：

当采用异步边界阻抗圆时，$t_{op} = 0.5s$；

当采用静稳极限阻抗圆时，$t_{op} = 1.0s$。

2) 由定子阻抗判据和转子电压判据组成与逻辑时，按躲系统振荡整定，一般取 $t_{op} = 1.0s$。

3) 单独取定子阻抗判据时，按躲系统振荡整定，因动作逻辑简单，故取较长动作时间，一般为 $t_{op} = 1.5s$。

8.7 发电机失步保护

有各种原因可引起运行中的发电机与系统发生失步。当出现小的扰动和调节失误使发电机与系统间的功角 δ 大于静稳极限角时，发电机将因静稳破坏而发生失步；当出现某些大的扰动(如短路故障)处理不当，若发电机与系统间的功角 δ 大于动稳极限角时，发电机将因不能保持动态稳定而失步。发生失步时，伴随着出现发电机的机械量和电气量与系统之间的振荡。这种持续的振荡将对发电机组和电力系统产生如下具有破坏性的影响：

1)单元接线的大型发变组的电抗较大，而系统规模的增大使系统等效电抗减小，因此，振荡中心往往落在发电机附近或升压变压器内，使振荡过程对机组的影响大为加重。由于机端电压周期性的严重下降，使厂用辅机工作稳定性遭到破坏，甚至导致停机、停炉和全厂停电这样的重大事故。

2)失步运行时，电机电势与系统等效电势的相位差为 180°的瞬间，振荡电流的幅值将接近机端三相短路时流经发电机的电流值。对于三相短路有快速保护切除故障，而振荡电流则要在较长的时间内反复出现，若无相应保护会使定子绕组遭受热损伤或端部遭受机械损伤。

3)振荡过程中产生对轴系的周期性扭力，可能造成大轴严重机械损伤。

4)振荡过程中，周期性转差变化使转子绕组中感生电流，引起转子绕组发热。

5)大型机组与系统失去同步，还可能导致电力系统解列甚至崩溃事故。

由于上述原因，大型发电机组需要装设失步异常运行保护(简称失步保护)，以保障机组和电力系统的安全。

对于失步保护的基本要求是：失步保护应能鉴别短路故障、稳定振荡和非稳定振荡，且只在发生非稳定振荡时可靠动作，而在发生短路故障和稳定振荡情况下，不应当误动作。另外，失步保护动作于跳闸时，如在 $\delta=180°$ 时使断路器断开，则可能会因电流过大而对断路器熄弧最为不利，因此失步保护应躲过这种情况。

8.7.1 发电机的振荡状态

如图 8.13 所示，假设发电机电动势超前系统等值电动势的功角为 δ，则机端测量阻抗为

$$Z = \frac{\dot{U}_g}{\dot{I}} = \frac{Z_A + Z_B}{\dfrac{E_d}{E_S}e^{j\delta} - 1} + Z_A \tag{8.42}$$

若假设两侧电动势比值不变，仅 δ 发生变化，图 8.13 中的虚线是在两侧电动势比值不同情况下，机端测量阻抗在振荡时的变化轨迹。

当发电机正常运行时，机端测量阻抗 Z 位于第一象限。而发生振荡时，机端测量阻抗 Z 的终端将由右向左移动。如果不能保持稳定，将在 Z 的终端通过 AB 连线时失步，并随后发生一次滑极(转子磁极相对系统同步旋转磁场的磁极运动 360°电角度)。如果能保持稳定(稳定振荡)，Z 的终端不会通过 AB 连线，在达到 AB 连线之前改为由左向右反向移动。因此，可以把是否通过 AB 连线作为失步判据，而将 AB 连线称为遮挡器。

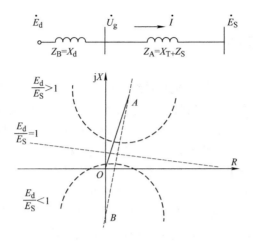

图 8.13　失步发电机测量阻抗轨迹

8.7.2　三阻抗元件失步保护

如图 8.14 所示，发电机失步保护的动作特性曲线由阻抗元件①、②、③共同构成，以下分别进行说明。

1. 透镜特性阻抗元件

该特性将阻抗平面分为透镜内动作区 I 和透镜外不动作区 A，透镜内角为 α，决定了透镜的大小，Z_r 为透镜的宽度，如图 8.15 所示。

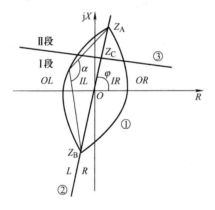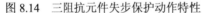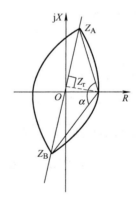

图 8.14　三阻抗元件失步保护动作特性　　　图 8.15　透镜特性的整定

为保证发电机正常运行时的最小负荷阻抗 $Z_{L.min}$ 位于透镜外，Z_r 按躲过最小负荷阻抗整定

$$Z_r \leqslant \frac{Z_{L.min}}{1.3} \tag{8.43}$$

根据图 8.15，$Z_r = \dfrac{Z_A + Z_B}{2} \tan\left(90° - \dfrac{\alpha}{2}\right)$，则

$$\alpha = 180° - 2\arctan\frac{2Z_r}{Z_A + Z_B} = 180° - 2\arctan\frac{1.54 Z_{L.min}}{Z_A + Z_B} \tag{8.44}$$

若 α 小于保护装置的建议值，为保证其设计特性，则取保护装置的建议值（通常为 120°）。否则，取计算结果。

2. 遮挡器特性阻抗元件

该特性将阻抗平面分为左 L 和右 R 两部分，其方向与透镜主轴相同。Z_A 等于发电机与系统间的联系电抗（包括升压变压器阻抗），即最大运行方式下系统归算至发电机母线的等值电抗。Z_B 等于发电机暂态电抗（取饱和值）。φ 等于系统阻抗角。

透镜特性和遮挡器特性将阻抗平面分为四个区 OL、IL、IR 和 OR，当阻抗轨迹顺序穿过四个区（$OL \to IL \to IR \to OR$ 或 $OR \to IR \to IL \to OL$），并在每个区停留时间大于一时限，则保护判定为发电机失步振荡。每顺序穿越一次为一次滑极。保护的滑极计数加 1，到达整定次数，保护动作。停留时间整定值根据系统最短振荡周期 T_z 和透镜内角 α 计算，为 $T_z \times \dfrac{180° - \alpha}{360°}$。

3. 电抗线阻抗元件

电抗线垂直于透镜主轴，位置由 Z_C 决定。电抗线将阻抗平面分为 I 段跳闸区和 II 段跳闸区。

$$Z_C = 0.9 X_T \tag{8.45}$$

式中，X_T 为升压变压器电抗。

当振荡中心位于发电机—变压器组的内部时，属 I 段跳闸区，一般要求在第一次滑极（失步）后即将机组跳闸解列。如果振荡中心位于发电机—变压器组之外的系统中，属 II 段跳闸区，保护一定不应立即使机组跳闸，而使系统有时间调节，只是在预定的滑极次数之后，系统仍未能妥善处理时，才使发电机跳闸。所以 $Z_C \leq X_T$。

机端测量阻抗在 I 段范围内时，滑极次数 $N_I = 1 \sim 2$，动作于跳闸；在 II 段范围内时，滑极次数 $N_{II} = 2 \sim 15$，动作于信号。

8.7.3　遮挡器原理失步保护

要求失步保护只反映发电机的失步情况，能可靠躲过系统短路和同步摇摆，并能在失步开始的摇摆过程中区分加速失步和减速失步。

如图 8.16 所示（图中忽略了电阻），阻抗平面分为 0～4 共五个区，加速失步时测量阻抗轨迹从 +R 向 –R 方向变化，0～4 区依次从右到左排列；减速失步时测量阻抗轨迹从 –R 向 +R 方向变化，0～4 区依次从左到右排列。

判定是否失步还需要考虑测量阻抗轨迹在 1～4 区的停留时间，当停留时间大于整定值时，才判定为失步振荡。

当测量阻抗从右向左穿过 R_1 时判断为加速失步，当测量阻抗从左向右穿过 R_4 时判定为减速失步。加速失步信号或减速失步信号作用于降低或提高原动机出力。若在加速或减速信号发出后，没能使振荡平息，进行失步周期（滑极）计数。当失步周期累计达到一定值，失步保护出口跳闸。

若测量阻抗在任一区内永久停留，则判定为短路。若测量阻抗轨迹部分穿越这些区域后以相反的方向返回，则判断为可恢复的摇摆。

1. 电抗定值

$$X_C = K_{rel} X_T \tag{8.46}$$

式中，X_T 是升压变压器电抗，K_{rel} 是可靠系数，当滑极数为 1 时，其数值取 0.9，当滑极数等于或大于 2 时，其数值取 1。

2. 阻抗边界

$$X_A = X_T + X_S \tag{8.47}$$

式中，X_T 是升压变压器电抗，X_S 是系统等值电抗。

$$X_B = (1.8 \sim 2.6)X'_d \tag{8.48}$$

式中，X'_d 是发电机暂态电抗(取不饱和值)。

根据图 8.16，得

$$R_1 = \frac{X_A + X_B}{2} \cot \frac{\delta_1}{2} \tag{8.49}$$

式中，δ_1 是保护动作区第 1 内角，通常设置为 120°。

为保证发电机正常运行时的负荷阻抗位于动作区外，要求校验

$$R_1 \leqslant 0.8 R_L = \cos\varphi_N Z_L \tag{8.50}$$

式中，Z_L 和 R_L 是发电机正常运行负荷电抗和电阻，$\cos\varphi_N$ 是额定功率因数。

$$\left.\begin{array}{l} R_2 = \dfrac{1}{2}R_1 \\ R_3 = -R_2 \\ R_4 = -R_1 \end{array}\right\} \tag{8.51}$$

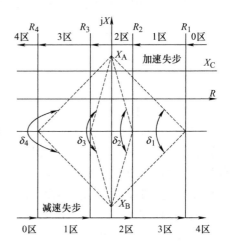

图 8.16 遮挡器原理失步保护动作特性

3. 停留时间

1 区停留时间按系统最小振荡周期 T_{min} 进行整定：

$$t_1 = \frac{1}{K_{rel}} T_{min} \frac{\delta_2 - \delta_1}{360°} \tag{8.52}$$

式中，K_{rel} 是可靠系数，取 1.3～2.5，最小振荡周期 T_{min} 一般取 0.5～1.5s，根据图 8.16，有

$$\delta_2 = 2\arctan\frac{X_A + X_B}{2R_2} \tag{8.53}$$

2 区停留时间

$$t_2 = \frac{1}{K_{rel}} 2T_{min} \frac{180° - \delta_2}{360°} \tag{8.54}$$

3 区停留时间

$$t_3 = t_1 \tag{8.55}$$

4 区停留时间

$$t_4 = \frac{1}{K_{\text{rel}}}T_{\min} - t_1 - t_2 - t_3 \tag{8.56}$$

4. 滑极次数

通常滑极次数 $N = 1 \sim 2$ ，一般取 $N = 2$ 。为防止全部机组同时跳闸，建议多台机的滑极次数整定为不同。

8.8 发电机励磁回路接地保护

8.8.1 励磁回路接地故障概述

励磁绕组及其相连的回路，当其发生一点接地故障时，并不产生严重后果。但是若相继发生第二点接地故障，会由于故障点流过相当大的故障电流而烧伤转子本体；由于部分绕组被短接励磁绕组中电流增加，可能因过热烧伤；由于部分绕组被短接，气隙磁通失去平衡，从而引起振动，特别是多极机将引起更严重的振动，甚至会因此而造成灾难性的后果。此外，汽轮发电机还可能发生轴系和汽轮机磁化。因此，励磁回路两点接地故障的后果是严重的。

为了保证大型发电机组的安全运行，无论水轮发电机或汽轮发电机，在励磁回路一点接地保护动作发出信号后，应立即转移负荷，实现平稳停机检修。

因一点接地保护投入运行时，会影响励磁回路的绝缘测量系统，故双重化的励磁回路一点接地保护只能投入一套，另一套作为冷备用。通常使用的一点接地保护有电桥式、叠加直流电压式、叠加交流电压式和切换采样式。

两点接地保护在正常时不投入运行，一点接地后再投入运行。

8.8.2 励磁回路接地保护

1. 一点接地保护基本原理

如图 8.17 所示，设励磁回路直流电动势为 E，考虑变化后的电动势数值为 E'，在励磁回路 K 处经过渡电阻 R_f 发生接地故障,忽略励磁回路的直流电阻,4 个高阻电阻,例如 $R = 10\text{k}\Omega$ ，1 个量测电阻，例如 $R_1 = 200\Omega$ ，S1、S2 为自动控制的静态联动开关。

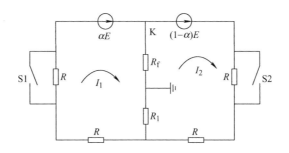

图 8.17 一点接地保护原理图

当 S1 接通，S2 断开时，可得到

$$\left.\begin{array}{l}(R + R_1 + R_f)I_1 - (R_f + R_1)I_2 = \alpha E \\ -(R_f + R_1)I_1 + (R_f + R_1 + 2R)I_2 = (1-\alpha)E\end{array}\right\} \quad (8.57)$$

当 S1 断开，S2 接通时，可得到

$$\left.\begin{array}{l}(2R + R_1 + R_f)I_1' - (R_f + R_1)I_2' = \alpha E' \\ -(R_f + R_1)I_1' + (R_f + R_1 + R)I_2' = (1-\alpha)E'\end{array}\right\} \quad (8.58)$$

联解以上两式，可得

$$\left.\begin{array}{l}R_f = \dfrac{ER_1}{3\Delta U} - R_1 - \dfrac{2R}{3} \\[2mm] \alpha = \dfrac{1}{3} + \dfrac{U_1}{3\Delta U}\end{array}\right\} \quad (8.59)$$

式中

$$\Delta U = U_1 - kU_2$$
$$U_1 = R_1(I_1 - I_2)$$
$$U_2 = R_1(I_1' - I_2')$$
$$k = \frac{E}{E'}$$

在对 E、I_1、I_2 及其开关转换后的 E'、I_1'、I_2' 进行采样测量后，可以利用式(8.59)计算过渡电阻 R_f 的大小和故障点位置 α。

动作电阻高定值一般取$(10\sim30)\,\mathrm{k\Omega}$(转子水冷机组可取 5kΩ)，动作时间按躲过励磁回路瞬时性接地和转子绕组暂态过程中误动进行整定，一般取$(2\sim6)\,\mathrm{s}$，动作于信号。

动作电阻低定值一般取$(0.5\sim2.5)\,\mathrm{k\Omega}$(转子水冷机组可取 0.2～2.5kΩ)，动作时间按躲过励磁回路瞬时性接地和转子绕组暂态过程中误动进行整定，一般取$(2\sim6)\,\mathrm{s}$，动作于信号或跳闸。

2. 两点接地保护基本原理

发生一点接地后，相继发生第二点接地，如图 8.18 所示。

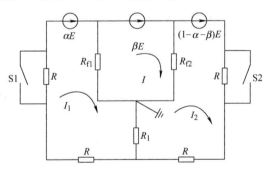

图 8.18　两点接地保护原理图

当 S1 接通，S2 断开时，可得到

$$\left.\begin{array}{l}(R + R_{f1} + R_1)I_1 - R_1I_2 - R_{f1}I = \alpha E \\ -R_1I_1 + (2R + R_1 + R_{f2})I_2 - R_{f2}I = (1-\alpha-\beta)E \\ -R_{f1}I_1 - R_{f2}I_2 + (R_{f1} + R_{f2})I = \beta E \\ (I_1 - I_2)R_1 = U_1\end{array}\right\} \quad (8.60)$$

当 S1 断开，S2 接通时，可得到

$$
\left.
\begin{array}{l}
(2R + R_{f1} + R_1)I_1' - R_1 I_2' - R_{f1} I' = \alpha E' \\
-R_1 I_1' + (R + R_1 + R_{f2})I_2' - R_{f2} I' = (1 - \alpha - \beta)E' \\
-R_{f1} I_1' - R_{f2} I_2' + (R_{f1} + R_{f2})I' = \beta E' \\
(I_1' - I_2')R_1 = U_2
\end{array}
\right\}
\tag{8.61}
$$

α 和 R_{f1} 在一点接地时已经计算，联解式(8.60)和式(8.61)，在对 E、I_1、I_2 及其开关转换后的 E'、I_1'、I_2' 进行采样测量后，可以计算过渡电阻 R_{f1}、R_{f2} 的大小和故障点位置 α、β。

在一点接地后，保护装置测得 α 和 R_f（即 R_{f1}），表明发电机已发生一点接地故障，若相继发生两点接地故障，再测量 α 的值将会发生变化。当变化量 $\Delta\alpha$ 超过整定值，就可以确定发生了两点接地故障，应该使发电机断路器立即跳闸，没有必要去计算 β 和 R_{f2}。

习题及思考题

8.1 发电机的完全差动保护为何不反应匝间短路故障?

8.2 试分析不完全纵差动保护的特点和不足，中性点分支的选取原则。

8.3 简述发电机纵差动保护和横差动保护特点。

8.4 简述发电机定子单相接地保护重要性。

8.5 简述负序电流对发电机的影响。

8.6 为什么大容量发电机应采用负序反时限过电流保护?

8.7 汽轮发电机允许失磁后继续运行的条件是什么?

8.8 发电机励磁回路为什么要装设一点接地和两点接地保护?

第 9 章
母线保护

9.1 母线故障和保护方式

高压母线上发生故障的原因可归纳为 3 种：一是母线上所连设备(包括断路器、电流互感器、电压互感器、避雷器)故障；二是母线的各种绝缘子发生闪络或母线的带电导线发生直接闪络；三是人为的误操作引起的故障。大部分母线故障是由绝缘子对地放电所引起的，在开始阶段表现为单相接地短路，而随着短路电弧的移动，故障往往发展为两相或三相接地短路。虽然与暴露在野外的输电线路相比，母线发生故障的次数较少，但母线短路在电力系统故障次数中仍然占有一定比例，且发生故障后所造成的后果十分严重。

一般来说，不采用专门的母线保护，而利用连接在母线上的元件的保护也可以切除母线故障。

1)如图 9.1 所示的发电厂采用单母线接线，此时母线上的故障可以利用发电机过电流保护使发电机的断路器跳闸予以切除。

2)如图 9.2 所示的降压变电站，低压母线上的故障由变压器过电流保护首先跳开低压母线分段断路器，如果故障不消失，再使变压器两侧断路器跳闸。

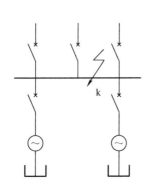

图 9.1　利用发电机过电流保护切除母线故障

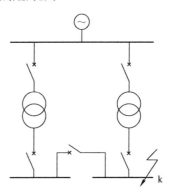

图 9.2　利用变压器过电流保护切除低压母线故障

3)如图 9.3 所示的双侧电源网络(或环网)，当母线上 k 点发生短路时，可由输电线路上 A、B 侧的 II 段保护切除故障。

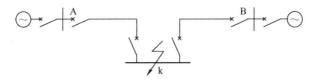

图 9.3　利用线路电源侧的保护切除母线故障

若母线故障时电压降低影响全系统的供电质量和系统稳定运行，必须快速切除，用所连接元件的保护切除母线故障，时间较长，使系统电压长时间降低，不能保证安全连续供电，甚至造成系统稳定的破坏。此外，当双母线同时运行或母线为单母线分段时，该保护方案不能保证快速、有选择性地切除故障母线。此时应装设专门的母线保护，具体原则为：

1）在 110kV 及以上的双母线和分段的单母线上，为保证有选择性地切除任一组（或段）母线上发生的故障，而另一组（或段）无故障的母线仍能继续运行，应装设专用的母线保护。

2）110kV 及以上的单母线，重要发电厂的 35kV 母线或高压侧为 110kV 及以上的重要降压变电站的 35kV 母线，按照装设全线速动保护的要求必须快速切除母线上的故障时应装设专用的母线保护。

9.2 单母线电流差动保护

9.2.1 完全电流差动保护

如图 9.4 所示，母线完全差动保护是将母线上所有的各连接支路的电流互感器按同名相、同极性接到差流回路。各支路应采用具有相同电流比和特性的电流互感器，若电流互感器电流比不相同时可采用中间变流器等方式进行补偿，在微机保护中可采用平衡系数进行补偿，以保证在母线无故障情况下二次侧各电流矢量和为零。

在正常运行及外部故障时，差流回路中的电流是由于各电流互感器特性不同而引起的不平衡电流，其值相对较小。当母线上 k 点发生故障时，所有与电源连接的支路都向 k 点供给短路电流，差流回路中的电流等于总的短路电流，其值很大，差动保护动作，使所有连接支路的断路器跳闸。

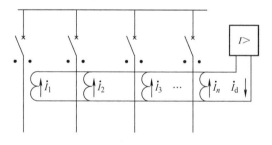

图 9.4　完全电流差动保护的原理接线图

完全电流差动保护的动作电流按下述条件整定，并取其最大值。

1）躲过外部短路故障时产生的最大不平衡电流。

$$I_{op} = K_{rel}K_{er}K_{ap}I_{k.max} \tag{9.1}$$

式中，K_{rel} 为可靠系数，取 1.5；K_{er} 为电流互感器的 10% 误差，取 0.1；K_{ap} 为非周期分量影响系数，取 1.5～2；$I_{k.max}$ 是连接支路上发生短路时的最大短路电流。

2）由于母线差动保护电流回路中连接的支路较多，电流互感器二次回路断线的概率较大。为了防止在正常情况下，电流互感器二次回路断线时引起保护误动作，动作电流值应大于连接支路中的最大负荷电流 $I_{L.max}$，即

$$I_{op} = K_{rel}I_{L.max} \tag{9.2}$$

式中，K_{rel} 为可靠系数，取 1.3。

灵敏度校验时，考虑母线短路处的最小短路电流 $I_{k.min}$，

$$K_{\text{sen}} = \frac{I_{\text{k.min}}}{I_{\text{op}}} \tag{9.3}$$

灵敏系数一般不小于2。

9.2.2 不完全电流差动保护

不完全电流差动保护是只将连接于母线的各有电源支路的电流接入差流回路,而无电源支路的电流不接入。因而在无电源支路上发生的故障将被认为是母线差动保护范围内的故障。

差动保护的定值应大于所有未接入差流回路的支路的最大负荷电流之和,这样在正常运行情况下差动保护才不会误动作。

9.2.3 比率制动特性的电流差动保护

为了能够可靠躲开外部故障时的不平衡电流,提高母线故障时的灵敏度,通常采用分相设置的比率制动特性的母线电流差动保护。

1) 普通比率制动特性的母线电流差动保护。定义差动量和制动量分别为

$$\left.\begin{aligned} I_{\text{d}} &= \left| \sum_{i=1}^{N} \dot{I}_i \right| \\ I_{\text{res}} &= \sum_{i=1}^{N} \left| \dot{I}_i \right| \end{aligned}\right\} \tag{9.4}$$

式中,$\dot{I}_i$ 是 N 条中第 i 条参与差动计算的支路的电流相量。

显然,$I_{\text{d}} \leqslant I_{\text{res}}$。

母线差动保护的动作判据为

$$\left.\begin{aligned} I_{\text{d}} &> I_{\text{op.min}} \\ I_{\text{d}} - K_{\text{res}} I_{\text{res}} &> 0 \end{aligned}\right\} \tag{9.5}$$

式中,K_{res} 是比率制动系数,应按能够躲过外部故障产生的最大不平衡电流来整定,且应该保证内部故障时有足够的灵敏度,通常取值为 0.3~0.7;最小动作电流 $I_{\text{op.min}}$ 应该躲过正常情况下的不平衡电流,以及电流互感器二次侧断线引起的差电流,一般可取 $(0.4 \sim 0.5) I_{\text{L.max}}$,$I_{\text{L.max}}$ 是支路上的最大负荷电流。其动作特性曲线如图 9.5 所示。

2) 复式比率制动特性的母线电流差动保护。普通比率制动特性的母线差动保护原理的制动量可以克服差流回路不平衡电流的影响,防止在外部短路时误动作。但是在外部故障时,若电流互感器饱和,产生较大的不平衡电流,保护可能误动;在母线内部故障时,在被保护母线外部电路某种接线情况下可能有电流流出母线,导致保护的灵敏度下降。为了提高比率制动特性母线差动保护在内部故障时的灵敏性,在制动量的计算中引入差动电流,称为复式比率制动特性的母线差动保护,动作判据为

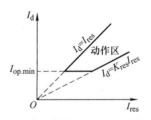

图 9.5 比率制动特性曲线

$$\left.\begin{aligned} I_{\text{d}} &> I_{\text{op.min}} \\ I_{\text{d}} &> K'_{\text{res}} (I_{\text{res}} - I_{\text{d}}) \geqslant 0 \end{aligned}\right\} \tag{9.6}$$

式中，K'_{res} 是复式比率制动系数。

若忽略电流互感器误差及流出电流的影响，当区外故障时，差动电流为零，保护不会动作；当区内故障时，存在较大的差动电流，满足式(9.6)的第一式。假设各支路电流相位相同，则差动量和制动量相等，满足式(9.6)的第二式，保护可靠动作。

由此可见，复式比率差动判据在制动量的计算中引入差动电流后，能非常明确地区分区内和区外故障，而复式比率制动系数 K'_{res} 的取值范围在上述假设的特殊情况下理论上可以为 $[0, \infty]$。考虑内部故障时流出母线电流与流入母线电流的百分比，以及外部故障时允许故障支路电流互感器的最大误差，通常使 $K'_{res} = 2$。

复式比率制动特性母线差动保护较普通比率制动特性的母线差动保护有更好的选择性与灵敏性。

为提高保护抗过渡电阻的能力，减小保护性能受故障前系统功角关系的影响还可采用工频故障分量比率制动特性的母线差动保护。

9.2.4　电压差动保护

母线电流差动保护根据差流回路的电阻大小分为低阻抗型、中阻抗型和高阻抗型。

当发生外部故障，而故障支路的电流互感器又出现饱和时，该电流互感器的励磁阻抗近似为零，与一次侧阻抗构成故障电流回路，而使二次侧电流近似为零。如图 9.6 所示，对于低阻抗型母线电流差动保护，此时差流回路中电流为其余非故障支路的电流矢量和，通常会导致保护误动。

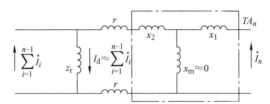

图 9.6　外部故障且电流互感器饱和时低阻抗型母线电流差动保护的等效电路

为此，可将图 9.4 中的电流继电器改为内阻很高的电压继电器，其值可达数千欧姆，即高阻抗型母线电流差动保护，又称为电压型母线差动保护。当外部故障时，如果电流互感器未饱和，差动回路中只存在不平衡电流，产生的电压也较低，保护不会误动；如果电流互感器饱和，如图 9.7 所示，几乎所有支路的二次侧电流都将流入故障支路电流互感器的励磁阻抗，而高阻抗的差流回路中仍然只有很少的电流和很低的电压，保护不会误动。当内部故障时，差动回路中较大的差动电流导致很高的电压，使保护动作。

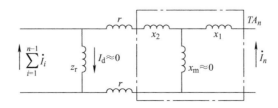

图 9.7　外部故障且电流互感器饱和时高阻抗型母线电流差动保护的等效电路

高阻抗型母线电流差动保护可减小外部故障，且故障支路电流互感器饱和时差流回路中的不平衡电流，不需要采取制动措施，其优点是接线简单、选择性好、灵敏度高。但其要求电流互感器二次侧电阻和漏抗要小，还要求二次侧尽可能在保护装置处并联，以减小回路连线上的电阻。因此该保护一般只适用于单母线。此外，由于差流回路阻抗较大，内部故障时，二次回路可能出现高电压，要求采取加强绝缘的措施。

微机母线差动保护通过软件计算差动电流，该电流不流过任何继电器的阻抗，因此没有低阻抗型、中阻抗型和高阻抗型之分，但其原理与低阻抗型母线电流差动保护相似，其依靠强大的计算分析功能实现电流互感器饱和的识别及保护的可靠闭锁。

9.3 电流相位比较式母线保护

母线电流差动保护要求在外部短路或正常运行时的二次电流相量和为零。由于在实际运行中电流互感器特性总是存在差异，差动回路中不平衡电流较大，这必然会影响保护的灵敏度。

电流相位比较式母线保护的基本原理是根据在内部故障和外部故障时各连接元件电流相位的关系来实现的。当母线发生短路时，各有源支路的电流相位几乎是一致的；当外部发生短路时，非故障有源支路的电流流入母线，故障支路的电流则流出母线，两者相位相反。

该保护的特点是：

1) 保护的工作原理是基于相位的比较，而与幅值无关。在采用正确的相位比较方法时，无须考虑电流互感器饱和引起的电流幅值误差，提高了保护的灵敏性。

2) 当母线连接支路的电流互感器型号不同或电流比不一致时，不需要进行变换系数的调整，放宽了该母线保护的使用条件。

9.4 双母线的保护

双母线是发电厂和变电所中广泛采用的一种母线方式。在发电厂以及重要变电所的高压母线上，一般都采用双母线同时运行(母线联络断路器经常投入)，而每组母线上连接一部分(大约 1/2)供电和受电元件的方式。这样，当任一组母线上发生故障，只短时影响到一半的负荷供电，而另一组母线上的连接元件仍可继续运行，这就大大提高了供电的可靠性。为此，要求母线保护具有选择故障母线的能力。

9.4.1 完全电流差动保护

1. 基本原理

双母线同时运行时支路固定连接方式的完全电流差动保护的原理接线如图 9.8 所示。

1)保护功能组成部分，主要由三组差动保护组成。

第一组由电流互感器 TA1、TA2、TA6，以及差动继电器 KD1 组成。该部分可构成选择母线 I 故障的保护，故也被称为母线 I 的小差动。$\dot{I}_1 + \dot{I}_2 + \dot{I}_6 = \dot{I}_{d1}$，母线 I 故障时，差动继电器 KD1 起动后将母线 I 上连接支路的断路器 QF1、QF2 跳开。

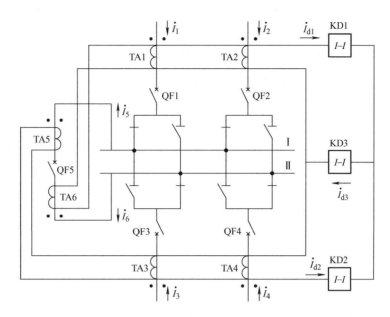

图 9.8　双母线同时运行支路固定连接方式的完全电流差动保护的原理接线图

第二组由电流互感器 TA3、TA4、TA5，以及差动继电器 KD2 组成。该部分可构成选择母线 Ⅱ 故障的保护，故也被称为母线 Ⅱ 的小差动。$\dot{I}_3 + \dot{I}_4 + \dot{I}_5 = \dot{I}_{d2}$，母线 Ⅱ 故障时，差动继电器 KD2 起动后将母线 Ⅱ 上连接支路的断路器 QF3、QF4 跳开。

第三组由电流互感器 TA1～TA6，以及差动继电器 KD3 组成。该部分可构成包括母线 Ⅰ、Ⅱ 故障均在内的保护，故也被称为母线 Ⅰ、Ⅱ 的大差动。$\dot{I}_{d1} + \dot{I}_{d2} = \dot{I}_{d3}$，是整套母线保护的起动元件，对 KD1 和 KD2 起闭锁作用。任一母线故障时差动继电器 KD3 动作，首先断开母联断路器使非故障母线正常运行,同时解除对 KD1 和 KD2 的闭锁。在 KD1 或 KD2 动作而 KD3 不动作的情况下，母线 Ⅰ、Ⅱ 的保护不能跳闸，从而有效保证双母线固定连接方式破坏情况下母线保护不会误动。

2) 正常运行或区外故障时母线差动保护动作情况。对于如图 9.8 所示的支路固定连接方式，流经差动继电器 KD1、KD2、KD3 的电流均为不平衡电流，而差动保护的动作电流按躲过外部故障时最大不平衡电流来整定的，因此差动保护不会动作。

3) 区内故障时母线差动保护动作情况。保护区内故障时，如母线 Ⅰ 上发生故障，流经差动继电器 KD1、KD3 的电流为总故障电流的二次侧值，而差动继电器 KD2 中仅有不平衡电流流过。因此，KD1、KD3 动作，KD2 不动作。

差动继电器 KD3 首先动作并跳开母线联络断路器 QF5，之后差动继电器 KD1 仍有二次故障电流流过，即对母线 Ⅰ 的故障具有选择性，动作于跳开母线 Ⅰ 连接支路的断路器 QF1、QF2；而差动继电器 KD2 无二次故障电流流过，无故障的母线 Ⅱ 继续保持运行，提高了电力系统供电的可靠性。

同理，当母线 Ⅱ 故障时，只有差动继电器 KD2、KD3 动作，使断路器 QF3、QF4、QF5 跳闸，切除故障母线 Ⅱ，无故障母线 Ⅰ 可以继续运行。

综上所述，差动继电器 KD1、KD2 分别只反应母线 Ⅰ、母线 Ⅱ 的故障，也称之为小差动，或故障母线选择元件。差动继电器 KD3 反应于两个母线中任一母线上的故障，作为母线保护的起动元件，称为大差动。

2. 双母线固定连接方式破坏后母线差动保护的工作情况

在实际运行过程中，母线固定连接方式很可能被破坏。若母线Ⅰ上一条线路切换到母线Ⅱ时，由于电流差动保护的二次回路不能跟着切换，从而失去了构成差动保护的基本原则，即按固定连接方式工作的两母线各自的差流回路都不能客观准确地反应两组母线上实际的流入流出值。

1）正常运行或区外故障时母线差动保护动作情况。此时，差动继电器 KD1、KD2 都将流过一定的电流而可能误动作，但差动继电器 KD3 仅流过不平衡电流，不会动作。因此，在双母线固定连接被破坏的时候，作为起动元件的差动继电器 KD3 能够防止正常运行或外部故障时差动保护的误动作。

2）区内故障时母线差动保护动作情况。任一母线发生故障时，差动继电器 KD1、KD2、KD3 都有故障电流流过，因此，它们都将动作并切除两组母线。

在此情况下，差动继电器 KD3 首先动作于跳开母联断路器，之后差动继电器 KD1、KD2 上仍有故障电流流过，不能起到选择故障母线的作用，两者均动作并切除两组母线。

双母线固定连接方式的完全电流差动保护接线简单、调试方便，在母联断路器断开和闭合情况下保护都具有选择故障母线的能力。但是，固定连接的运行方式被破坏后，内部故障时，保护失去对故障母线的选择性。

9.4.2 母联电流比相式保护

母联电流比相式保护更适于做双母线连接元件运行方式常常改变的母线保护。如图 9.9 所示，此母线保护包括启动元件 KA 和选择元件 KP。启动元件 KA 接在除母联断路器外所有连接元件的二次侧电流和（差动电流）的回路中，它的作用是区分两组母线的内部和外部短路故障。只有在母线发生短路时，启动元件 KA 动作后整组母线保护才得以启动。

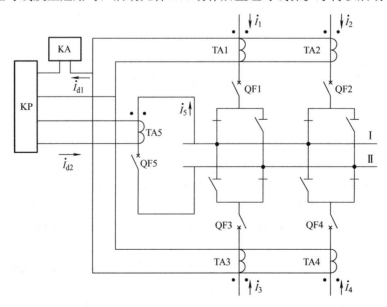

图 9.9　母联电流比相式母线差动保护的原理接线图

选择元件 KP 是一个电流相位比较继电器。它的一个线圈接入差动电流，另一个线圈则接在母联断路器的电流互感器二次侧。它利用比较母联断路器中电流与差动电流的相位选择出故障母线。

母线 I 上故障时和母线 II 上故障时比较，这两种故障情况下，母联断路器电流相位变化了 180°，而差动电流是反应任一母线故障的总故障电流，其相位是不变的。因此利用这两个电流的相位比较，就可以选择出故障母线，并切除连接在该母线上的全部断路器。

基于这种原理，当任一母线故障时，不管母线上的元件如何连接，只要母联断路器中有电流流过，选择元件 KP 就能正确动作。这是母联电流比相式母线差动保护的主要优点，该保护适用于连接元件切换较频繁的场合。

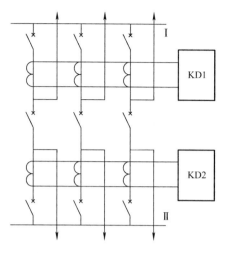

图 9.10 一个半断路器接线的母线电流差动保护原理接线图

9.5 一个半断路器接线的母线保护

在一个半断路器母线方式中，母线实际上相当于两组单母线，因此不存在双母线方式下由于切换而破坏固定连接的情况。从这个意义上说，母线保护的接线可以得到简化，只需要在每组母线上装设按照电流差动原理构成的母线保护，就能有效地切除母线的短路故障，如图 9.10 所示。

对于单母线和双母线，往往把母线保护的防误动放在重要的位置，因为在正常运行或外部短路时，如果母线保护误动作，可能使变电所的部分或全部线路停电。对于一个半断路器母线方式，在母线保护误动作时，跳开连接在母线上的各个断路器，其后果是改变了各连接元件中的潮流分布，但并不影响它们的连续运行。如母线发生短路而母线保护拒绝动作，那么母线短路将由各连接元件对侧的后备保护带时限来切除，这样由于切除故障的时间长，对电力系统的稳定运行将带来严重的影响。因此对于一个半断路器母线的保护，其防拒动占有更重要的地位。一般要求采取母线保护双重化的措施，以保证迅速、可靠地切除母线上的短路故障。双重保护最好是采用两套工作原理不同的母线保护。为保持两套母线保护的独立性，每套母线保护应分别接在电流互感器的不同二次线圈上。

在一个半断路器母线方式中，在两组母线之间接有多个断路器串，每串的一次回路电阻值都很小。在母线发生短路时，每串中的电流分布不固定,可能发生电流自母线流出的情况。

通过分析可知，母线故障时，即使在某些连接元件中电流自母线流出至元件，但电流差动保护中的电流仍为故障点总电流，因此电流差动保护可以用于一个半断路器母线。而比率制动特性的电流差动保护也可以适应一个半断路器母线短路和有电流流出的情况，但保护的灵敏度将有所下降。另外，电压差动母线保护的工作原理是基于电流差动母线保护，只是执行元件改为高阻抗的电压继电器，因此这种保护也适用于一个半断路器母线。由于母线短路时存在流出电流，所以单纯的比较电流相位工作原理的母线保护，都不能作为一个半断路器母线的保护。

9.6 母线保护的特殊问题

1. 复合电压闭锁元件

为了防止由于差动保护或开关失灵保护出口回路被误碰或出口继电器损坏等原因而导致母线保护误动作，母线差动保护中一般还设有复合电压闭锁元件。

复合电压闭锁元件的动作判据为

$$U_\varphi < U_b \text{ 或 } 3U_0 > U_{0.b} \text{ 或 } U_2 > U_{2.b} \tag{9.7}$$

式中，U_φ 为相电压；$3U_0$ 为 3 倍零序电压；U_2 为负序电压，U_b、$U_{0.b}$、$U_{2.b}$ 分别是对应的闭锁定值。

式(9.7)中任一判据满足条件，则复合电压闭锁元件开放，使保护可以出口跳闸。因此，复合电压闭锁元件必须保证母线在各种故障情况下其电压闭锁的开放有足够的灵敏度。

每一段母线都相应的设有一个复合电压闭锁元件，只有当母线差动保护判断出某段母线故障，同时该母线的复合电压元件动作，才认为该母线发生故障并予以切除。

2. 电流互感器饱和的检测

当母线近端区外故障时，故障支路的电流互感器 TA 通过各支路电流之和，故可能饱和。电流互感器 TA 饱和时，其二次侧电流畸变(严重时可能接近于零)，不能正确反应一次侧电流。为防止区外故障时电流互感器 TA 饱和而引起保护误动，在母线差动保护中应设置电流互感器 TA 饱和检测元件或相应的功能。

电流互感器 TA 饱和时二次侧电流及其内阻变化的特点如下：

1)在故障发生瞬间，由于铁心中的磁通不能突变，电流互感器 TA 不可能立即饱和，从故障发生到电流互感器 TA 饱和需要一段时间，在此期间内电流互感器 TA 二次侧电流与一次侧电流成正比变化。

2)电流互感器 TA 饱和时，在每个周期内一次侧电流过零点附近存在不饱和时段，在此时段内电流互感器 TA 二次电流与一次电流成正比变化。

3)电流互感器 TA 饱和时其励磁阻抗大大减小，使其内阻大大降低。

4)电流互感器 TA 饱和时二次侧电流中含有大量二次、三次谐波分量。

根据上述特性，在实践中应用的电流互感器饱和检测方法有同步识别法、自适应阻抗加权抗饱和方法、谐波制动。

3. 母线运行方式的切换与自动识别

母线的各种运行方式中以双母线运行最为复杂。根据电力系统运行方式变化的需要，母线上各连接支路需要经常在两条母线间切换，因此正确识别母线运行方式直接影响到母线差动保护动作的选择性。为了使母线差动保护能自适应每一次系统支路切换和倒闸操作，可引入母线所有连接支路(包括母联断路器)的隔离开关辅助触点的位置信号来判别母线运行方式。但该方法常因隔离开关辅助触点不可靠造成误判。

为此，微机母线差动保护利用其计算、自检与逻辑处理能力，对隔离开关的辅助触点进行定时自检。只有当对应支路有隔离开关的辅助触点的位置信号，且该支路有电流时，才确认辅助触点的实际位置；若辅助触点位置与支路有无电流不对应，则发出报警信号，供运行人员检查。为可靠起见，还可在正常运行状态下计算两段母线各自的小差流，如无差流则更加证实了运行方式识别的正确性。

9.7 断路器失灵保护

在 110kV 及以上电压等级的发电厂和变电所中，当输电线路、变压器或母线发生短路，在保护装置动作于切除故障时，可能伴随故障元件的断路器拒动，也即发生了断路器的失灵故障。产生断路器失灵故障的原因是多方面的，如断路器跳闸线圈断线，断路器的操动机构失灵等。

高压电网的断路器和保护装置，都应具有一定的后备作用，以便在断路器或保护装置失灵时，仍能有效切除故障。相邻元件的远后备保护方案是最简单合理的后备方式，既是保护拒动的后备，又是断路器拒动的后备。但是在高压电网中，由于各电源支路的助增作用，实现上述后备方式往往有较大困难（灵敏度不够），而且由于动作时间较长，易造成事故范围的扩大，甚至引起系统失稳而瓦解。有鉴于此，电网中枢地区重要的 220kV 及以上主干支路，系统稳定要求必须装设全线速动保护时，通常可装设两套独立的全线速动主保护（即主保护的双重化），以防保护装置的拒动；对于断路器的拒动，则专门装设断路器失灵保护。

1. 装设断路器失灵保护的原则

由于断路器失灵保护是在系统故障的同时，断路器失灵的双重故障情况下的保护，因此允许适当降低对它的要求，即仅最终能切除故障即可。装设断路器失灵保护的条件：

1）相邻上一级元件保护的远后备保护灵敏度不够时应装设断路器失灵保护。对分相操作的断路器，允许只按单相接地故障来校验其灵敏度。

2）根据变电所的重要性和装设失灵保护作用的大小来决定装设断路器失灵保护。例如多母线运行的 220kV 及以上变电所，当失灵保护能缩小断路器拒动引起的停电范围时，就应装设失灵保护。

2. 对断路器失灵保护的要求

1）失灵保护的误动和母线保护误动一样，影响范围很广，必须有较高的可靠性。

2）失灵保护首先动作于母联断路器和分段断路器，此后相邻元件保护能以相继动作切除故障时，失灵保护应该仅动作于母联断路器和分段断路器。

3）在保证不误动的前提下，应以较短延时、有选择性地切除相关断路器。

4）失灵保护的故障鉴别元件和跳闸闭锁元件，应对断路器所在线路或设备末端故障有足够灵敏度。

实现图 9.11 母线断路器失灵保护的基本原理框图可利用图 9.12 予以说明。所有连接至一组（或一段）母线上的元件的保护装置，当其出口继电器动作于跳开本身断路器的同时，也启动失灵保护中的公用时间继电器，此时间继电器的延时应大于故障元件的断路器跳闸时间及保护装置返回时间之和，因此，并不妨碍正常的切除故障。如果故障线路的断路器（如 QF1）拒动，则时间继电器动作，启动失灵保护的出口继电器，使连接至该组（段）

母线上所有其他有电源的断路器(如 QF2、QF3)跳闸，从而切除了 k 点的故障，起到了 QF1 拒动时的后备作用。

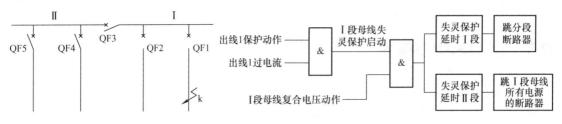

图 9.11　母线接线形式　　　　图 9.12　断路器失灵保护逻辑框图(以 I 段母线为例)

为了提高失灵保护不误动的可靠性，如图 9.12 所示，首先对于失灵保护的启动，还需另一条件组成"与"门；通常为检测各相电流。电流持续存在，说明断路器失灵，故障尚未清除。电流元件的定值，如能满足灵敏度要求，应尽可能整定大于负荷电流。为提高出口回路的可靠性，应再装设低压元件和(或)零序过电压元件或负序过电压元件，后者控制的中间继电器触点与出口中间继电器触点串联构成失灵保护的跳闸回路。延时可分为两级，较短一级(延时 I 段)跳母联断路器或分段断路器；较长一级(延时 II 段)跳所有电源的出线断路器。图 9.12 给出了断路器失灵保护的逻辑框图。防止失灵保护误动所采用的可靠性措施要缜密而周到。

由于断路器失灵保护和母线保护动作后都要跳开母线上所有电源的各个断路器，因此两者的出口跳闸回路可以共用，许多情况下它们组装在同一保护屏上。

习题及思考题

9.1　试分析图 9.13 线路上 k 处短路，故障线路电流互感器在不饱和与饱和情况下差动继电器的流入电流。

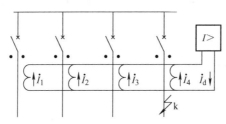

图 9.13　习题 9.1 图

9.2　试分析图 9.14 配置母联电流比相式保护的母线 k 处短路，保护动作切除故障的过程。

9.3　简述双母线的完全电流差动保护的组成，以及在母线上元件固定连接方式破坏前后保护的动作情况。

9.4　对于双母线的母联电流比相式保护，当母线上元件固定连接方式破坏后，为什么仍能够正确选择将故障母线切除?

9.5　在母线差动保护中，为什么要采用电压闭锁元件?怎样闭锁?

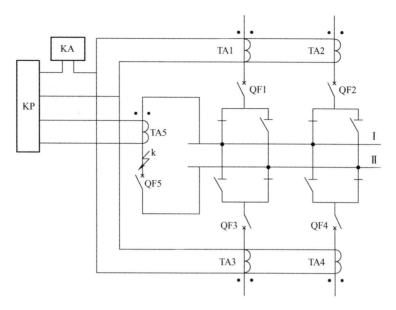

图 9.14 习题 9.2 图

9.6 试分析图 9.15 线路上 k 处短路，而 QF1 拒动时断路器失灵保护的动作情况。

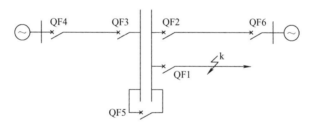

图 9.15 习题 9.6 图

第10章
数字式继电保护的基本原理

数字式继电保护（Digital Protection 或 Digital Protective Relaying）是指基于可编程数字电路技术和实时数字信号处理技术实现的电力系统继电保护。在电力系统继电保护的学术界和工程技术界，数字式继电保护又常被称作计算机型继电保护（Computer Protection）、微型计算机型继电保护（Microcomputer Based Protection）、微处理器型继电保护（Microprocessor Based Protection），或简称为微机保护。

继电保护按其实现的技术可以简单分为模拟式继电保护和数字式继电保护两大类型。模拟式保护是通过模拟电路直接对输入的模拟电量或者模拟信号进行处理来实现保护功能，因而被称为模拟式保护。而数字式保护是将各种类型的输入信号（包括模拟量、开关量、脉冲量等类型的信号）转化为数字信号，通过对这些数字信号的处理来实现继电保护功能。数字式保护不仅能够实现模拟式保护难以实现的复杂保护原理、提高继电保护的性能，而且能够提供诸如简化调试及整定、自身工作状态监视、事故记录及分析等高级辅助功能，还可以完成电力自动化要求的各种智能化测量、控制、通信及管理等任务，同时也具有优良的性价比。这些特点使得数字式保护具有无可比拟的技术和经济优势，从它诞生之日起就得到了快速的发展和普遍的应用。数字式保护的快速发展，得益于计算机技术和通信技术的不断进步，也为智能电网的发展奠定了技术基础。

本章将介绍数字式继电保护原理方面的基础内容。

10.1 数字式继电保护装置的基本结构

数字式继电保护装置的基本结构框图如图 10.1 所示。

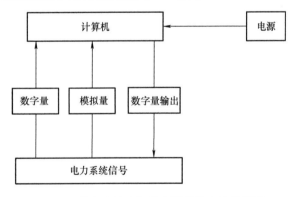

图 10.1 数字式继电保护装置的基本结构框图

一台完整的数字式保护装置主要由硬件和软件两部分组成。硬件指模拟和数字电子电路，硬件作为平台供软件运行，并且提供数字式保护装置与外部系统的电气联系；软件指计算机程序，由它按照保护原理和功能的要求对硬件进行控制，有序地完成数据采集、外部信息交换、数字运算和逻辑判断、动作指令执行等各项操作。数字式保护装置需要硬件和软件的相互配合才能实现保护原理和功能，甚至从某种角度上说，软件才真正代表了数字式保护装置的特性与内涵。为同一套硬件配上不同的软件就能构成不同特性的或者不同功能的保护装置。正是这一优点使得数字式保护装置具有超越模拟式保护装置的灵活性、开放性和适应性。这里将主要介绍数字式保护装置硬件系统工作原理和技术特点。

数字式保护装置的硬件系统原理框图如图 10.2 所示。从图 10.2 中可以看到，数字式保护装置的硬件以微型机主系统部件为中心，围绕着数字核心部件的是各种外围接口部件，下面分别介绍其中的模拟量输入系统，开关量输入系统以及微型机主系统。同时再次强调，各部件的功用需要在软件的支持下才能实现。

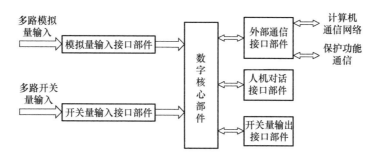

图 10.2　数字式保护装置的硬件系统原理框图

10.1.1　模拟量输入系统

继电保护的基本输入电量是模拟性质的电信号。一次系统的模拟电量可分为交流电量（包括交流电压和交流电流）、直流电量（包括直流电压和直流电流）以及各种非电量。由于这些电气量的数值范围超过了微机系统所能承受的区域。因此，需要降低和转换为微机保护中通常需要的输入电压范围 ±5V 或者 ±10V。将模拟电量经过各种电力传感器（如电压互感器 TV 或电流互感器 TA 等）转变成二次电信号，再由引线端子进入数字式保护装置。这些由电力传感器输入的模拟电信号还要正确地变换成离散化的数字量。这个过程也就是通常所说的数据采集，因此模拟量输入系统也称为模拟量数据采集部件或数据采集系统，简称为AI（Analog Input）接口。

常见的微机保护模数变换方式主要有两种：一种是 ADC 方式，另一种是 VFC 方式。ADC方式是将模拟量直接转变为数字量的方法，而 VFC 是将模拟量先转变为频变脉冲量，再通过脉冲计数变换为数字量的一种变换方法。

模拟量输入系统往往包括多路不同性质的模拟量输入通道，例如不同相别的电压和电流、零序电压和电流以及直流电压和电流等，具体情况取决于数字式保护装置的功能要求，但是一般都要求由模拟量输入系统得到的多路数字信号之间保持在时间上的同时性（对于交流信号相当于保持各通道之间原有相位关系不变），且同性质通道之间变换比例一致（如三相电压之间或者三相电流之间的幅值变化比相同）。另外，要求模拟量输入系统能够不失真地传变输入信号。继电保护装置需要在故障暂态过程中有效地工作，而发生故障时电流、电压量值往往呈现很大的动态变化范围，因此模拟量输入系统在可能的输入信号最大变化范围内应能保持良好的线性度和变换精度。

以交流信号输入(取自 TV、TA 的二次侧)为例，如图 10.3 所示，典型的 ADC 数据采集系统(即信号传递顺序)主要包括以下各部分：电压形成电路、前置模拟低通滤波器(ALF)、采样保持(S/H)电路、多路电子开关(MPX)、模数变换(A/D)电路和 CPU。

图 10.3　ADC 数据采集系统框图

AI 接口是数字式保护装置的关键部件之一，不仅要求它能完成数据采集任务，还要求遵循数字化处理的基本原理并达到技术要求。接下来对上述组成交流 AI 接口的主要部分作简要说明。

1. 电压形成电路

电压形成电路完成输入信号的标度变换与隔离。交流信号输入变换由输入变换器来实现，接收来自电力互感器二次侧的电压、电流信号。其作用是通过装置内的输入变压器、变流器将二次电压、电流进一步变小，以适应电子元件的要求；同时使二次回路与保护装置内部电路之间实现电气隔离与电磁屏蔽，以保障保护装置内部弱电元件的安全，减少来自高压设备对弱电元件的干扰。交流电压变换可直接采用电压变换器，如图 10.4a 所示。而对于交流电流，由于通常使用的弱电电子器件为电压输入型器件，因此还需将电流信号转换为电压信号，这个转换过程称为电压形成。电压形成的方式与数字式保护装置所采用的电流变换器的形式有关，常用的有以下两种形式：

第一种为采用电流变换器，其工作原理与电流互感器完全相同。此时电压形成的常用方法是在电流变换器二次侧接入一个低阻值电阻，二次侧输出电流流过电阻便产生与二次侧电流同相位、正比例的输出电压，如图 10.4b 所示。

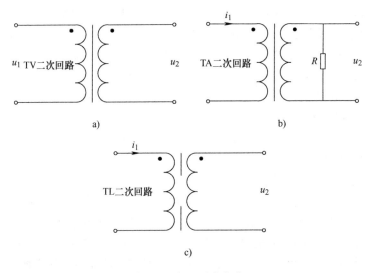

图 10.4　电压形成电路

a)电压输入变换　b)采用电流变换器的电压形成　c)采用电抗变换器的电压形成

第二种为采用电抗变换器。这种方式可一次完成电流标度变换和电压形成，如图 10.4c 所示。电抗变换器是一种铁心带气隙的特殊电流变换器，它的一次侧输入电流而二次侧输出电压，理想状态下其输出电压与一次侧电流的微分成正比。电抗变换器其二次侧输出电压较少受一次侧电流中衰减直流分量的影响，这种特点有利于降低非周期分量对保护动作性能的不利影响。而电抗变换器对一次侧电流中的高次谐波有放大作用的特点则会增大高次谐波对保护动作性能的不利影响，使用中应该加以注意。

2. 前置模拟低通滤波器(ALF)

ALF 是一种简单的低通滤波器，每一路 AI 通道都需要配置。ALF 的作用仅仅是为了抑制输入信号中对保护无用的较高频率成分，以便采样时易于满足采样定理的要求。ALF 可采用简单的有源或无源低通滤波电路。常用的二阶 RC 型无源滤波电路如图 10.5 所示。

输入变换、电压形成及模拟低通滤波三部分电路合起来通常又被称为信号调理电路。上面介绍了交流信号的信号调理电路，至于直流信号的信号调理电路的原理与作用和交流信号的基本类似，主要差别在于输入变换器不同，目前常用的输入变换器有隔离放大器(光电型或逆变型)或基于霍尔效应的传感器等。

3. 采样保持(S/H)电路

采样保持(S/H)电路完成对输入模拟信号的采样。所谓的采样保持，就是指在某时刻获取(抽取)输入模拟信号在该时刻的瞬时值，并维持适当时间不变，以便模数变换电路将其转化为数字量。如果按固定的时间间隔重复地进行这种采样操作，就可将时间上连续变化的模拟信号转换为时间上离散的模拟信号序列。

采样保持电路如图 10.6 所示，它由一个电子模拟开关 AS、电容 C 和两个阻抗变换器构成。开关 AS 受逻辑输入端电平控制，高电平时闭合，此时，电路处于采样状态，C 迅速充电或放电到在采样时刻的电压值。AS 的闭合时间应满足使 C 有足够的充电和放电时间即采样时间。显然采样时间越短越好，因而应用阻抗变换器 I，它在输入端呈现高阻抗，而输出阻抗很低，使 C 上的电压能迅速跟踪到输入电压值。AS 打开时，电容 C 上保持住 AS 打开瞬间的电压，电路处于保持状态。同样，为了提高保持能力，电路中应用了另一个阻抗变换器 II，它对 C 呈现高阻抗，而输出阻抗很低，以增强带负载能力。

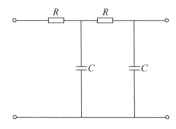

图 10.5 二阶 RC 型无源滤波电路

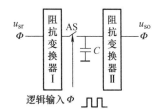

图 10.6 采样保持电路

4. 逐次比较式模数转换

模数转换电路实现模拟量到数字量的转换，也就是将 S/H 电路采集(抽取)并保持的输入模拟信号的瞬时值转换为相应的数字值。逐次比较式模数转换电路是以数模转换电路为基础形成的，下面首先介绍数模转换，再介绍逐次比较式模数转换电路。

(1)数模转换电路

完成 A/D 转换所需要的一组标准电压，由 D/A 转换网络产生。常用的 D/A 转换网络有 T 形网络和权电阻网络，图 10.7 是 T 形网络(又称 R-$2R$ 网络)的原理图。

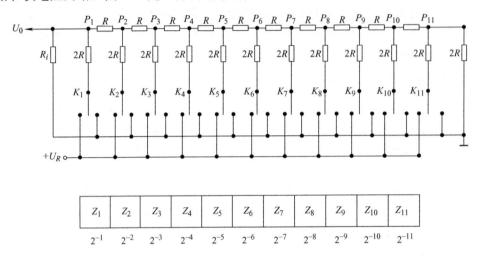

图 10.7 R-$2R$ 数/模转换网络

图中 $K_1 \sim K_{11}$ 是受寄存器 $Z_1 \sim Z_{11}$ 状态控制的电子开关。当 $Z_i =$ "1" 时，K_i 接电源 $+U_R$；当 $Z_i = 0$ 时，K_i 接地。

R-$2R$ 网络的一个特点是：如果 $K_1 \sim K_{11}$ 全部接地，从任意一个节点 $P_i (i = 1, 2, \cdots, 11)$ 向右看(不包括节点下面的 $2R$ 电阻)，右边电路的等效电阻总是等于 $2R$。为此，可以找出网络的输出电压 U_0 与 $Z_1 \sim Z_{11}$ 所代表的数字量之间的关系。

令 $Z_1 = 1$，其余寄存器的 $Z_i = 0$。这时，K_1 接 $+U_R$，其余 K_i 都接地。R-$2R$ 网络的简化等效电路如图 10.8 所示。可以计算出网络的输出电压是：

$$U_{01} = \frac{R_i}{R + R_i} \times U_R \times \frac{1}{2} \tag{10.1}$$

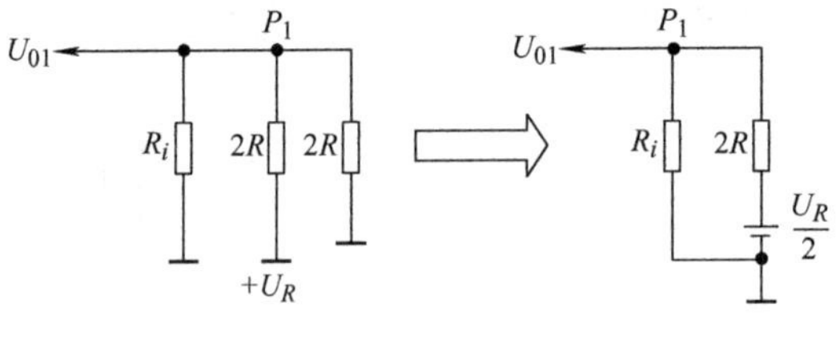

图 10.8 $K_1 = 1$ 时网络等效电路

当网络的电源电压 U_R 取某一个定值，且 R_i 也取定值时，$\frac{R_i}{R + R_i} \times U_R$ 为一个常数。暂令 $\frac{R_i}{R + R_i} \times U_R = K$，式(10.1)可以表示成

$$U_{01} = K \cdot 2^{-1} \tag{10.2}$$

令 $Z_2 =$ "1"，其余的 $Z_i = 0$。R-$2R$ 网络可按图 10.9 进行等值变化，这时网络的输出电压是：

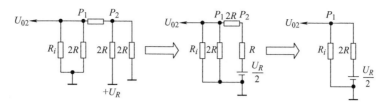

图 10.9 $K_2 = 1$ 时网络等效电路

$$U_{02} = \frac{R_i}{R + R_i} \times U_R \times \frac{1}{2^2} = K \cdot 2^{-2} \tag{10.3}$$

可以证明，当任意一个寄存器 $Z_i = 1$，其余的寄存器为 "0" 时，网络输出电压是

$$U_{0i} = \frac{R_i}{R + R_i} \times U_R \times \frac{1}{2^i} = K \cdot 2^{-i} \tag{10.4}$$

R-$2R$ 网络是线性电阻网络，当 $Z_1 \sim Z_{11}$ 取任意状态时，可以应用叠加原理计算网络的输出电压 U_0，其值为

$$
\begin{aligned}
U_0 &= \frac{R_i}{R + R_i} \times U_R (a_1 \cdot 2^{-1} + a_2 \cdot 2^{-2} + \cdots + a_{11} \cdot 2^{-11}) \\
&= K(a_1 \cdot 2^{-1} + a_2 \cdot 2^{-2} + \cdots + a_{11} \cdot 2^{-11})
\end{aligned}
\tag{10.5}
$$

式中，$a_1 \sim a_{11}$ 取 0 或 1.当 $Z_i = 1$ 时，a_i 取 1；当 $Z_i = 0$ 时，a_i 取 0。可见，R-$2R$ 网络的输出电压与一组二进制数成比例。

(2)模数转换电路

借助 R-$2R$ D/A 转换网络，完成逐位比较 A/D 转换的原理图如图 10.10 所示。

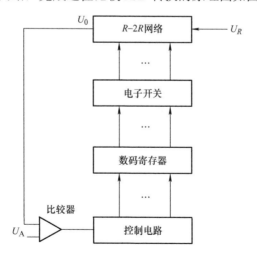

图 10.10   逐位比较式模数转换原理框图

图中的比较器用来比较 D/A 转换网络的输出电压 U_0 与待转换的直流模拟电压 U_A 的大小；控制电路对数码寄存器的状态进行置 "1" 和清 "0"。电路工作过程如下：

首先，数码寄存器全部清零。

控制电路第一步置数码寄存器的第一位 $Z_1 = 1$，这时，R-$2R$ 网络的输出 $U_0 = U_{01}$。比较

器比较 U_0 和 U_A 的大小，如果 $U_A > U_0$，$Z_1 = 1$ 的状态保留；如果 $U_A < U_0$，由控制电路将 Z_1 清 "0"。

第二步由控制电路置 $Z_2 = 1$，这时，$R\text{-}2R$ 网络的输出 $U_0 = U_{01} + U_{02}$ （这是对应 $Z_1 = 1$ 的情况。如果 $Z_1 = 0$，则 $U_0 = U_{02}$）。比较器第二次比较 U_0 和 U_A 的大小，并同第一次一样，根据比较结果，决定 Z_2 保留 "1" 还是清 "0"。

如此进行十一次比较后，可在一定误差范围内达到 $U_A = U_0$，这时，寄存在 $Z_1 \sim Z_{11}$ 中的 11 位二进制数与 U_A 成比例，它就是 A/D 转换后得到的数字量。

例如，设模拟电压 U_A 有 683 个量化单位，$R\text{-}2R$ 网络输出的各位基准电压分别为 1024,512,256,128,64,32,16,8,4,2,1 个量化单位，转换过程可列于表 10.1 中。

表 10.1 逐位比较模-数转换过程表

步骤	数码寄存器状态											U_0	比较器判决
	Z_1	Z_2	Z_3	Z_4	Z_5	Z_6	Z_7	Z_8	Z_9	Z_{10}	Z_{11}		
1	1	0	0	0	0	0	0	0	0	0	0	1024	清 "0"
2	0	1	0	0	0	0	0	0	0	0	0	512	保留
3	0	0	1	0	0	0	0	0	0	0	0	768	清 "0"
4	0	0	0	1	0	0	0	0	0	0	0	640	保留
5	0	0	0	0	1	0	0	0	0	0	0	704	清 "0"
6	0	0	0	0	0	1	0	0	0	0	0	672	保留
7	0	0	0	0	0	0	1	0	0	0	0	688	清 "0"
8	0	0	0	0	0	0	0	1	0	0	0	680	保留
9	0	0	0	0	0	0	0	0	1	0	0	684	清 "0"
10	0	0	0	0	0	0	0	0	0	1	0	682	保留
11	0	0	0	0	0	0	0	0	0	0	1	683	保留
结果	0	1	0	1	0	1	0	1	0	1	1	683	

在逐位比较时，当 D/A 转换网络的输出电压 U_0 与待转换的直流模拟电压 U_A 之差小于一个量化单位 (数字量的最低有效位对应的 D/A 转换网络的输出电压) 时，转换结束，并认为 $U_0 = U_A$。因此，转换中存在一定的误差。一个量化单位对应的电压值越小，误差越小。A/D 转换精度受 D/A 转换网络输出电压的精度及比较器的分辨率、稳定度等影响较大。

5. VFC 模数转换器

VFC 型 A/D 转换工作方式是：电压互感器二次电压、电流互感器二次电流，经电压形成电路后，进行 VFC 变换。将电压变换为脉冲电压，该脉冲电压的频率与输入电压成正比，经快速光隔离后由计数器对脉冲电压进行计数，CPU 读取其计数值后，通过计算得到输入模拟量对应的数值，从而完成了输入模拟量的 A/D 转换。

(1) 直流电压输入时的 VFC 变换

图 10.11 示出了 VFC 变换电路。其中 D1 是积分电路；D2 是零电压比较电路，当 D1 输出电压 U_{D1} 为正时，D2 输出电压 U_{D2} 为负，U_{D1} 下降到 0V 时，D2 输出发生正向跳变，此时触发脉冲发生器 (实际是一个单稳态触发器)，发出固定宽度 T_0 的脉冲电压。在 T_0 期间电子开

关 AS 倒向左侧，接入基准电压(参考电压) $-U_N$ ；电路在工作时，必须满足如下条件：

$$\frac{U_N}{R_2} > \frac{U_{in}}{R_1} \tag{10.6}$$

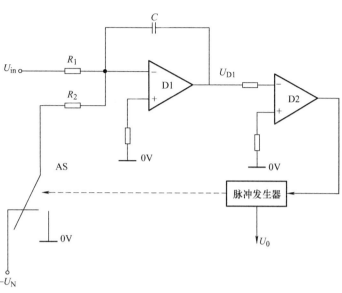

图 10.11　VFC 变换电路

电路工作过程如下：

在 T_0 脉冲作用期间，AS 倒向左侧，由式(10.6)条件，所以 D1 输出电压线性增加，到 T_0 结束时，U_{D1} 有最高正值；T_0 结束瞬间，AS 倒向右侧接 0V，D1 输出电压在 U_{in} 作用下逐渐降低，当达到 0V 时(实际稍负)，D2 输出发生正向跳变。脉冲发生器输出宽度 T_0 的脉冲电压 U_0 。而后重复上述过程，波形如图 10.12 所示。

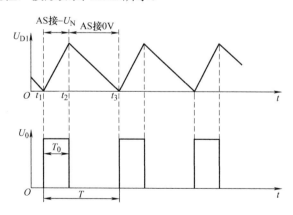

图 10.12　VFC 变换电路中的波形

由波形图可求得 T_0 结束瞬间 $(t_2)U_{D1}$ 的最高正值，计及 $T_0 = t_2 - t_1$ ，得到

$$U_{D1}(t_2) = -\frac{1}{C}\int_{t_1}^{t_2}\left(\frac{U_{in}}{R_1} - \frac{U_N}{R_2}\right)dt = \frac{U_N}{R_2 C}T_0 - \frac{U_{in}}{R_1 C}T_0 \tag{10.7}$$

在 $t_2 - t$ 期间，即 $T - T_0$ 期间，U_{D1} 逐渐下降，求得 t 时刻的 U_{D1} 为

$$U_{D1}(t) = U_{D1}(t_2) - \frac{1}{C}\int_{t_2}^{t}\frac{U_{in}}{R_1}dt = \frac{U_N}{R_2C}T_0 - \frac{U_{in}}{R_1C}T \tag{10.8}$$

令 $U_{D1}(t) = 0$，得到

$$T = \frac{R_1}{R_2}\frac{U_N}{U_{in}}T_0 \tag{10.9}$$

脉冲发生器输出电压 U_0 的频率为

$$f = \frac{1}{T} = \frac{R_2}{R_1}\frac{1}{U_NT_0}U_{in} = K_f U_{in} \tag{10.10}$$

式中，$K_f = \dfrac{R_2}{R_1}\dfrac{1}{U_NT_0}$，当 U_N、T_0 一定时，K_f 为常数，称为压频转换系数，单位是 Hz/V。由式 (10.10) 可见，U_0 的频率与直流输入电压 U_{in} 成正比，从而实现了电压—频率的变换，即 VFC 变换。

再次强调指出，实现 VFC 的条件是式 (10.6)，即 $U_{in} < \dfrac{R_1}{R_2}U_N$。

(2) 交流输入时的 VFC 变换

设图 10.11 中的输入电压 $U_{in} = A\sin\omega t$，为得到单极性输入电压，引入偏置电压 U_{dep}；当 $A = A_{max}$ 时，$U_{dep} = A_{max}$，综合输入电压 $U_{in} + U_{dep}$ 的波形如图 10.13 虚线所示；为满足式 (10.6) 条件，要求

$$2A_{max} < \frac{R_1}{R_2}U_N \tag{10.11}$$

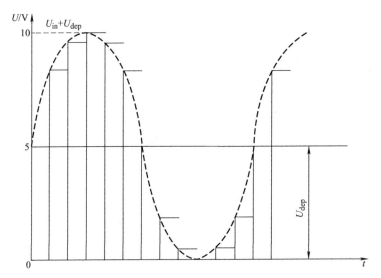

图 10.13　交流电气量的 A/D 转换（加入 U_{dep} 后输入电压波形）

在 $U_{in} = A\sin\omega t + U_{dep}$ 作用下，在 $t_1 - t_2$ 期间，求得 t_2 时刻的 U_{D1} 值为

$$U_{D1}(t_2) = -\frac{1}{C}\int_{t_1}^{t_2}\left(\frac{U_{in}}{R_1} - \frac{U_N}{R_2}\right)dt = \frac{U_N}{R_2C}T_0 - \frac{1}{R_1C}\int_{t_1}^{t_2}(U_{dep} + A\sin\omega t)dt$$

在 $t_2 - t$ 期间，即 $T - T_0$ 期间，计及上式可求得 t 时刻的 U_{D1} 值为

$$U_{D1}(t) = U_{D1}(t_2) - \frac{1}{C}\int_{t_2}^{t}\frac{U_{dep} + A\sin\omega t}{R_1}dt$$

$$= \frac{U_N}{R_2 C}T_0 - \frac{1}{R_1 C}\int_{t_2}^{t}(U_{dep} + A\sin\omega t)dt$$

$$= \frac{U_N}{R_2 C}T_0 - \frac{U_{dep}}{R_1 C}T - \frac{A}{R_1 C}\left[-\frac{1}{\omega}(\cos\omega t - \cos\omega t_1)\right]$$

因为函数 $f(x)$ 在 x_0 处展开有如下关系，$f(x) \approx f(x_0) + f'(x_0)(x - x_0)$，所以可将 $\cos\omega t$ 在 t_1 处展开，得

$$\cos\omega t = \cos\omega t_1 + (-\omega\sin\omega t_1)(t - t_1) = \cos\omega t_1 - \omega\sin\omega t_1 T \tag{10.12}$$

即

$$\cos\omega t - \cos\omega t_1 = -\omega T\sin\omega t_1$$

于是 $U_{D1}(t)$ 可写为

$$U_{D1}(t) = \frac{U_N}{R_2 C}T_0 - \frac{U_{dep}}{R_1 C}T - \frac{AT}{R_1 C}\sin\omega t_1$$

$$= \frac{U_N}{R_2 C}T_0 - \frac{T}{R_1 C}(U_{dep} + A\sin\omega t_1) \tag{10.13}$$

令 $U_{D1}(t) = 0$，得到

$$T = \frac{R_1}{R_2}U_N T_0 \frac{1}{U_{dep} + A\sin\omega t_1} \tag{10.14}$$

计及 $K_f = \dfrac{R_2}{R_1 T_0 U_N}$，所以脉冲发生器输出电压 U_0 的频率为

$$f = \frac{1}{T} = K_f(U_{dep} + A\sin\omega t_1) \tag{10.15}$$

可以看出，转换成的频率由两部分电压组成，第一部分是偏置电压 U_{dep} 转换的频率，其值为 $K_f U_{dep}$；第二部分是 $K_f A\sin\omega t_1$。因转换系数 K_f 与频率无关，故当输入信号中含有非周期分量和各次谐波时，转换仍然是正确的。此外，因 $K_f = \dfrac{R_2}{R_1}\dfrac{1}{T_0 U_N}$，所以调整 R_2、R_1 可方便地调整转换系数。

(3) VFC 工作方式的 A/D 转换

图 10.14 示出了 VFC 型 A/D 转换框图。工作过程如下：

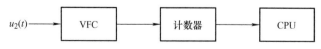

图 10.14 VFC 型 A/D 转换框图

计数器采用 16 位递减计数，初始化计数器置初值 0000H，VFC 输出一个脉冲，计数器减 1 变为 FFFF，而后依次为 FFFE，FFFD…直到 0000H，而后又重新循环计数。而 CPU 每

隔一个采样间隔时间 T_S 读取计数器的计数值，其值为…、N_{n-2}、N_{n-1}、N_n、N_{n+1}、N_{n+2}…。

令 $D_n = N_{n-p} - N_n$，即 D_n 是从 $(t_n - pT_S)$ 到 n 次采样时刻 t_n 这一时间段内计数器计到的脉冲数，计及式(10.15)，有

$$D_n = \int_{t_n-pT_S}^{t_n} f\,\mathrm{d}t = \int_{t_n-pT_S}^{t_n} K_f[U_{dep} + u_2(t)]\,\mathrm{d}t = K_f U_{dep} pT_S + \int_{t_n-pT_S}^{t_n} K_f u_2(t)\,\mathrm{d}t$$

得到

$$D = D_n - N_p = K_f \int_{t_n-pT_S}^{t_n} u_2(t)\,\mathrm{d}t \tag{10.16}$$

式中，N_p 为偏置电压 U_{dep} 经 VFC 后在 pT_S 时间内计数器的计数值，当 p 一定时，N_p 是一个常数，$N_p = K_f U_{dep} pT_S$；其中 p 为积分时间段内的采样点数，可以给定。

如果 $u_2(t)$ 在 $t_n - pT_S$ 到 t_n 期间作平滑变化，则有

$$\int_{t_n-pT_S}^{t_n} u_2(t)\,\mathrm{d}t = \frac{1}{2}[u_2(t_n - pT_S) + u_2(t_n)]pT_S = u_2\left(t_n - \frac{pT_S}{2}\right)pT_S \tag{10.17}$$

代入式(10.16)得到表达式 D 为

$$D = K_f u_2\left(t_n - \frac{pT_S}{2}\right)pT_S \tag{10.18}$$

由上式可以计算出输入电压 $u_2(t)$ 采样值转换的数字量。

图 10.15 示出了采用 VFC110 电压频率变换芯片构成的 A/D 转换实例，图中稳压管 V、稳压块 7905 两者提供了 $-5V$ 的偏置电压，RC 是浪涌吸收电路，防止过电压入侵(不是为抗频率混叠而设)。R_1 用来调整压频转换系数，R_3 用来微调偏置电压，快速光隔离提高了电路的抗干扰能力。图 10.16 示出了电路的压频特性，输入电压峰值为 $\pm 5V$，输出的最高频率是 4MHz。

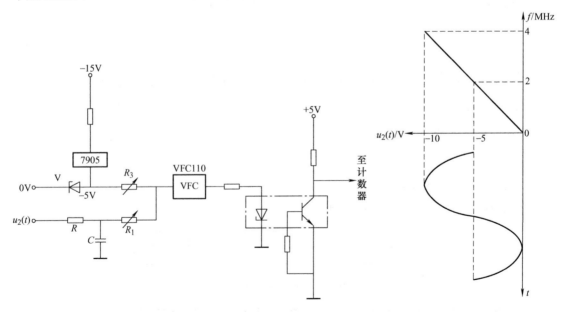

图 10.15　VFC 型 A/D 转换实例　　　　图 10.16　VFC110 电压频率
变换芯片的压频特性

(4) VFC 型 A/D 转换的分辨率

常规 A/D 转换以位数来衡量分辨率，12 位 A/D 转换的测量量程是 $2^{12}=4096$ ，对双极性交流来说，测量范围是 ±2048 。

VFC 型 A/D 转换的最大测量范围由 VFC 输出的最高频偏和 pT_S 大小确定。对 VFC110 来说，由图 10.16 可见，当最高频偏(±2000kHz) 一定时， pT_S 越大， D 值也越大，分辨率也越高。由式(10.18)可写出 D 的最大范围为

$$D_{max} = \pm 2000 pT_S \tag{10.19}$$

注意到常规 M 位 A/D 转换器的测量范围为 $\pm\frac{1}{2}\times 2^M$ 。为使 VFC 型 A/D 转换器的分辨率不低于常规 A/D 转换器，可令

$$2000 p \frac{1}{f_S} \geqslant \frac{1}{2}\times 2^M \tag{10.20}$$

得到

$$p \geqslant \frac{f_S}{4000}2^M \tag{10.21}$$

可见，当采样频率一定时，按式(10.21)选取 p 值，就可保证 VFC 型 A/D 转换器的分辨率不低于常规 M 位 A/D 转换器的分辨率。如 $f_S =1kHz$ ，则 $p = 2$ 就可高于常规 A/D 转换器 12 位的分辨率。

虽然增大 p 值可提高分辨率，但电力系统发生短路故障后需要 pT_S 时间才能保证应有的分辨率，实质上牺牲了保护的动作速度，所以速度和精度应同时兼顾。如零序电流 I 段，定值较高，分辨率不是主要矛盾，选择 p 的较小值以加快动作速度。显然，这种灵活性是常规 A/D 转换不具备的，是 VFC 型 A/D 转换独有的。

(5) VFC 型 A/D 转换特点

由式(10.18)可见，若输入电压 $u_2(t)$ 中的高频分量的频率为 f_x ，只要 pT_S 是 $\frac{1}{f_x}$ 的整数倍，式(10.18)的 D 量中就不会反映，即使不是整数倍，积分后也影响甚小。注意到频率越高时谐波幅值一般越小，故有条件

$$pT_S \geqslant \frac{1}{f_x}$$

即

$$p \geqslant \frac{f_S}{f_x} \tag{10.22}$$

因此，只要 $p \geqslant 2$ 就可满足采样定理，所以在 VFC 型 A/D 转换中不需设置模拟低通滤波器。图 10.15 中的 RC 滤波器并非是抗频率混叠而设，而是作为抗浪涌作用的。

由式(10.16)可见，VFC 型 A/D 转换的 D 量反应的是输入信号在一定区内的积分，当然具有滤波作用，受随机噪声的影响也小。

由于 D 量是输入电压在 $t_n - pT_S$ 到 t_n 区间中值转换的结果，若输入电压剧烈变化或非线性使得各个 $[(t_n - pT_S)、t_n]$ 区间的中值分布不均匀，而在数据处理时按均匀时间间隔处理，从而带来误差或波形失真。正因如此，VFC 型 A/D 转换不太适合输入信号电压变化剧烈的保护

装置，在这种情况下也不允许取较大的 pT_S，分辨率也难于满足要求。然而，对绝大多数基于反映工频原理的保护，VFC 型 A/D 转换具有工作稳定、精度高和抗干扰能力强的特点。特别是 VFC 输出和计数器输入端间可方便接入快速光隔离电路，无疑大大提高了抗干扰能力。

此外，VFC 型 A/D 转换同 CPU 接口简单，并且可方便地实现多 CPU 共享 VFC 的数据。

10.1.2 开关量输入输出系统

开关量输入系统：

这里的开关量泛指那些反映"是"或"非"两种状态的逻辑变量，如断路器的"合闸"或"分闸"状态、开关或继电器触点的"通"或"断"状态、控制信号的"有"或"无"状态等。继电保护装置常常需要确知相关开关量的状态才能正确地动作，外部设备一般通过其辅助继电器触点的"闭合"与"断开"来提供开关量状态信号。由于开关量状态正好对应二进制数字的"1"或"0"，所以开关量可作为数字量读入（每一路开关量信号占用二进制数字的一位），因此，开关量输入系统简称为 DI（Digital Input）接口。DI 接口作用是为开关量提供输入通道，并在数字保护装置内外部之间实现电气隔离，以保证内部电子电路的安全和减少外部干扰。一种典型的 DI 接口电路如图 10.17 所示（仅绘出一路），它使用光电耦合器件实现电气隔离。光电耦合器件内部由发光二极管和光电晶体管组成。目前常用的光电耦合器件为电流型，当外部继电器触点闭合时，电流经限流电阻 R 流过发光二极管使其发光，光电晶体管受光照射而导通，其输出端呈现低电平"0"；反之，当外部继电器触点断开时，无电流流过发光二极管，光电晶体管无光照射而截止，其输出端呈现高电平"1"。该"0"、"1"状态可作为数字量由 CPU 直接读入，也可控制中断控制器向 CPU 发出中断请求。

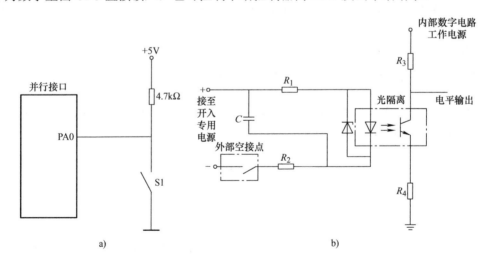

图 10.17　开关量输入原理图

a) 装置内部开关量输入　b) 采用光电耦合器件的开关量输入接口电路

开关量输出系统：

数字保护装置通过开关量输出的"0"或"1"状态来控制执行回路（如告警信号或跳闸回路继电器触点的"通"或"断"），因此开关量输出系统简称为 DO（Digital Output）接口。DO 接口的作用是为了正确地发出开关量操作命令提供输出通道，并在数字式保护装置内外部之间实现电气隔离，以保证内部电子电路的安全和减少外部干扰。一种典型的使用光电耦合器件的 DO 接口电路如图 10.18 所示(在此仅绘出一路)。继电器线圈两端并联的二极管称为续流二极管。它在 CPU 输出由"0"变为"1"，光电晶体管突然由"导通"变为"截止"时，为继电器线圈释放储存的能量提供电流通路，这样一方面加快了继电器的返回，另一方面避免电流突变产生较高的反向电压而引起相关元件的损坏和产生强烈的干扰信号。另一个需要注意的问题是，在重要的开关量输出回路(如跳闸回路中)，需要对跳闸出口继电器的电源回路采取控制措施，同时对光隔离导通回路采用异或逻辑控制。这样做主要是为了防止因强烈干扰甚至元件损坏在输出回路出现不正常状态改变时，以及因保护装置上电(合上电源)或工作电源不正常通断，在输出回路出现不确定状态时，导致保护装置发生误动。

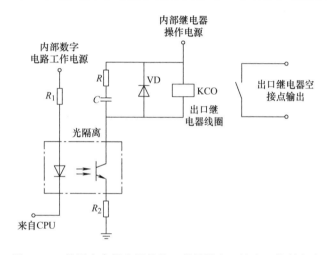

图 10.18　使用光电耦合器件的开关量输出及继电器控制电路

10.1.3　微型机主系统

数字式保护装置的微型机主系统(又称数字核心部件)实质上是一台特别设计的专用微型计算机，一般由中央处理器(CPU)、存储器、定时器/计数器及控制电路等部分组成，并通过数据总线、地址总线、控制总线连成一个系统，实现数据交换和操作控制。继电保护程序在微型机主系统内运行，完成数字信号处理任务，指挥各种外围接口部件运转，从而实现继电保护的原理和各项功能。

CPU 是数字核心部件以及整个数字保护装置的指挥中枢,计算机程序的运行依赖于 CPU 来实现。因此，CPU 在很大程度上决定了数字保护装置的技术水平。CPU 的主要技术指标包括字长(用二进制位数表示)、指令的丰富性、运行速度(用典型指令执行时间表示)等，当前应用于数字式保护装置的 CPU 主要有以下几种类型：

(1)单片微处理器

将 CPU 与定时器/计数器及某些输入/输出接口器件集成在一起，特别适于构成紧凑的测量、控制及保护装置。如 Intel 公司的 8031 系列及其兼容产品(字长 8 位)、8096 以及 80C196(字长 16 位)等。目前多采用 16 位单片微处理器构成中、低压或中、小型电力设备的数字式保护装置。

(2)通用微处理器

如 Intel 公司的 80X86 系列、Motorola 公司的 MC863XX 系列等。

(3)数字信号处理器(DSP)

DSP 主要特点是高运算速度、高可靠性、低功耗以及可由硬件完成某些数字信号处理算法并包含相关指令等，目前已在各类数字保护装置中得到广泛使用。尤其是可支持浮点运算的 DSP，具有极高的信息处理能力，特别适于构成高性能的数字式保护装置。

存储器用来保存程序和数据，它的存储容量和访问速度(读取时间)也会影响整个数字式保护装置的性能。在数字式保护装置中数字信息大致可分为三类。第一类为经常变化的数据，要求能在 CPU 和存储器之间进行高速数据交换(读写)，如实时采样值、控制变量、运算过程的数据等；第二类为计算机程序，在开发阶段定稿后不再需要也不允许改变，装置来电后也不允许改变；第三类为整定值等控制参数，需要经常调整，但装置掉电后也不允许改变。根据上述三类数字信息通常把存储器的存储空间分为数据存储区、程序存储区和定值存储区，相应的采用了三种不同类型存储器件：

(1)随机存储器(RAM)

RAM 用来暂存需要快速交换的大量临时数据，如数据采集系统提供的数据信息、计算处理过程的中间结果等。RAM 中的数据允许高速读取和写入，但在失电后会丢失。还有一种存储器件叫作非易失性随机存储器(NVRAM)，既可以高速读写，又可以在失电后不丢失数据，适于用来快速保存大量数据。

(2)只读存储器(ROM)

目前实际使用的是一种紫外线可擦除且电可编程只读存储器(EPROM)，用来保存数字式保护的运行程序和一些固定不变的数据。EPROM 中的数据允许高速读取且在失电后不会丢失。改写 EPROM 存储的内容需要两个过程：首先在专用擦除器内经紫外线较长时间照射擦除原来保存的数据，然后在专用写入器(称编程器)写入新数据，因此 EPROM 的内容不能在数字保护装置中直接改写，但保存数据的可靠性极高。

(3)电可擦除且可编程只读存储器(EEPROM)

用来保存在使用中有时需要改写的那些控制参数，如继电保护的整定值等。EEPROM 中保存的数据允许高速读取且在失电后不会丢失，同时无需专用设备就可以在使用中在线改写，对于修改整定值比较方便。但也正是因为改写方便，EEPROM 保存数据的可靠性不如EPROM，因而不宜用来保存程序；另外 EEPROM 写入数据的速度很慢，也不能用它来代替RAM。目前使用的 EEPROM 有两种接口形式：一种为并行数据总线；另一种为串行数据总线。后者的数据操作需要按特定编码格式逐位进行(类似串行通信)，读写速度较前一种相对较慢，但数据保存的可靠性较高。因此目前人们更倾向于采用串行 EEPROM 来保存定值，并通过在数字式保护装置上电或复位后将串行EEPROM中的定值调入 RAM 存储区来满足继电保护运行中高速使用定值的要求。

目前还广泛使用快闪存储器(Flash Memory，也称为快擦写存储器)，它的数据读写和存储特点与并行 EEPROM 类似(即快读慢写、掉电后不丢失数据)，但存储容量更大且可靠性更高，在数字式保护装置中不仅可以用来保存整定值，还可以用来保存大量的故障记录数据(便于事后事故分析)，也可被用来保护程序。目前，不少 CPU(如常用的 DSP)中已内置了Flash Memory 器件，主要用来保护程序，从而可省去外部程序存储器。

定时器/计数器在数字式保护中也是十分重要的器件，它除了为延时动作的保护提供精确计时外，还可以用来提供定时采样触发信号、形成中断控制等。目前，很多 CPU 中已将定时器/计数器集成在其内部。

微型机主系统的控制电路包括地址译码器、地址锁存器、数据缓冲器、晶体振荡器及时钟发生器、中断控制器等，它的作用是保证整个数字电路的有效连接和协调工作。早期这些控制电路由分离的逻辑器件相互连线够成，而现在已广泛采用了大规模可编程逻辑器件(如 CPLD 和 FPGA 等器件)，大大地简化了印制板的连线，提高了数字核心器件的可靠性。

10.2 数字式保护算法

数字式保护中算法可分为两大类：一类是特征量算法，用来计算保护所需的各种电气量的特征参数，如交流电流和电压的幅值及相位、功率、阻抗、序分量等；另一类是保护动作判据(Operation Criterion)或动作方程(Operation Equation)算法，与具体的保护功能密切相关，并需要利用特征量算法的结果。最后还需要完成各种逻辑处理及时序配合的计算和处理，才能最终实现故障判定。特征量算法是数字式保护算法的基础，本节将会介绍数字式保护中常用的特征量算法。

10.2.1 正弦函数模型算法

基于正弦函数模型的算法，即假设提供给算法的电压、电流采样数据为纯正弦函数序列。以电压为例，正弦信号可以表示为

$$u(t) = U_m \sin(\omega t + \alpha) \tag{10.23}$$

式中，U_m、α 分别为正弦电压的幅值、相位。

设周期为 T，每周期采样数 N 为常整数，则有 $\omega T_S = 2\pi f \dfrac{T}{N} = \dfrac{2\pi}{N}$。正弦信号的采样序列可表示为

$$u(n) = U_m \sin(\omega T_S n + \alpha) = U_m \sin\left(\frac{2\pi}{N} n + \alpha\right) \tag{10.24}$$

在实际故障情况下，输入交流信号中并不是正弦信号。因此，采用基于正弦函数模型的算法，必须与数字滤波器配合使用，即式(10.24)给出的信号是经过数字滤波后的正弦采样值序列。

1. 半周积分算法

对于连续函数 $u(t) = U_m \sin(\omega t + \alpha)$，设在半周期 $T/2$ 内对其绝对值的积分值记为 S，则

$$
\begin{aligned}
S &= \int_0^{T/2} |u(t)| \, dt = \int_0^{T/2} |U_m \sin(\omega t + \alpha)| \, dt \\
&= \frac{U_m}{\omega}\left[\int_\alpha^\pi \sin(\omega t)\, d\omega t + \int_0^\alpha \sin(\omega t)\, d\omega t\right] = \frac{2U_m}{\omega}
\end{aligned}
\tag{10.25}
$$

所以得到 $U_m = \dfrac{\omega}{2} S = \dfrac{\omega}{2} \displaystyle\int_0^{T/2} |u(t)| \, dt$。

上式离散化后，可求得幅值的估值 $\bar{U}_{\mathrm{m}}$ 为

$$\bar{U}_{\mathrm{m}} = \frac{\omega}{2} \sum_{i=0}^{N/2-1} [|u(iT_{\mathrm{S}})T_{\mathrm{S}}|] = \frac{\pi}{N} \sum_{i=0}^{N/2-1} |u(i)| \tag{10.26}$$

式(10.26)采用离散积分代替连续积分(即通过采样值求和，用分块矩形面积之和代替连续面积之和)，所以也带来了计算误差，并且此误差同样也受初相 α 和采样点数 N 的影响。由于积分运算对高频噪声有较强的抑制能力，因此半周绝对值积分算法具有一定的抗干扰和抑制高次谐波能力。该算法的时延为半个周波。

2. 采样值积算法

采样值积算法是利用采样值的乘积来计算电流、电压、阻抗的幅值和相位等电气参数的方法，由于这种方法是利用 2～3 个采样值来推算出整个曲线情况，所以属于曲线拟合法。这种算法的特点是计算的判定时间较短(小于 $\frac{T}{2}$)。

(1)两采样值积算法

电压过零点后 t_k 时的采样值 u_1 和落后于 u_1 一个 θ 角的电流的采样值 i_1 为

$$u_1 = U_{\mathrm{m}} \sin \omega t_k$$
$$i_1 = I_{\mathrm{m}} \sin(\omega t_k - \theta) \tag{10.27}$$

而另一时刻 t_{k+1} 时的采样值

$$u_2 = U_{\mathrm{m}} \sin \omega t_{k+1} = U_{\mathrm{m}} \sin \omega(t_k + \Delta T)$$
$$i_2 = I_{\mathrm{m}} \sin(\omega t_{k+1} - \theta) = I_{\mathrm{m}} \sin[\omega(t_k + \Delta T) - \theta] \tag{10.28}$$

式中，ΔT 为两采样值的时间间隔，即 $\Delta T = t_{k+1} - t_k$。

取两采样值(例如 u_1、i_1)的乘积

$$u_1 i_1 = U_{\mathrm{m}} I_{\mathrm{m}} \sin \omega t_k \sin(\omega t_k - \theta) = \frac{U_{\mathrm{m}} I_{\mathrm{m}}}{2} [\cos \theta - \cos(2\omega t_k - \theta)] \tag{10.29}$$

从式(10.29)可以看到，只要能消去含 t_k 的项，便可由采样值计算出其幅值 U_{m}、I_{m}。为此再计算

$$u_2 i_2 = \frac{U_{\mathrm{m}} I_{\mathrm{m}}}{2} [\cos \theta - \cos(2\omega t_k + 2\omega \Delta T - \theta)] \tag{10.30}$$

$$u_1 i_2 = \frac{U_{\mathrm{m}} I_{\mathrm{m}}}{2} [\cos(\theta - \omega \Delta T) - \cos(2\omega t_k + \omega \Delta T - \theta)] \tag{10.31}$$

$$u_2 i_1 = \frac{U_{\mathrm{m}} I_{\mathrm{m}}}{2} [\cos(\theta + \omega \Delta T) - \cos(2\omega t_k + \omega \Delta T - \theta)] \tag{10.32}$$

于是有

$$u_1 i_1 + u_2 i_2 = \frac{U_{\mathrm{m}} I_{\mathrm{m}}}{2} [2\cos \theta - 2\cos \omega \Delta T \cos(2\omega t_k + \omega \Delta T - \theta)] \tag{10.33}$$

$$u_1 i_2 + u_2 i_1 = \frac{U_{\mathrm{m}} I_{\mathrm{m}}}{2} [2\cos \omega \Delta T \cos \theta - 2\cos(2\omega t_k + \omega \Delta T - \theta)] \tag{10.34}$$

可见，若将式(10.34)乘以 $\cos\omega\Delta T$，然后与式(10.33)相减，便可消去 ωt_k 项，可得

$$U_m I_m \sin\theta = \frac{u_1 i_1 + u_2 i_2 - (u_1 i_2 + u_2 i_1)\cos\omega\Delta T}{\sin^2 \omega\Delta T} \tag{10.35}$$

也可以用式(10.31)减去式(10.32)消去 ωt_k 项，得

$$U_m I_m \sin\theta = \frac{u_1 i_2 - u_2 i_1}{\sin\omega\Delta T} \tag{10.36}$$

在式(10.35)中，如用同一电压的采样值相乘，或用同一电流的采样值相乘，则 $\theta = 0°$，此时可得

$$U_m^2 = \frac{u_1^2 + u_2^2 - 2u_1 u_2 \cos\omega\Delta T}{\sin^2 \omega\Delta T} \tag{10.37}$$

$$I_m^2 = \frac{i_1^2 + i_2^2 - 2i_1 i_2 \cos\omega\Delta T}{\sin^2 \omega\Delta T} \tag{10.38}$$

由于 ΔT 是预先选定的常数，所以 $\sin\omega\Delta T$、$\cos\omega\Delta T$ 都是常数。只要送进相隔 ΔT 的两个时刻的采样值，便可按式(10.37)和式(10.38)算出 U_m 和 I_m 的值，但这样的运算要进行两次二次方、两次乘法、一次除法、两次加减法和一次开方运算，占用计算机的时间较多。如果选用 $\Delta T = \frac{T}{4}$，即 $\omega\Delta T = 90°$，则式(10.37)和式(10.38)可以简化为

$$U_m^2 = u_1^2 + u_2^2 = u^2\left(t - \frac{T}{4}\right) + u^2(t) \tag{10.39}$$

$$I_m^2 = i_1^2 + i_2^2 = ui^2\left(t - \frac{T}{4}\right) + i^2(t) \tag{10.40}$$

以式(10.40)去除式(10.35)和式(10.36)，还可得测量阻抗中的电阻和电抗分量(此时仍令 $\omega\Delta T = 90°$)，即

$$R = \frac{U_m}{I_m}\cos\theta = \frac{u_1 i_1 + u_2 i_2}{i_1^2 + i_2^2} \tag{10.41}$$

$$X = \frac{U_m}{I_m}\sin\theta = \frac{u_1 i_2 - u_2 i_1}{i_1^2 + i_2^2} \tag{10.42}$$

由式(10.39)和式(10.40)也可求出阻抗的模值

$$Z_m = \frac{U_m}{I_m} = \sqrt{\frac{u_1^2 + u_2^2}{i_1^2 + i_2^2}} = \sqrt{\frac{u^2\left(t - \frac{T}{4}\right) + u^2(t)}{i^2\left(t - \frac{T}{4}\right) + i^2(t)}} \tag{10.43}$$

U、I 之间的相位差可由下式计算

$$\tan\theta = \frac{\sin\theta}{\cos\theta} = \frac{u_1 i_2 - u_2 i_1}{u_1 i_1 + u_2 i_2} \tag{10.44}$$

或

$$\theta = \arctan \frac{u_1 i_2 - u_2 i_1}{u_1 i_1 + u_2 i_2} \tag{10.45}$$

(2) 三采样值积算法

三采样值积算法是利用三个连续的等时间间隔 ΔT 的采样值中两两相乘，通过适当的组合消去 ωt 项以求出采样值的幅值和相位的方法。组合的方式可以有很多种，接下来介绍其中的一种。

设在 t_{k+1} 后再隔一个 ΔT 为时刻 t_{k+2} ，此时的采样值为

$$u_3 = U_{\mathrm{m}} \sin \omega(t_k + 2\Delta T) \tag{10.46}$$

$$i_3 = I_{\mathrm{m}} \sin[\omega(t_k + 2\Delta T) - \theta] \tag{10.47}$$

如果以上两式相乘，有

$$u_3 i_3 = \frac{U_{\mathrm{m}} I_{\mathrm{m}}}{2}[\cos\theta - \cos(2\omega t_k + 4\omega\Delta T - \theta)] \tag{10.48}$$

将式(10.48)与式(10.29)相加，得

$$u_1 i_1 + u_3 i_3 = \frac{U_{\mathrm{m}} I_{\mathrm{m}}}{2}[2\cos\theta - 2\cos 2\omega\Delta T \cos(2\omega t_k + 2\omega\Delta T - \theta)] \tag{10.49}$$

很显然，式(10.49)与式(10.30)经过适当组合便可消去 ωt_k 项，得

$$U_{\mathrm{m}} I_{\mathrm{m}} \cos\theta = \frac{u_1 i_1 + u_3 i_3 - 2u_2 i_2 \cos 2\omega\Delta T}{2\sin^2 \omega\Delta T} \tag{10.50}$$

当 $i(t)$ 用 $u(t)$ 代替时，即令 I_{m} 代替 U_{m} ， $\theta = 0°$ ，则有

$$U_{\mathrm{m}}^2 = \frac{u_1^2 + u_3^2 - 2u_2^2 \cos 2\omega\Delta T}{2\sin^2 \omega\Delta T} \tag{10.51}$$

同理

$$I_{\mathrm{m}}^2 = \frac{i_1^2 + i_3^2 - 2i_2^2 \cos 2\omega\Delta T}{2\sin^2 \omega\Delta T} \tag{10.52}$$

当 $\omega\Delta T = 30°$ 时，则式(10.50)~式(10.52)可简化为

$$U_{\mathrm{m}} I_{\mathrm{m}} \cos\theta = 2(u_1 i_1 + u_3 i_3 - u_2 i_2) \tag{10.53}$$

$$U_{\mathrm{m}}^2 = 2(u_1^2 + u_3^2 - u_2^2) \tag{10.54}$$

$$I_{\mathrm{m}}^2 = 2(i_1^2 + i_3^2 - i_2^2) \tag{10.55}$$

根据以上三式并考虑式(10.36)，可得

$$R = \frac{U_{\mathrm{m}}}{I_{\mathrm{m}}} \cos\theta = \frac{u_1 i_1 + u_3 i_3 - u_2 i_2}{i_1^2 + i_3^2 - i_2^2} \tag{10.56}$$

$$X = \frac{U_{\mathrm{m}}}{I_{\mathrm{m}}} \sin\theta = \frac{u_1 i_2 - u_2 i_1}{i_1^2 + i_3^2 - i_2^2} \tag{10.57}$$

3. 正弦信号复相量的算法

电气工程中，正弦信号通常采用复相量表示，继电保护中也常常利用复相量来构成动作判据。接下来讨论计算复相量实部和虚部的两采样值算法。

正弦信号对应的复相量可以表示为模值及相位角，或者表示为实部及虚部，计算式为

$$\dot{U}_{\mathrm{m}} = U_{\mathrm{m}}\mathrm{e}^{\mathrm{j}\alpha} = U_{\mathrm{m}}\cos\alpha + \mathrm{j}U_{\mathrm{m}}\sin\alpha = U_R + \mathrm{j}U_I \tag{10.58}$$

式中，U_R、U_I 分别为复相量 $\dot{U}_{\mathrm{m}}$ 的实部和虚部，$U_R = U_{\mathrm{m}}\cos\alpha$，$U_I = U_{\mathrm{m}}\sin\alpha$。

此复相量是一个旋转相量，通常规定为逆时针旋转为正方向，并且正弦信号(以及其采样值序列)可视为该旋转相量在直角复平面的实轴或者虚轴上的投影。现在视正弦信号为旋转相量在虚轴上的投影，则有(注：也可视为旋转相量在实轴上的投影，具体内容在此不做详述)

$$u(t) = U_{\mathrm{m}}\sin(\omega t + \alpha) = U_{\mathrm{m}}\cos\alpha\sin\omega t + U_{\mathrm{m}}\sin\alpha\cos\omega t = U_R\sin\omega t + U_I\cos\omega t \tag{10.59}$$

其离散采样序列可表示为

$$u(n) = U_R\sin\left(\frac{2\pi}{N}n\right) + U_I\cos\left(\frac{2\pi}{N}n\right) \tag{10.60}$$

式(10.60)中分别取 $n=0$ 和 $n=N/4$ 时，复相量的实部和虚部表达式为

$$U_R = u\left(\frac{N}{4}\right) = U_{\mathrm{m}}\cos\alpha$$

$$U_I = u(0) = U_{\mathrm{m}}\sin\alpha \tag{10.61}$$

进一步讨论快速算法。设在 $n=0$ 和 $n=K$ 得到两个采样值，可由式(10.59)列出方程组

$$u(0) = U_{\mathrm{m}}\sin\alpha = U_I$$

$$u(K) = U_{\mathrm{m}}\sin\left(K\frac{2\pi}{N}\right) + u(0)\cos\left(K\frac{2\pi}{N}\right) \tag{10.62}$$

由式(10.62)可以导出

$$U_R = \frac{u(K) - u(0)\cos\left(K\dfrac{2\pi}{N}\right)}{\sin\left(K\dfrac{2\pi}{N}\right)}$$

$$U_I = u(0) \tag{10.63}$$

式(10.63)取 $K=N/4$，即为式(10.61)，此时计算量最小；为获得最短时延，可取 $K=1$。

实际上，复相量的实部和虚部决定于初相位，而初相位又决定于计算始点，前面在推导复相量的实部和虚部的算法时曾假定计算始点为 0(即对应于 0 时刻初相位值)，对于一般地将 n 作为计算始点的情况(即对应于 n 时刻初相位值)，式(10.63)可以改为

$$U_R = \frac{u(n+K) - u(n)\cos\left(K\dfrac{2\pi}{N}\right)}{\sin\left(K\dfrac{2\pi}{N}\right)}$$

$$U_I = u(n) \tag{10.64}$$

随着 n 的增加(时间后移),通过式(10.64)计算的实、虚部是变化的,即复相量的初相位是变化的,并总是对应于 n 时刻的初相位,反映出相量逆时针旋转,每移动一个采样点引起的初相位增量为 $K\dfrac{2\pi}{N}$。这就是将 n 作为计算始点对应于 n 时刻初相位值的含义,或者说用式(10.64)计算的实、虚部总是反映(对应)当前时刻旋转相量的初相位。

4. 功率算法

根据复功率的定义,视在功率和无功功率的关系可以表示为

$$S = P + jQ = UI\cos\theta + jUI\sin\theta \tag{10.65}$$

而视在功率与前面定义的电压相量 $\dot{U}_{\mathrm{m}} = U_R + jU_I$ 与电流相量 $\dot{I}_{\mathrm{m}} = I_R + jI_I$ 的关系可表示为

$$\begin{aligned}
S = \dot{U}\hat{I} &= \frac{1}{2}\dot{U}_{\mathrm{m}}\hat{I}_{\mathrm{m}} = \frac{1}{2}(U_R + jU_I)\times(I_R - jI_I) \\
&= \frac{1}{2}(U_R I_R + U_I I_I) + j\frac{1}{2}(U_I I_R - U_R I_I)
\end{aligned} \tag{10.66}$$

式中,$\hat{I}_{\mathrm{m}}$ 为 $\dot{I}_{\mathrm{m}}$ 的共轭相量,即 $\hat{I}_{\mathrm{m}} = I_R - jI_I$。

比较式(10.65)和式(10.66)可以得

$$\left.\begin{aligned}
P = UI\cos\theta = \frac{1}{2}(U_R I_R + U_I I_I) \\
Q = UI\sin\theta = \frac{1}{2}(U_I I_R - U_R I_I)
\end{aligned}\right\} \tag{10.67}$$

在基于纯正弦基波信号的条件下,只要将式(10.63)或式(10.64)的计算结果代入式(10.67)即可得基波功率算法。例如,将式(10.63)代入式(10.67)中,经化简可得基于正弦信号两采样值的基波功率算法为

$$\left.\begin{aligned}
P = UI\cos\theta &= \frac{u(0)i(0) + u(K)i(K) - [u(0)i(K) + u(K)\,i(0)]\cos\left(K\dfrac{2\pi}{N}\right)}{2\sin^2\left(K\dfrac{2\pi}{N}\right)} \\
Q = UI\sin\theta &= \frac{u(0)i(K) - u(K)i(0)}{2\sin\left(K\dfrac{2\pi}{N}\right)}
\end{aligned}\right\} \tag{10.68}$$

同理,在式(10.68)中若取 $K = 1$,计算时延最短;若取 $K = N/4$,则可使得计算量最小。

10.2.2 傅里叶级数算法

系统发生故障的时候,输入信号并非纯正弦信号,其中除了含有基波分量外,还含有各种整次谐波、非整次谐波和衰减直流分量。前面讨论的是基于纯正弦信号模型的算法,它们通常需要与数字滤波器配合使用。在数字式保护装置中,还有一类算法是基于非正弦交流信号模型构造的,本身具有良好的滤波特性,可以从故障信号中直接计算基波及某次谐波的特征量。依据对非正弦交流信号不同的假设模型和不同的滤波理论,有多种不同的此类算法。

本节介绍傅里叶级数算法(又称非正弦信号的特征量算法)。

傅里叶级数算法的基本思想源于傅里叶级数。假设输入信号为周期函数,即输入信号中除基频分量外,还包含直流分量和各种整次谐波分量。以电压为例,此时输入信号可以表示为

$$
\begin{aligned}
u(t) &= U_{m0} + \sum_{k=1}^{M} U_{mk} \sin(k\omega_1 t + \varphi_k) \\
&= U_{m0} + \sum_{k=1}^{M} [U_{mk}\cos\varphi_k \sin(k\omega_1 t) + U_{mk}\sin\varphi_k \cos(k\omega_1 t)] \\
&= U_{m0} + \sum_{k=1}^{M} [U_{Rk}\sin(k\omega_1 t) + U_{Ik}\cos(k\omega_1 t)]
\end{aligned}
\tag{10.69}
$$

式中,ω_1 为基频角频率;M 为信号中所含的最高次谐波的次数;k 为谐波次数,表示第 k 次谐波;U_{mk}、φ_k 分别为第 k 次谐波分量的幅值和相位;U_{Rk} 为第 k 次谐波分量的实部,$U_{Rk}=U_m\cos\varphi_k$;U_{Rk} 为第 k 次谐波分量的虚部,$U_{Ik}=U_m\sin\varphi_k$;U_{m0} 为直流分量,即第零次谐波。

根据三角函数系在区间$[0,T_1]$(T_1 为基频周期)上的正交性和傅里叶级数的计算方法,可在式(10.69)中导出实、虚部计算式为

$$
\left.
\begin{aligned}
U_{Rk} &= \frac{2}{T_1}\int_0^{T_1} u(t)\sin(k\omega_1 t)\mathrm{d}t \\
U_{Ik} &= \frac{2}{T_1}\int_0^{T_1} u(t)\cos(k\omega_1 t)\mathrm{d}t
\end{aligned}
\right\}
\tag{10.70}
$$

取每基频周期 N 点采样,并采用按采样时刻分段的矩形面积之和(当然也可采用梯形面积之和,在此不做详述)来近似上式连续积分,则有

$$
\left.
\begin{aligned}
U_{Rk} &= \frac{2}{N}\sum_{i=0}^{N-1} u(i)\sin\left(ki\times\frac{2\pi}{N}\right) \\
U_{Ik} &= \frac{2}{N}\sum_{i=0}^{N-1} u(i)\cos\left(ki\times\frac{2\pi}{N}\right)
\end{aligned}
\right\}
\tag{10.71}
$$

该算法的数据窗为一个完整的基频周期,称为全周傅里叶级数算法。注意在全周傅里叶级数算法的滤波系数为可事先算得的常数,因此算法的实时计算量不大。如取 $k=1$,则得到基频分量的实部和虚部为

$$
\begin{aligned}
U_{R1} &= \frac{2}{N}\sum_{i=0}^{N-1} u(i)\sin\left(i\times\frac{2\pi}{N}\right) \\
U_{I1} &= \frac{2}{N}\sum_{i=0}^{N-1} u(i)\cos\left(i\times\frac{2\pi}{N}\right)
\end{aligned}
\tag{10.72}
$$

式(10.72)的幅频特性如图 10.19 所示。

由图可见,全周傅里叶级数算法可保留基波并完全滤除恒定直流分量及所有整次谐波分量;虽不能完全滤除非整次谐波分量,但有很好的抑制作用,尤其对高频分量的滤波能力相当强。分析表明,全周傅里叶级数算法的主要缺点是易受衰减的非周期分量的影响,在最严

重的情况下，此时的计算误差可能超过 10%。为减小由衰减直流分量引起的计算误差，一个简单可行的方法是对输入信号的原始采样数据先进行一次差分滤波，然后再进行傅里叶级数计算。

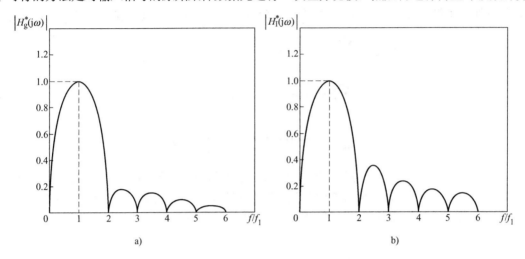

图 10.19　傅里叶级数算法的幅频特性

a) 实部算法的幅频特性　b) 虚部算法的幅频特性

从总体来看，全周傅里叶级数算法的原理比较清晰，计算精度也高，因此在数字保护装置中得到了广泛应用。不过该算法的数据窗较长(一个基频周期)，使保护的动作速度受到一定的限制。实际上，无论采用何种算法或数字滤波器，要提高滤波性能，都不可避免地需要延长它们的数据窗，这需要根据实际要求在这两者之间进行权衡。

10.2.3　*R-L* 模型算法

在线路距离保护中，通过保护安装处到故障点的线路正序阻抗(以下简称线路阻抗)来反映故障距离，此时需要计算线路阻抗。除了可采用利用基频电压、电流相量比值来计算线路阻抗外，另一种常用方法是以输电线路模型为基础，通过求解线路模型的微分方程，直接计算线路阻抗。采用微分方程算法进行线路阻抗计算时，对输电线路模型有不同的处理方法。目前最简单、最常用的模型是忽略分布电容的影响，假设输电线路仅由电阻和电感串联组成，称为基于输电线路 *R-L* 模型的微分方程算法。

对于输电线路的 *R-L* 模型，当线路上发生金属性短路故障时，测量端的电压和电流满足微分方程

$$u = R_1 i + L_1 \frac{\mathrm{d}i}{\mathrm{d}t} \tag{10.73}$$

式中，R_1、L_1 分别为故障点至测量端之间线路段的正序电阻和正序电感。

式(10.73)中的测量电压 u 和电流 i 的选取同样与故障类型和相别有关。对于相间短路，u 和 i 分别应为故障相的电压差和电流差；而对于单相接地短路，u 应采用故障相电压，而电流 i 则为故障相电流加上零序补偿电流。

在式(10.73)中，u，i 和 $\frac{\mathrm{d}i}{\mathrm{d}t}$ 都是可以通过测量和计算得到的，待求解的参数为 R_1 和 L_1。

对于输电线路来说，由于 $R_1/L_1 = r_1/l_1$ (r_1、l_1 分别为单位长度正序电阻和电感) 是可事先确定的常数，因此，实际需求解得未知参数只有一个，即 R_1 和 L_1。令 $K_{rl} = R_1/L_1$，式 (10.73) 可写为

$$u = L_1\left(K_{rl}i + \frac{\mathrm{d}i}{\mathrm{d}t}\right) \tag{10.74}$$

因此可解得正序电感值为

$$L_1 = \frac{u}{\left(K_{rl}i + \dfrac{\mathrm{d}i}{\mathrm{d}t}\right)} \tag{10.75}$$

然后根据 $R_1 = K_{rl}L_1$ 可计算正序电阻值。

在采用离散采样值进行计算时，电流的导数通常采用中点差分近似代替，即

$$\frac{\mathrm{d}i(n)}{\mathrm{d}t} = \frac{i(n+1) - i(n-1)}{2T_S} \tag{10.76}$$

将式 (10.76) 代入式 (10.75) 并写成采样值形式，得

$$\left.\begin{array}{l} L_1 = \dfrac{u(n)}{K_{rl}i(n) + \dfrac{i(n+1) - i(n-1)}{2T_S}} \\[4mm] R_1 = \dfrac{u(n)}{i(n) + \dfrac{1}{K_{rl}}\dfrac{i(n+1) - i(n-1)}{2T_S}} \end{array}\right\} \tag{10.77}$$

求出电抗 L_1 后，根据 $X_1 = \omega L_1$ 即可算出电抗值。

相间短路故障的过渡电阻主要是电弧电阻，其值较小，可直接应用式 (10.77) 计算。接地短路故障的过渡电阻则往往较大，实用中需要对上述算法加以改进。设经过过渡电阻 R_f 发生单相接地短路故障时故障点对地电压为 u_f，对故障线路段可写出微分方程

$$u = R_1(i + K_r \times 3i_0) + L_1\frac{\mathrm{d}(i + K_l \times 3i_0)}{\mathrm{d}t} + u_f \tag{10.78}$$

式中，K_r、K_l 分别为电阻和电感分量的零序补偿系数。

设 r_0、r_1、l_0、l_1 分别为输电线路单位长度的零序和正序电阻和电感，那么，式 (10.78) 中零序补偿系数可表示为 $K_r = \dfrac{R_0 - R_1}{3R_1} = \dfrac{r_0 - r_1}{3r_1}$，$K_l = \dfrac{R_0 - R_1}{3R_1} = \dfrac{r_0 - r_1}{3r_1}$，即线路确定后，$K_r$、$K_l$ 均为已知常数。

仿照式 (10.74)～式 (10.76) 的方法对式 (10.78) 进行处理，先令

$$D(n) = K_{rl}[i(n) + K_r \times 3i_0(n)] + \frac{1}{2T_S}\{i(n+1) - i(n-1) + K_l \times 3[i_0(n+1) - i_0(n-1)]\}$$

则将式 (10.78) 写成离散形式为

$$u(n) = L_1D(n) + u_f(n) \tag{10.79}$$

$D(n)$ 式中各量均为测量值及常数，故 $D(n)$ 为可计算出的系数。但由式 (10.79) 计算 L_1 值

还需要知道短路点电压 $u_f(n)$，无法测得。相对来说，零序网络是变化不大的，此时若假定网络结构已知，则存在关系

$$u_f = 3i_{0f}R_f = \frac{3i_0}{K_{f0}}R_f \tag{10.80}$$

式中，i_{0f} 为短路点电流，$i_{0f} = u_f / R_f$；K_{f0} 为零序网络的零序电流分配系数，$K_{f0} = i_0 / i_{0f}$。

若假定短路点两侧零序网络阻抗角相同，则 K_{f0} 为实常数。$3i_0$ 为流过继电器的零序电流，是可测量的。此外，一般可认为在 $2\sim3$ 个采样周期内过渡电阻 R_f 值保持不变。于是，在两个采样时刻根据式（10.80）可写出方程组

$$\left.\begin{array}{l} u(n) = L_1 D(n) + i_0(n)\dfrac{3R_f}{K_{f0}} \\[3mm] u(n+1) = L_1 D(n+1) + i_0(n+1)\dfrac{3R_f}{K_{f0}} \end{array}\right\} \tag{10.81}$$

联结上述方程组可得

$$L_1 = \frac{u(n)i_0(n) - u(n+1)i_0(n)}{D(n)i_0(n+1) - D(n+1)i_0(n)} \tag{10.82}$$

进而可解出 R_1。上述算法的前提是假定短路点的电流 i_{0f} 与流过继电器的电流 i_0 同相位，实际网络中两者是有相位差的，因此计算结果存在一定的误差。

在利用微分方程算法实现距离保护时，为避免超越和提高耐受过渡电阻的能力，需要在阻抗平面上采用合理的动作区域，如四边形特性。微分方程算法是以线路的简化模型为基础，忽略了输电线路分布电容的作用，由此会带来一定的计算误差，特别是对于高频分量，分布电容的容抗较小，误差更大。因此，微分方程算法在实际应用时，需与数字滤波器配合使用。

10.2.4 移相算法及序分量算法

1. 移相算法

在实现继电保护原理时常常要求将复相量旋转一个相位角（或改变一个正弦函数的初始相位），并保持其幅值不变，这种运算称为移相算法。

对于一个用实部和虚部表示的复相量作移相计算很简单。设初始相量为 $\dot{U} = U_R + jU_I$，现将其旋转 β 相位角得到一个新相量 $\dot{U}' = U_R' + jU_I'$。根据相量计算方法，有

$$\dot{U}' = \dot{U}e^{j\alpha} = (U_R + jU_I)(\cos\beta + j\sin\beta) \tag{10.83}$$

将其展开便可得到移相算法

$$\left.\begin{array}{l} U_R' = U_R\cos\beta - U_I\sin\beta \\ U_I' = U_I\cos\beta + U_I\sin\beta \end{array}\right\} \tag{10.84}$$

式中，β 为移相角度，当 $\beta>0$，向超前方向（逆时针）移相，当 $\beta<0$，向滞后方向（顺时针）移相。

一般情况下，式（10.84）中的实部和虚部可采用傅里叶级数算法的结果；对于正弦函数模型，也可以用式（10.61）、式（10.63）、式（10.64）所示算法的结果，或者直接将这些计算式代入式（10.84），得到用正弦函数采样值表示的移相算法。

2. 序分量算法

在各种继电保护原理中，广泛使用对称分量。以电压为例，用相电压相量表示的零序电压 $\dot{U}_0$、正序电压 $\dot{U}_1$ 及负序电压 $\dot{U}_2$ 的表达式为(以 α 相电压为基准)

$$3\dot{U}_0 = (\dot{U}_a + \dot{U}_b + \dot{U}_c) \left.\begin{array}{l} \\ \\ \\ \end{array}\right\}$$
$$3\dot{U}_1 = (\dot{U}_a + \dot{U}_b e^{-j\frac{4}{3}\pi} + \dot{U}_c e^{-j\frac{2}{3}\pi}) \qquad (10.85)$$
$$3\dot{U}_2 = (\dot{U}_a + \dot{U}_b e^{-j\frac{2}{3}\pi} + \dot{U}_c e^{-j\frac{4}{3}\pi})$$

式中，$e^{-j2\pi/3} = \cos(-2\pi/3) + j\sin(-2\pi/3) = -1/2 - j\sqrt{3}/2$；$e^{-j4\pi/3} = \cos(-4\pi/3) + j\sin(-4\pi/3) = -1/2 + j\sqrt{3}/2$。

对称分量的计算根据输入量的性质也有两类算法，即复相量的滤序算法。

(1) 复相量滤序算法

假定已通过前面的算法(譬如傅里叶级数算法)求得了各相电压基频相量的实部和虚部，令三相电压的相量记为

$$\dot{U}_a = U_{Ra} + jU_{Ia} \left.\begin{array}{l} \\ \\ \\ \end{array}\right\}$$
$$\dot{U}_b = U_{Rb} + jU_{Ib} \qquad (10.86)$$
$$\dot{U}_c = U_{Rc} + jU_{Ic}$$

而零序分量、正序分量及负序分量电压的相量记为

$$\dot{U}_0 = U_{R0} + jU_{I0} \left.\begin{array}{l} \\ \\ \\ \end{array}\right\}$$
$$\dot{U}_1 = U_{R1} + jU_{I1} \qquad (10.87)$$
$$\dot{U}_2 = U_{R2} + jU_{I2}$$

这时只需将式(10.86)、式(10.87)代入式(10.85)，便可直接算出各序分量的相量。以负序分量为例，由式(10.85)、式(10.86)、式(10.87)，可得

$$3U_{R2} = U_{Ra} - \frac{1}{2}U_{Rb} + \frac{\sqrt{3}}{2}U_{Ib} - \frac{1}{2}U_{Rc} - \frac{\sqrt{3}}{2}U_{Ic} \left.\begin{array}{l} \\ \\ \end{array}\right\}$$
$$3U_{I2} = U_{Ia} - \frac{1}{2}U_{Ib} - \frac{\sqrt{3}}{2}U_{Rb} - \frac{1}{2}U_{Ic} + \frac{\sqrt{3}}{2}U_{Rc} \qquad (10.88)$$

零序分量和正序分量仿此计算。对于正弦函数模型，也可采用式(10.61)、式(10.63)、式(10.64)计算的结果，或者直接将这些计算式代入式(10.88)，得到用正弦函数采样值表示的滤序算法。

(2) 正弦采样序列的滤序算法

假定已通过前面的数字滤波求得了各相电压基频分量采样值序列，三相基频电压采样值分别为 $u_a(n)$、$u_b(n)$、$u_c(n)$。

零序分量的计算比较简单，可采用同时刻的采样值直接相加，即

$$3u_0(n) = u_a(n) + u_b(n) + u_c(n) \qquad (10.89)$$

对于负序分量(正序分量仿此计算),参考式(10.85),根据前述利用时差移相原理,可有

$$3u_2(n) = u_a(n) + u_b(n - N/3) + u_c(n + N/3) \tag{10.90}$$

式(10.90)的数据窗宽度为 $W_d = 2N/3 + 1$(时延为 2/3 个基频周期),计算时间较长。

为了缩小数据窗,对于正弦量有 $u(n) = -u(n - N/2)$,以此来处理式(10.90)的 c 相电压,即 $u_c(n + N/3) = -u_c(n + N/3 - N/2) = -u_c(n - N/6)$;再利用正弦函数的关系 $\sin(\varphi - 2\pi/3) = -\sin\varphi + \sin(\varphi - 2\pi/6)$,依此来处理式(10.90)中的 b 相电压,即 $u_b(n - N/3) = -u_b(n) + u_b(n - N/6)$代入式(10.90)可得

$$3u_2(n) = u_a(n) - u_b(n) + u_b(n - N/6) - u_c(n - N/6) \tag{10.91}$$

式(10.91)的数据窗宽度为 $W_d = N/6 + 1$(相当于 1/6 个基频周期),计算时间大大缩短。由于采样次数只能为整数,因此采用式(10.90)时,N 必须为 3 的倍数;而采用式(10.91)时 N 必须为 6 的倍数。

注意,从以上对采样值滤序算法的介绍可知,采样值滤序算法的特点是计算量非常小,只需要做简单的加减法运算,而且响应速度也比较快,但对于 N 的选取有限制。

10.2.5 最小二乘算法

最小二乘算法是误差理论中的重要方法之一,它广泛应用于数据处理和自动控制等领域中。它也可以用来解决数字式继电保护算法中的随机误差问题。

当输入信号中存在衰减直流分量及非整倍数频率分量时,可以写成下式

$$i(t) = I_0 e^{-t/\tau} + \sum_{n=1}^{N} I_n \cos(n\omega_0 t + \varphi_n) + W \tag{10.92}$$

此处,各非整倍数频率分量等以噪声 W 表示。在傅里叶算法中,将采样窗口作周期延拓,实际上就是把衰减直流分量及噪声 W 作周期延拓,此时可以分解为

$$i(t) = I_0' + \sum_{n=1}^{N} I_n' \cos(n\omega_0 t + \varphi_n') \tag{10.93}$$

因此,$I_n' = I_n$。

从这个意义上讲,傅里叶算法也是一种拟合,即将输入信号拟合于只存在有限的整倍数频率分量的数学模型。当输入信号只存在有限倍数频率分量时,这种拟合是精确的,否则就是近似的,必然存在误差。

由于衰减直流分量时按照指数衰减的,它具有一个确定的数学模型,因此就可以用拟合的方法求出它的幅值和时间常数。通常是将指数函数展开成级数形式,如下所示:

$$e^{-t/\tau} = I_0 - K_1 t + K_2 t^2 \tag{10.94}$$

一般只取前两项,在实际工程计算中就可以满足精度的要求。此时,对衰减直流分量的估值已足够精确,但对高次谐波估值的影响稍大一些。

当式(10.92)中的 $W=0$ 并设式(10.94)中的 $K_1 = I_d$ 时,离散的输入信号序列可写成如下方程组:

$$
\left.\begin{aligned}
i_1 &= I_0 - I_d T_s + I_{1s} \sin \omega_0 T_s + I_{1c} \cos \omega_0 T_s + I_{2s} \sin 2\omega_0 T_s + \\
&\quad I_{2c} \cos 2\omega_0 T_s + \cdots + I_{6c} \cos 6\omega_0 T_s \\
i_2 &= I_0 - I_d 2T_s + I_{1s} \sin \omega_0 2T_s + I_{1c} \cos \omega_0 2T_s + I_{2s} \sin 2\omega_0 2T_s + \\
&\quad I_{2c} \cos 2\omega_0 2T_s + \cdots + I_{6c} \cos 6\omega_0 2T_s \\
&\cdots \\
i_{14} &= I_0 - I_d 14T_s + I_{1s} \sin \omega_0 14T_s + I_{1c} \cos \omega_0 14T_s + I_{2s} \sin 2\omega_0 14T_s + \\
&\quad I_{2c} \cos 2\omega_0 14T_s + \cdots + I_{6c} \cos 6\omega_0 14T_s
\end{aligned}\right\}
\tag{10.95}
$$

这里，$i_1 \cdots i_{14}$ 是 14 个采样值，$I_0, I_d, I_{1s}, I_{1c} \cdots I_{6c}$ 共有 14 个未知数。当 T_s 给定后，其余各参数都是预先计算得到的常数。这里，将输入信号模型包括到 6 次谐波，是希望得到较好的频率特性。将式(10.95)写成矩阵形式为

$$
\overset{14\times1}{(i)} = \overset{14\times14}{(A)}\overset{14\times1}{(I)}
$$
$$
(I) = (A)^{-1}(i)
\tag{10.96}
$$

当只要求计算基频分量，即只需求出[I]矩阵中的第 3、4 个元素时，则只需要算出 A^{-1} 矩阵中的第 3、4 列即可。

上述拟合算法是假定 $W=0$ 的。当 $W \neq 0$ 时，将会使拟合结果带来较大的误差。为了减少噪声 W 带来的误差，可以采用最小二乘法。

设有离散系统

$$
\overset{n\times1}{\boldsymbol{i}_n} = \overset{n\times m}{\boldsymbol{A}_n}\overset{m\times1}{\boldsymbol{I}_n} + \overset{n\times1}{\boldsymbol{\omega}_n}
\tag{10.97}
$$

式中

$$
\boldsymbol{i}_n = (i_1, i_2, \cdots, i_n)^T
$$
$$
\boldsymbol{\omega}_n = (\omega_1, \omega_2, \cdots, \omega_n)^T
$$
$$
\boldsymbol{I}_n = (I_1, I_2, \cdots, I_n)^T
$$
$$
\boldsymbol{A}_n = \begin{pmatrix}
a_{11}^{(n)} & a_{12}^{(n)} & \cdots & a_{1m}^{(n)} \\
a_{21}^{(n)} & a_{22}^{(n)} & \cdots & a_{2m}^{(n)} \\
& & \vdots & \\
a_{n1}^{(n)} & a_{n2}^{(n)} & \cdots & a_{nm}^{(n)}
\end{pmatrix}
$$

此处，i_k 是在时刻 $t = t_k$ 的采样值；$\boldsymbol{i}_n$ 是 n 维列矢量，称为观测矢量；$\boldsymbol{I}_n$ 是 m 维状态矢量，是待求数值；$\boldsymbol{A}_n$ 是 $n \times m$ 矩阵，n 是观测次数，m 是待求状态数；$\boldsymbol{\omega}_n$ 是 $t = t_k$ 时的误差。

如果当 $I_n = \hat{I}_n$ 时，ω 的二次方和为

$$
\omega^T \omega = (i_n - A_n I_n)^T (i_n - A_n I_n) = 最小值
\tag{10.98}
$$

那么，称 $\hat{I}_n$ 是 I_n 的在最小二乘意义下的最优估值。

在电力系统故障时，一般 $(A_n^T \cdot A_n)$ 可逆，从式(10.98)可以推出

$$
\hat{I}_n = (A_n^T A_n)^{-1} A_n^T i_n = \boldsymbol{B} i_n
\tag{10.99}
$$

由于误差 ω_n 是不可测的量，所以不能从式(10.97)求出 I_n。但是采用最小二乘法后，即只要

求 ω_n 二次方和最小，而不要求预先测出 ω_n 值，从式(10.99)即可求出 I_n 的最优估值 $\hat{I}_n$（在最小二乘意义下）。

$\hat{I}_n$ 是 m 维状态矢量，m 值决定于数学模型中包含的整数倍谐波的个数 p。如衰减直流分量用直线（即两个待求系数）代表时，则

$$m = 2p + 2 \tag{10.100}$$

当只计算其中的某一部分频率分量时，只需要计算 m 个状态变量中的两个。此时要用到式(10.99)中 B 矩阵的两行系数，B 为 $m \times n$ 矩阵，两行运算共需 $2n$ 个乘法。

10.3 数字式保护软件的基本流程

数字式保护装置由硬件电路和软件程序共同构成，而保护装置的原理、特性及特点更多地由软件来体现，而且数字式保护装置许多特有的优良辅助功能也主要是由软件来实现的，正因为如此，对软件的结构、性能以及可靠性提出了很高的技术要求。本节将对数字式保护装置软件结构和程序流程进行简单的介绍。

10.3.1 数字式保护装置软件的基本功能

数字式保护装置除了具备高性能的保护功能以外，其他的主要基本功能包括数字式保护装置的系统监控、人机对话、通信、自检、事故记录与分析报告以及调试功能。

数字式保护装置的基本软件结构及程序流程由主程序流程和中断服务程序流程构成。例如比较简单的结构是，软件系统由主程序和一个采样中断服务程序构成：主程序执行对整个系统的监控以及实时性要求相对较低的各项辅助功能；采样中断服务程序按采样周期不断地定时中断主程序，周期性地执行实时性要求较高的保护和辅助功能。

10.3.2 系统主程序流程

数字式保护装置软件的主流程如图 10.20 所示。

由图可见，主流程可以看作是由上电复位流程和主循环流程两部分构成。

保护装置在合上电源（简称上电）或硬件复位（简称复位）后，首先进入第 1 框，执行系统初始化。初始化的作用是使整个硬件系统处于正常工作状态。

然后，程序进入第 2 框，执行上电后的全面自检。

自检是数字式保护装置软件对自身硬软件系统工作状态正确性和主要元器件完好性进行自动检查的简称。通过自检可以迅速地发现保护装置缺陷，发出告警信号并闭锁保护出口，等技术人员排除故障，从而使数字式保护装置工作的可靠性、安全性得到根本性的改善。例如，三相交流系统，对于输入通道及采集数据的正确性进行检查的判断式为

$$\left.\begin{array}{l} |i_a + i_b + i_c - 3i_0| < \varepsilon_i \\ |u_a + u_b + u_c - 3u_0| < \varepsilon_u \end{array}\right\} \tag{10.101}$$

式中，ε_i、ε_u 分别为反映数字式保护装置测量误差的门槛值。

若输入回路完好，数据采集系统正常，采样过程未受到干扰，则无论电力系统处于何种运行状态，上述两式均应该成立；反之，如果某个环节出现错误，上式则有可能不成立。所

以可根据上式来判断采集的数据的正确性。在数据准确的前提下，才能进行后续计算，否则应将本次采集的数据丢弃。

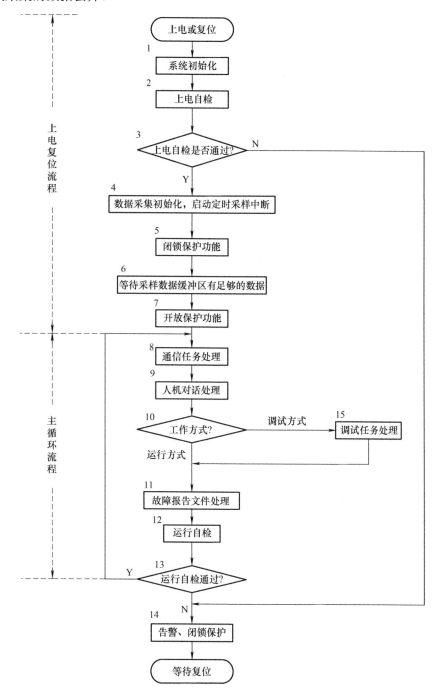

图 10.20　数字式保护装置软件的主流程图

自检在程序中分为上电自检和运行自检。上电自检是在保护装置上电或复位过程(保护功能程序运行之前)进行的一次性自检，此时有时间进行比较全面的自检，以保证开始执行保护功能程序时装置处于完好的工作状态。而运行自检是在保护装置运行过程中进行的自检，以便及时发现运行中出现的装置故障。

上电自检完成后，在第 3 框判别自检是否通过：若自检不能通过将转至第 14 框，发出告警信号并闭锁保护，然后等待人工复位；若上电自检通过，则进入第 4 框，保护功能程序开始运行。

第 4 框执行数据采集初始化和启动定时采样中断。其主要作用是对循环保存采样数据的存储区(称为采样数据缓冲区)进行地址分配，设置标志当前最新数据的动态地址指针，然后按规定的采样周期对控制循环采样的中断定时器赋初值并令其启动，开放采样中断。

由于保护功能的实现需要足够的数据(可以理解为保护算法需要一定时宽的数据窗)，因而不能马上进入保护功能的处理,因此在第 5 框暂时闭锁保护功能(实质上是通过设置闭锁保护的控制字，通知采样中断服务程序，暂时不要执行启动元件、故障处理程序等相关功能)。

第 6 框的作用则是等待一段时间，使采样数据缓冲区获得足够的数据，供计算使用。

在具备足够的采样数据之后，进入第 7 框重新开放保护功能，此后主程序进入主循环。

主循环在数字保护正常运行过程中是一个无终循环，只有在复位操作和自检判定出错时才会中止。在主循环过程中，每逢中断到来，当前任务被暂时中止，CPU 响应中断并转而执行中断服务；CPU 完成中断服务任务后又返回主循环，继续刚才被中断的任务。

在主循环中，第 8 框执行通信任务处理。

第 9 框执行人机对话处理。关于人机对话处理，不同的硬件配置模式对应不同的处理方式。

第 10 框判别数字保护系统当前的工作方式，即处于调试方式还是运行方式：若是调试方式，则在第 15 框先执行由第 8 框或第 9 框下达的调试功能任务；若是运行方式，以及在执行完毕调试任务后，进入第 11 框去执行后续任务。

第 11 框为故障报告文件处理程序。电力系统发生故障或者数字式保护装置自身发生故障，数字式保护装置在完成处理任务之后，可自动生成、保存并通过通信网络向电站计算机监控系统提交故障报告。故障报告对于系统事故的追忆和分析，以及对于保护装置自身动作正确性的评估有非常重要的作用。

最后在第 12 框和第 13 框的执行运行自检功能。若自检判定保护装置出错，则告警并闭锁保护，然后等待人工复位；若自检通过则继续执行主循环程序。如前所述，在主循环中的运行自检主要是执行如保护程序的自检、整定值的自检、数据存储器(如 RAM)的自检、程序存储器(如 EPROM)的自检以及某些元器件的自检等。这些自检任务由于处理量比较大，需要通过分时和循环执行程序来完成。

至此，完成了一次主循环的过程，返回到第 8 框，然后周而复始。

10.3.3 中断服务程序流程

数字式保护装置的软件系统根据具体设计的不同，可能存在多个中断源，因而相应地有多个不同的中断服务程序，但其中必不可少的是采样中断服务程序。出于要简化说明的要求，以下考虑一个较为简单的情形，即只有一个定时采样中断源，从而只有一个采样中断服务程序的情形来介绍。

采样中断服务程序的基本流程如图 10.21 所示。

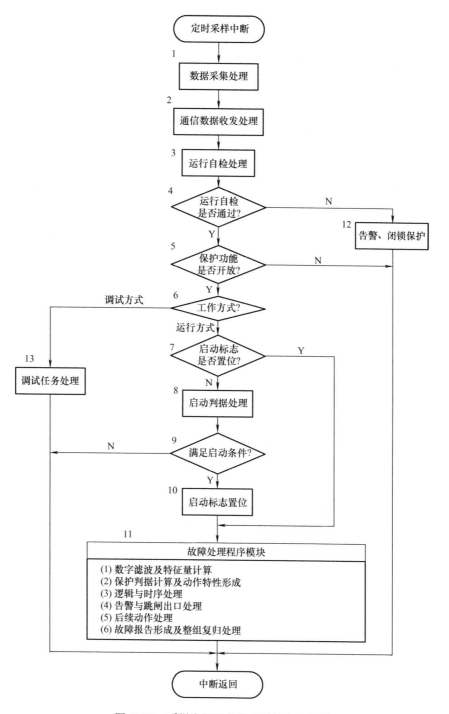

图 10.21 采样中断服务程序的基本流程图

由图可见，采样中断服务程序并不只是进行周期性的数据采集(即采样和 A/D 转换)，通常还需要完成通信数据收发、运行自检、调试、启动检测及故障处理等任务。由于中断服务程序是由采样定时器周期性激活的，习惯上仍称为采样中断服务程序。

响应采样中断后的初始阶段和中断返回前的最末阶段通常必须进行保留现场和恢复现

场的操作，必要时还需执行关闭中断和重新开放中断的操作，这些属于中断响应和服务的基本程序的内容，图中未标出。

采样中断服务程序进入第 1 框执行数据采集处理，主要完成各通道模拟信号的采样和A/D 转换，并将采集的数据按各通道和时间的先后顺序存入采样数据缓冲区，并标定指向最新采样数据的地址指针。

接下来第 2 框主要完成通信所要求的直接接收和发送数据的任务(参看主循环说明)。

第 3 框完成那些必须在中断服务中完成的运行自检任务，并在第 4 框进行判断：若运行自检没有通过将转向第 12 框进行设置故障告警、闭锁保护等处理，并置相关标志，然后直接从中断返回，等候人工处理；若自检通过则可以进入第 5 框执行后续任务。中断服务中完成的运行自检任务是指输入输出回路的自检、工作电源的自检等，它们往往需要当前的数据，且会立即影响保护后续功能的正确性(如输入通道和电源状态)；或者不允许被中断打断(如输出回路)，否则会引起不可预料的结果，甚至造成保护误动作，因此必须由中断服务程序完成。

第 5 框判断保护功能是否开放，其作用完全是为了与主程序中第 5~7 框任务相配合，即在保护装置上电或系统复位之后需要等待一段时间使采样数据缓冲区获得足够的数据供保护功能计算使用。若保护功能尚未开放，则从中断返回，继续等待；保护功能已开放，则进入第 6 框开始执行保护处理功能。

第 6 框判别当前保护装置的基本工作方式(通常来自于人机对话部件的请求)，根据当前工作方式执行不同的流程：若为调试方式，则在第 13 框完成由调试功能规定，必须在中断服务中执行的处理任务后，即可从中断返回；若为运行方式，则直接进入第 7 框。

第 7 框判别启动标志是否置位，若已置位则说明在此次中断之前启动元件已经检测到了可能的系统事故扰动(第 11 框故障处理程序已被启动并在运行)，当前暂时无需再计算启动判据和进行启动判定，于是跳过第 8~10 框直接进入第 11 框执行故障处理程序。若启动标志未被置位则进入第 8 框，进行启动判据处理，并在第 9 框对是否满足启动条件作出判断。若判断为满足启动条件，则标定故障发生时刻，在第 10 框对启动标志置位，为下一次响应采样中断后第 7 框的判别做好准备，接着也进入第 11 框的执行故障处理程序；若不满足启动条件，表明当前没有系统事故扰动，便可从中断返回。

这里第 8 框执行的就是前面所述的启动元件功能。在此进行一定的补充。数字保护中通常采用启动元件来灵敏、快速地探测系统故障扰动，待判定系统存在故障扰动之后才进入故障处理程序模块，最终对是否区内故障作出判断和处理。采用启动元件和故障处理程序相配合这种结构，其主要作用可体现在以下几个方面：

1)由于计算处理量很大的故障处理程序平时不投入运行,这样可让 CPU 有时间来处理诸如自检、通信、人机对话以及故障报告形成、辅助测量和分析等任务,可有效提高 CPU 的运行效率。

2)由启动元件来准确地标定故障发生时刻,以使故障处理程序能正确地获取故障发生前后的数据,保证故障判别和计算的准确可靠。

3)数字保护装置出口继电器的操作电源平时是不投入的,这样有利于提高出口回路的可靠性和实现对该回路的自检(参考上文)。

第 11 框为故障处理程序模块,它是先完成保护功能,形成保护动作特性的核心部分。参考图 10.22,第 11 框说明抛开了具体保护内容,扼要列举了故障处理程序模块的基本功能和处理步骤，主要包括：

1）数字滤波及特征量计算；

2）保护判据计算及动作特性形成；

3）逻辑与时序处理；

4）告警与跳闸出口处理；

5）后续动作处理，如重合闸及启动断路器失灵保护等；

6）故障报告形成及整组复归处理。

完成第 11 框任务后执行中断返回，便结束了此次采样中断服务，CPU 从中断返回至被打断的主循环程序执行，并等待下一次采样中断的到来，周而复始。

习题及思考题

10.1　什么是模拟式继电保护装置？按实现技术可以分为几类？

10.2　什么是数字式继电保护装置？数字式继电保护装置有什么特点？

10.3　数字式继电保护装置和模拟式继电保护装置的主要区别是什么？

10.4　数字式保护装置硬件与软件各有什么特点？

10.5　数字式保护装置的硬件主要由哪几部分组成？各自承担何功能？

10.6　数字式保护装置的数字核心部件主要由哪些元器件构成？作用如何？

10.7　数字式保护装置的模拟量输入(AI)接口主要由哪几部分组成？

10.8　数字式保护装置的开关量输入(DI)及开关量输出(DO)接口如何构成？

10.9　现代数字式保护装置的硬件和软件有哪些特点？

10.10　什么是数字信号采集系统？数字信号采集包括哪两个基本离散化过程？

10.11　前置模拟低通滤波器(ALF)有何作用？通常应该如何实现？

10.12　模数转换器(A/D 转换器)有哪些主要技术指标？解释其含义。

10.13　什么是数字式保护算法，其中包含哪些内容？

10.14　归纳理解数字滤波器的基本概念、特点、数学描述及其分类。

10.15　什么是数字滤波器的频率响应？如何求取？

10.16　什么是全周傅里叶算法？它有什么特点？

10.17　说明数字式保护中采用启动元件的主要理由。对启动元件有哪些基本要求？主要有哪些类型的启动判据？

10.18　数字式保护装置有哪些基本功能要求？其主流程如何构成？

10.19　什么是系统初始化？什么时候进行系统初始化？有哪些基本任务？

参 考 文 献

[1] 高亮, 张举. 电力系统微机继电保护[M]. 2 版. 北京：中国电力出版社, 2018.

[2] 张保会, 尹项根. 电力系统继电保护[M]. 2 版. 北京：中国电力出版社, 2010.

[3] 贺家李, 李永丽, 董新洲, 等. 电力系统继电保护原理[M]. 4 版. 北京：中国电力出版社, 2010.

[4] 邵玉槐, 秦文萍. 电力系统继电保护原理[M]. 北京：中国电力出版社, 2008.

[5] 洪佩孙, 李九虎. 输电线路距离保护[M]. 北京：中国水利水电出版社, 2008.

[6] 朱声石. 高压电网继电保护原理与技术[M]. 北京：中国电力出版社, 2005.

[7] 高淑萍, 索南加乐, 宋国兵, 等. 利用电流突变特性的高压直流输电线路纵联保护新原理[J]. 电力系统自动化, 2011, 35(5).

[8] 李斌, 李永丽, 贺家李, 等. 750kV 输电线路保护与三相重合闸动作的研究[J]. 电力系统自动化, 2004, 28(12).

[9] 李斌, 李永丽, 贺家李, 等. 750kV 输电线路保护与单相重合闸动作的研究[J]. 电力系统自动化, 2004, 28(13).

[10] 陈德树, 张哲, 尹项根. 微机继电保护[M]. 北京：中国电力出版社, 2000.

[11] 陈德树. 计算机继电保护原理与技术[M]. 北京：水利电力出版社, 1992.

[12] 黄焕焜, 李菊, 等. 计算机继电保护系统[M]. 北京：水利电力出版社, 1983.

[13] 李华. 微型机继电保护装置软硬件技术探讨[J]. 电力技术, 2001, 5(36).

[14] 贺家李, 宋丛炬. 电力系统继电保护原理[M]. 北京：水利电力出版社, 1994.

[15] 杨新民, 杨隽琳. 电力系统微机继电保护培训教材[M]. 北京：中国电力出版社, 2000.

[16] 陈生贵, 卢继平, 王维庆. 电力系统继电保护[M]. 2 版. 重庆：重庆大学出版社, 2013.

[17] 涂光瑜. 汽轮发电机及电气设备[M]. 北京：中国电力出版社, 2007.

[18] 国家电力公司, 中国华电电站装备工程(集团)总公司. 电力系统继电保护与自动化设备手册[M]. 北京：中国电力出版社, 2000.

[19] 黑龙江省电力有限公司调度中心. 现场运行人员继电保护知识实用技术与问答[M]. 北京：中国电力出版社, 2007.

[20] 梁振锋, 康小宁. 电力系统继电保护习题集[M]. 北京：中国电力出版社, 2008.

[21] 刘学军. 继电保护原理学习指导[M]. 2 版. 北京：中国电力出版社, 2011.

[22] 马永翔. 电力系统继电保护[M]. 2 版. 北京：北京大学出版社, 2013.